DEUTSCHE DEMOKRATISCHE REPUBLIK
DEUTSCHE AKADEMIE DER LANDWIRTSCHAFTSWISSENSCHAFTEN ZU BERLIN
INSTITUT FÜR LANDWIRTSCHAFTLICHE INFORMATION UND DOKUMENTATION

Landwirtschaftliches Zentralblatt

ABTEILUNG I

LANDTECHNIK

AUTORENREGISTER 1964

AKADEMIE-VERLAG · BERLIN

LZ. I LANDTECHNIK · JG. 1964 · AUTORENREGISTER · BERLIN · SEPTEMBER 1965

DEUTSCHE DEMOKRATISCHE REPUBLIK
DEUTSCHE AKADEMIE DER LANDWIRTSCHAFTSWISSENSCHAFTEN ZU BERLIN
INSTITUT FÜR LANDWIRTSCHAFTLICHE INFORMATION UND DOKUMENTATION

Landwirtschaftliches Zentralblatt

LANDTECHNIK

10. JAHRGANG — 1964

AUTOREN- UND SACHREGISTER 1964

AKADEMIE-VERLAG · BERLIN

LZ. I LANDTECHNIK · JG. 1964 · AUTOREN- UND SACHREGISTER · BERLIN · SEPTEMBER 1965

CHEFREDAKTEUR
Dr. Werner Kleeberg

REDAKTION
Dr. Joachim Güssefeldt – Berlin

Seitenzahlen der Hefte

Jahrgang 1964

Nr. 1	1– 166
Nr. 2	167– 349
Nr. 3	351– 514
Nr. 4	515– 694
Nr. 5	695– 878
Nr. 6	879–1056
Nr. 7	1057–1226
Nr. 8	1227–1366
Nr. 9	1367–1512

Inhaltsübersicht

Seite
Autorenregister . . . . A 1–A 132
Sachregister . . . .
Erstes Halbjahresregister
(Heft 1 bis 4) . . . . S 3–S 146
Zweites Halbjahresregister
(Heft 5 bis 9) . . . . . . S 149–S 310

DEUTSCHE DEMOKRATISCHE REPUBLIK
DEUTSCHE AKADEMIE DER LANDWIRTSCHAFTSWISSENSCHAFTEN ZU BERLIN
INSTITUT FÜR LANDWIRTSCHAFTLICHE INFORMATION UND DOKUMENTATION

Landwirtschaftliches Zentralblatt

ABTEILUNG I

LANDTECHNIK

AUTORENREGISTER 1964

AKADEMIE-VERLAG · BERLIN

LZ. I LANDTECHNIK · JG. 1964 · AUTORENREGISTER · BERLIN · SEPTEMBER 1965

AUTORENREGISTER

1964

LANDWIRTSCHAFTLICHES ZENTRALBLATT

ABTEILUNG LANDTECHNIK

AUTORENREGISTER 1964

Seitenzahl in / / bedeutet ein Buch, / /+ eine Buchbesprechung

---

Aab, H.R. u. Claassens, N. A., Einsatz richtiger Maschinen u. Geräte vermindert d. Bodenerosion 04-0173.

Abdelfattah, I., Einspritzgeschwindigkeits-Diagramme 08-0043.

Abdurachmanov, A., Verbesserung d. Düngerstreuvorrichtung 05-0212.

Abonyi, I., Kenntnisse d. forstl. Arbeitswesens /08-0343/.

Abramov, A.M. s. Mugancev, K.E.

Abt, E., Bodenstabilisierungen im Forst- u. Güterwegebau. Versuchsstrecke Gelbberg im Kanton Schwyz 01-0518.

Accati, E., Bedeutende landwirtschaftl. Verhandlungen u. Verlauf d. Tagung über Hydroponikkulturen 08-0333.

Achapkin, A. s. Toramanjan, A.

Achlamov, J.D. s. Aniskin, V. I.

Achtnich, W., Beregnung v. Grünland u. Futterpflanzen 01-0154.

Acker, W., Maschinenberatung, nicht einfach, aber notwendig 02-0028.

Adams, A.W., Bartmann, R., Bothe, H., Eberhardt, M., Eichler, Ch., Finzel, R., Fischer-Gurig, A., Friedrich, J.H., Gebhardt, F., Greil, O., Haase, E., Hahn, S., Holjewilken, H., Horn, H.-H., Hubert, K., Idel, K., Ihle, G., Jassmann, G., Jurak, A., Kötteritzsch, H., Krupp, K., Last, U., Marx, F., Matz, Ch., Obst, H., Pfeiffer, A., Rech, G., Rösel, W., Schmid, H., Schmidt, T., Schönerstedt, H., Schwab, H., Stolzenburg, W.-L., Timm, W., Thum, E., Vollgold, K., Völz, F., Wolff, G., Wollmann, G., Zaunmüller, G. u. Zschuppe, H., Landtechn. Taschenbuch /04-0007/+.

Adams, K., Kosten d. Arbeitserledigung im Weinbau unter bes. Berücksichtigung d. Mechanisierung 07-0400.

Adelhelm, R., Deecke, U. u. Kühne, P., Zeitspannen für Feldarbeiten im Raum Göttingen 07-0051.

Adiwilaga, R.A., Verbesserter Reisanbau 07-0310.

Adrianov, A. u. Davydov, V., Modernisierung d. Schleppers "S-100" 02-0118.

Adrianov, K. u. Domračev, V., Komplexmechanisierung einer Geflügelfarm 02-0505.

A g a l a r o v, A.M. s. Z u l ', N.M.

Å g e, J., Bodenbearbeitung mit d. SFI-Doppelgrubber 03-0409.

A g e r, B.H., Hochmechanisierte Aufarbeitungsverfahren 03-0425.

Bolinder-Munktell Raupenwagen 202 A 04-0500.

A g r o s k i n, I.I. u. O k u l o v a, Z.N., Hydraul. Berechnung d. Beregnungsstrahlrohres 04-0159.

A g u l h o n, R., Methode zur Ermittlung v. Spritzverteilungen mit Hilfe klebender Papierscheiben 01-0538.

A g u r a, D. s. Borečkyj, O.

A h l g r i m m, F., Große Maschinen für größere Betriebe 06-0046.

A i g n e r, Tiefkühlverfahren f. Kannenmilch 02-0556.

A i g n e r, H., Einsatz d. Entrindungsmaschine "Bark-Lasse" 06-0495.

A j b e t o v, A.V., Mechanisierung d. Bereitung u. Dosierung v. Kraftfutter im Melkstand 06-0583.

A j c h o d ž a e v, I.Ju., Wahl d. Schneidwerkes für grobstengelige Gräser 03-0178.

A j z e n b e r g, G. s. Michalčenkov, M.

A j z e n b e r g, Ju.B., G u n č e v, A.V., D e m č e v, V.I. u. S v e n t i c k i j, I.I., Bestrahlungsgeräte für d. Landwirtschaft 02-0080.

A k i e v, P., Mechanisierte Badeanlage für Schafe 03-0297.

A k i m o v, A.S., Verwendung d. Seilzuges für Hackarbeiten in engreihigen Weinpflanzungen auf Hängen 05-0460.

A k o p j a n, G.A. s. Skundin, G.I.

A k o p j a n, S.A. u. Š t a n k o, M.G., Errechnete u. tatsächl. Masse d. Landmaschinen 06-0060.

A k s e n t ' j a n, K.B., G a l a d ž e v, R.S., M u r a t o v, R.B. u. S t r o k o v, S.A., Stabilitätsberechnung d. Scheiben eines stufenlosen Keilriemengetriebes 02-0372.

A k u l o v, A.Z. s. Zimin, S.N.

A l b e r t i, F., Hühnerhaltung auf neuen Wegen /05-0410/.

A l b i n u s, G., Verwendung v. Abfallzerkleinerern 05-0431.

A l e c h i n, A. . Kubal'skij, V.

A l e c h i n, N.V. u. G e o r g i e v s k i j, I.S., Nachschlagewerk für d. Regulierung landwirtschaftl. Maschinen /09-0048/.

A l e k s a n d r j a n, K.V., Vibration für d. Tieflockern v. steinigen Böden 04-0190.

A l e k s a n d r o v, V.I. u. K u z n e c o v, B., Typenreihe für angebaute Gemüse- u. Zuckerrübensämaschinen 02-0262.

A l e k s e e v, D.G., Dünnwandiger Stahlbetontrog aus Montageteilen 05-0689.

A l e k s i e v a, L., Ökonom. Bewertung d. verschiedenen Arten d. Hauptbodenbearbeitung 05-0199.

A l e x a n d e r, A.L., Registrierung d. Leistung v. Fahrzeugen 07-0134.

A l e x i a d i s, C.A. s. Gabriilidis, S.T.

A l f, W., Saat, Düngung u. Pflege d. Maises 09-0165.

A l f e r e v, V.P. s. Mironov, A.P.

A l i e v, A.M. s. Babaev, M.K.

A l i e v, Ja., Maschinen für d. Maulwurfdränung 04-0139.

A l i e v, K.Ė., Maschine für gleichzeitige Furchenbewässerung u. Beregnung 04-0165.

A l i m o v, O.D., Mechanisierung d. Umpflanzens v. Bäumen im Winter 02-0643.

A l j a b ' e v, V.I., Rückung mittels Seilzug 03-0447.

A l k a l a j, A. s. Karaivanov, I.

A l k a l a j, I. s. Karaivanov, I.

A l l i n, E., Dachdeckungsmaterial 05-0618.

A l s h u t h, K., Elektr. Energie, rationell eingesetzt, Stromkosten, Anschlußwerte, zweckmäßige Antriebsformen 02-0076.

A l s t e r m a r k , G. s. Gustafsson, Y.

A l t a d o n n a , G., Mechanisierte Ernte v.Tomaten 08-0317.

Mechanisierung in Obstplantagen 09-0449.

A l t m a n , L.B. u. C h a r i t y , L.F., Größenbestimmung von Transformatoren für d.Verteilung auf landwirtschaftliche Betriebe 03-0060.

A m a d e i , G., Entwicklung d. italien.Traktorenparkes 09-0086.

A m b r o s i , K., Kartoffelsortierplatz in Borgstedt bewährt sich 09-0324.

A m e l i e v , V.T. s.Maksimov, B.I.

A m f i l o c h i e v , A., Projekte v.Großplattenhäusern für ländl.Siedlungen 07-0531.

A m p l e v s k a j a , S.V. s.Kaňšin, V.E.

A m t s b ü c h l e r , S., Turmgewächshaus II 08-0304.

A n a n o v , G.D., Kinematik d. räuml. /dreidimensionalen/ Scharniermechanismen bei Landmaschinen /05-0027/.

A n d e r s o n , J.H., Landtechn. Untersuchungen 06-0014.

A n d e r s s o n , R., Amerikan. "Vegetabilienfabrik" 02-0710.

A n d e r t , A. u. B o h a t a , F. Methode u.Gerät für selbsttätige Klassifikation, Registrierung u. Signalisierung d.Beziehungsverlaufes v.zwei Veränderlichen 03-0052.

A n d e r t , A. u. H a š , S., Energetik in d.Entwicklung d. Landwirtschaft 05-0062.

A n d e s n e r , E., Frontlader. 1.Mitt. 08-0073.

Frontlader. 2.Mitt. 08-0074.

A n d r ĕ a s o n , O. u. T h o f t e, V., Aufbewahrung v.Pflanzen in Plastebeuteln 02-0644.

A n d r e e v , S. s.Gerasimov, M.; Antonov, B.

A n d r e e v a , S. s.Kaišev, K.

A n d r e n k o , G.P. s.Zargarjan, S.R.

A n d r e s , W. s. Adams

A n d r e w , F.W., Mechanical and automatic feeding system for livestock farms /09-0358/.

A n d r i a n o v , V.N., B y s t r i c k i j , D.N. u. P a ň k i n , V.V., Schaltungen für d.automat.kontaktlose Regelung fahrbarer Diesel-Elektroaggregate 04-0067.

A n d r i n g a , J.T., Mechanisierung d.Strohbergung 05-0273.

A n d r z e j e w s k i , B., Prüfungsergebnisse engl.u.deutscher Kartoffelvollerntemaschinen 04-0262.

A n d r z e j e w s k i , J. s. Szemiot, H.

A n g , J.K. s. Hartman, J.D.

A n g e l e , J., Billige Mechanisierung d.Futtergetreidekette 09-0166.

A n g e l o v , S. u. B y č v a r o v , D., Regelungs-u.Befestigungsarbeiten in d.Flußbetten einiger Wildbäche im Bezirk Kirdshali 05-0590.

A n i a n s s o n , G., Rationalisierung d.Materialhantierung in d.Viehhaltung 07-0152.

A n i k i n , M., V a j s m a n , M. u. Z a k o n , Ja., Produktionsanlage einer zwischengenossenschaftl.Bauorganisation 05-0622.

A n i l o v i č , V.Ja., Berechnung d.Schwingungen v.schnellfahrenden Traktoren bei d.Fahrt über Unebenheiten 07-0132.

s.Kašuba, B.P.

- G o r o d e c k i j , I.M.,Yu, Tiuying, F e d o r o v , Ju.I. u. Č e r n j a v s k i j , I.S., Dynamische Belastung in d.Triebwerken d.Schleppers "T-75" ("T-74") 04-0098.

A n i s k i n , V.I. s.Ul'rich, N.N.

- A c h l a m o v , J.D. u. B a k l a ž e n k o , G.A., Zwangsbelüftung bei d.kontinuierlichen Saatgutbereitung 08-0202.

A n o c h i n , V.A. s.Charitonov, N.P.

A n o c h i n , V.I., Wahl des hydromechanischen Drehmomentenwandlers für Landwirtschaftsschlepper 04-0099.

- Hydraul.Drehmomentenwandler auf d.Landwirtschaftsschlepper bei schwankender Belastung 04-0101.

A n q u e z , M., Charakteristik v.Technik u.Kühlausrüstung d. Obstlager im Südwesten 01-0613.

A n s d a l e , R.F., Antriebswellen u.Endvorgelege 04-0103.

A n t i p i n , V.G., Bestimmung d.Mähdrescherdurchsatzes 02-0366.

A n t o n e n k o , I.Ja., Einführung neuer vereinheitl.Sämaschinen in d.landwirtschaftl.Betrieb 09-0223.

s.Krugljakov, M.L.

A n t o n j u k , P.P., Rotierendes Bodenbearbeitungsgerät "MRB-6" 02-0272.

A n t o n o v , B., A n d r e e v , S., u. C h r i s t o z o v , G., Steigerung d.Verschleißfestigkeit v.Kolben, Zylindermänteln u.Pleuelstangenbuchsen bei Schleppermotoren 06-0131.

-u. C h r i s t o z o v , G., Verlängerung d.Lebensdauer d. Kurbelwellen beim Traktor "Zetor-25." 05-0114.

A n t o š k e v i č , V.S., Grenzen d.ökon.Wirkungsgrades v. Landmaschinen 01-0025.

A p a n o v i č , A., M a r t y n i - c h i n , V. u. G r i c k e v i č , A., Notwendige neue konstruktive Lösungen 04-0542.

A r a d i , E. s. Bánházi, Gy.

A r a t ó , I., Situation d.landwirtschaftl.Übersetzungswesens u.die Möglichkeiten ihrer Verbesserung /08-0014/.

A r b u z o v , I.P. s.Kozlikov, M.F.

A r c h e r , H. s.Teubner, F.G.

A r c h e r , R., Zuverlässigkeitsanalyse in d.Anwendung auf d. Landmaschinenkonstruktion 07-0036.

A r g u n o v , L.S. s.Vachtel', V.Ju.

A r l i t t , A., Traktoren der "Zetor"-Typenreihe 01-0075.

Mechanisierung d.Ernte v.rankenden Körnerleguminosen 03-0207.

- u. S t r e c k e r , G., Mähdruschernte v.Raps u.Rübsen in d. LPG Brützkow 01-0236.

A r n o l d , G.H. s.Burg, P.F.J.

A r n o l d , J.S., Bestimmung d. Umwelteinflüsse mit Hilfe v. Elektronen-Rechenautomaten 03-0051.

A r n o l d , R.E., Auswirkungen v. Ernteschädigungen auf d. Keimfähigkeit v.Weizen, d.mit einem bestimmten Feuchtigkeitsgehalt gelagert wurde 05-0255.

-u. J o n e s , M.P., Erfassung d.Körnerbeschädigungen u. d. Dreschtrommel-Drehzahlen beim Mähdrusch v.Weizen d.Sorte "Cappelle Desprez" u.v.Gerste d.Sorte "Proctor" 04-0243.

A r o , P., Entstehung u.Entwicklung d.forstl.Arbeitswissenschaft in Finnland 05-0505.

A r t n e r , X., Bau einer Kartoffelscheune? 04-0685.

A r t o b o l e v s k i j , I.I., Maschinenmechanik beim heutigen Entwicklungsstand d.Wissenschaft u.Technik 07-0031.

A r v e s e n , A., Eindrücke von einer Exkursion d.Nordischen Forstunion 03-0441.

A r ž a n y c h , A.I. s. Kulebakin, P.G.

A s h b u r n , C., L a n e , D. u. H a r r i s , L., Kosten d.Zuckerrübenernte 06-0302.

A s h b y , D.G., Schädlinge u. Krankheiten d.Obstes 01-0535.

A s p i n w a l l , J.S. s.Klinner, W.E.

- R o g i e , D. u. H e p h e r d , R.Q., Testreihe für Großflächendüngerstreuer, 1963 bis 64. 1.Mitt.-N.I.A.E.-Test 04-0192.

A t a k i š i e v , T.S. s.Slavin, R.M.

A t a n a s o v , A. s.Dimitrov, J.

A t a n a s o v , D., Tabakproduktion, Trocknung und Behandlung /02-0483/.

A t a n a s o v , Z. s.Topalov, V.

A t a n a z e v i č , V. s.Platonov, P.

A t r o c h i n , V.G., Technologischer Prozeß stufenweiser Hiebe bei Erhaltung d.Unterwuchses 04-0524.

A t t i k o v , M.A., Erfahrungen einer mechanisierten Bodenvorbereitung bei d.Pflanzung v.Heisterpflanzen 03-0412.

A u d e m a , M., SACPA in Aiguillon 01-0606.

- u.T i e r s o n n i e r , B., Obstlager v.Obstzüchtern in Lot-et-Garonne 01-0605.

A u f h a m m e r , G., Neuzeitlicher Getreidebau /05-0174/.

A v a g i m o v , E.A. s.Derevenko, V.V.

A v a l l, H. s.Lamm, R.

A v a n e s o v , J.B., Hauptdaten v.Rüben-Reinigungsschnekken 08-0213.

- u.K s i f i l i n o v , C., Abscheidefähigkeit d.Zuckerrüben-Reinigungsschnecken 03-0270.

A v d e e v , N.E., Die im Maschinenträger "SŠ-45" auftretenden Kräfte u.Leistungen 02-0121.

Verfahren zur Bestimmung d.auf die Antriebswelle bezogenen Trägheitsmomentes v.Maschinen u.Aggregaten 07-0113.

A v d o ň k i n , F.N., Untersuchung d.Gestaltänderung v.Anschlußteilen ohne Demontage 03-0062.

A v e ŕ j a n o v , S.F. u. R u s t a m o v , G.G., Berechnung eines kombinierten Entwässerungssystems bei Druckwasserandrang 04-0145.

A v t o m o n o v , I.Ja. u. Ž u r - ba, Z.F., Neues über d.maschinelle Melken 04-0403.

A x e l s s o n , I., Forstl. Mechanisierung 06-0446.

A z a r e v i č , G.M. u. S i l a n o v , V.I., Schlichten u.Verfestigen v.Bohrungen verschied. Festigkeit durch plastische Verformung 01-0016.

A z b u k i n , Ju.M., Komplexe Mechanisierung d.Rodens u.d.Aufforstung v.Schlagflächen 05-0525.

A z i n , L.A., Aktive Belüftung v. Saatgut 04-0324.

B a a d e r , W., Verhalten eines Schüttgutes auf schwingenden Siebrosten 03-0055.

B a a k , W., Kulturbetrieb u. Pflanzenzucht 04-0505.

B a a s e n , E., Rationelle Bauverfahren u.ihr Einfluß auf funktionelle Gestaltung, Bauausführung u.Kapitalbedarf 03-0522.

Mechanisierung d.Entmistung im Mastschweinestall 03-0539.

B a b a e v , M.K. u. A l i e v , A.M., Agrotechn.u.energet.Kennziffern für d.Drillmaschine "S-4" 02-0266.

B a b a j a n , L. s.Gigolašvili, G.

B a b i j , P.T. s.Vasilenko, A.A.

B a b k i n , V., Melkmaschine Typ "DAP-2" 08-0249.

B a b s k i , W., Brückenbauten in melioriertem Gelände 08-0465.

B a c h , A., Entwurfsserie für ländl.Wohn- u.Gesellschaftsbauten aus grobkeram.Elementen, Laststufe 750 kp, Raster 12 M 04-0632.

B a c h m a n n , L., R e i c h e n h e i m , H., S c h i n k e l , W. u. W i e s n e r , K., Produktionsverfahren d.Zuckerrübenanbaues 02-0399.

B a c h m e i r , K., Wirtschaftswegebau u.Hofraumbefestigung 06-0555.

B a c h m u t o v , V.A. u. U l ' j a n o v , F.G., Mechanisierter Anbau v.Körnerleguminosen /02-0180/.

B a c h t h a l e r , G., Chem.Unkrautbekämpf.im Rübenbau 01-0527.

Pflanzenschutzgeräte 01-0533.

Chem.Unkrautbekämpf.auf Acker u. Grünland/06-0259/.

B a d a l o v , M.M. s.Guškov, V.V.

B ä h r , H., Sache mit d.Wirkungsgraden 03-0324.

B ä h r e n , Großsiedlungen mit Gasvollversorgung 09-0383.

B a e l , R.L., Techn.-ökon.Studien 02-0024.

B ä u e r l e , H., Meß- u.regeltechn.Ausstattung v.Heizungs-, Lüftungs- u.Klimaanlagen 05-0626.

B ä u m l e r , H., Brandspurversuche in einem Fahrzeugdieselmotor 04-0081.

Systematik einer Versuchsdurchführung für Einbauteile 09-0062.

B a g a e v , M.I., Analytische Bestimmung d.optimalen Arbeitsabläufe eines Traktors 03-0092.

B a g a n s , K., Mechanisier.d. Kartoffelernte u.-aufbereitung in d.DDR 01-0258.

Siebkettenroder Typ "E 649", VEB Mähdrescherwerk, Weimar - Prüfber. Potsdam-Bornim 01-0266.

- u. K u n a t h , L., Spannungs- u.Verdichtungsmessungen unter Schlepperlaufwerken 01-0102.

B a g d a s a r j a n s , B., Bauweisen im Güter-u.Waldwegebau 03-0462.

B a h a s o e a n , A.A. u. V e r d u i n , M., Instrument zur Messung d.zwischen d.Traktorzapfwelle u.d.Landmaschine übertragenen Leistung 07-0116.

B a h n d o r f , E., Mechanisierung d.Kompostaufbereitung 05-0530.

B a i l e y,K.B.s.Longbotham, M.W.

B a i n a r d , M., Ein französ. 31-ha-Betrieb 05-0662.

B a i t s c h , B., Mechanisierung d.Mäharbeit in d.Landeskultur 02-0194.

B a j b a , V.A., Automat.Steuerung d.Beleuchtung in Geflügelställen 07-0584.

B a k k e n , A., Vorschlag zur Rationalisierung d.Forstwirtschaft in Ostnorwegen 04-0521.

B a k l a ž e n k o , G.A. s. Aniskin, V.I.

B a k o s , I., Mechanisier.im Weinbau 02-0593.

Vergleichende Betriebsuntersuchungen an Obstspritzgeräten 02-0621.

Möglichkeiten einer zeitgemäßen Obsternte 03-0369.

- u. B á n á t i , I., Abhandlungen über Versuche bei d.traditionellen u.mechanisierten Obsternte im Jahre 1961 /02-0614/+.

- u. B e l l o n , G., Versuche zur Mechanisierung d.Obsternte 03-0370.

B a l a , W., Eignungsprüfung d. Dränpfluges "PD-1" 05-0189.

B a l a s a , M. u. L i k e n , I., Neuer Apparat zum Kleben v. Plastfolien /07-0040/.

B a l á z s , P., Die Mechanisierung d.Flüssigdüngung 09-0219.

B a l d a c c i , E. s.Goidánich, G.

B a l d a s s a r r i, T. s. Goidánich, G.

B a l d i n i , E. u. P i s a n i , P., Wasseransprüche d.Olive u.ihre Widerspiegelung auf d.Kulturtechnik 03-0354.

B á l i n t , G., F a l u b a , Z. u. P o ó r , G., Fachunterricht u. Fachkräftebedarf in d.Landwirtsch. /07-0023/.

B a l j u k , B.K. s.Vachtel', V.Ju.

B a l k i n , W., Reibungszahl v. Schüttgut auf schwingenden Flächen 05-0331.

B a l l a n i , P., Schwungmassen-Bremsenprüfstand für Kraftfahrzeug-Bremsaggregate 07-0127.

B a l l ó , G. u. H o r v á t h , I., Bisherige Ergebnisse d.Maschinenprüfungen 07-0453.

B a ł o n i a k , M., C h r z a n o w s k i , W. u. D m y t r o w , E., Heute u.Morgen im Fortschritt d.Landwirtsch. /09-0009/+.

B a l o v n e v , G.G., Rationelle gebogene Profilstähle für Rahmenkonstruktionen v.Landmaschinen 04-0021.

B a l t z e r , K., Spaltenboden 01-0576.

Arbeitseinsparung im Rindviehstall durch baul. und techn.Verbesserungen 02-0490.

Wiegen, Verladen u.Umtreiben d. Schweine 02-0493.

Gebäude als Produktionsmittel in d.Veredlung /02-0715/.

Einfluß v.Ernteverfahren verschied.Mechanisierungsstufen auf d.bauliche Gestaltung v. Wirtschaftsgebäuden /02-0717/.

Planung v.Schweineställen für Mast u.Zucht 08-0495.

Funktion d.Wirtschaftsgebäude 09-0521.

Kunststoffe im landwirtschaftl. Bauwesen 09-0525.

s.Köstlin, A.

- u. C a m p e , K.v., Maschineneinsatz u.Gebäudeplanung 05-0661.

B á n á t i , I. s.Bakos, I.

B a ń c e r e k , T., Was ergibt d. Vereinheitlichung d.Zwischenreihen bei d.Arbeitsorganisation eines landwirtschaftl.Betriebes 05-0183.

B á n h á z i , G. u. A r a d i , E., Vergleichsprüfungen v.Melkmaschinen 01-0370.

B a n h o l z e r , G. s.Vogel, G.

B a r a l d i , G., Internationale Tage d.Weinbaumechanisierung in Montpellier 08-0328.

s.Casini-Ropa, G.

B a r a n n i k o v , L.F. s.Lebedinskij, G.V.

B a r a n o v , I.V., Berechnung d. pneumat.Förderung d.ungereinigten Flachserntegutes 02-0302.

B a r a n o w , P., Anwendung v. flüssigen Stickstoffdüngemitteln 02-0243.

Barastov, L.P. s.Mindel', E.M.

Bardelli, L., Schädliche Auswirkungen d.Schwingungen d. Traktors auf d.Fahrer u.das Transportgut 07-0133.

Bardelli, U., Wartung u. Reparatur v.Dieselmotoren 09-0076.

Bareiss, G., Aufladewagen - eine Kombination v.Lademaschine u.Wagen 08-0170.

Barger, E.L., Liljedahl, J.B., Carleton, W.M. u. McKibben, E.G., Tractors an their power units /07-0141/⁺.

Barinova, Z.G. s.Peskov, V.G.

Barlamov, G.P. s. Komissarov, P.M.

Barmington, R.D., Entwicklung v.Zuckerrüben-Sämaschinen in Colorado 02-0255.

Barnes, K.K., Minimum-Bodenbearbeitung im Baumwollbau 02-0207.

Barnhart, C.E. s.Robertson, J.C.

Barre, H.J., Einrichtungen zur Getreidetrocknung/Saatguttrocknung/ in Nord Amerika 08-0209.

Barth, W., Sieben, Sichten, Abschneiden 01-0033.

Bartmann, R., "Impulsa"-Rohrmelkanlage, VEB Elfa Elsterwerda, Elsterwerda-Biehla - Prüfbericht Potsdam-Bornim 03-0311.

Euterviertel-Melkmaschine Typ M 901, VEB Elfa, Elsterwerda, - Prüfbericht Potsdam Bornim 03-0312.

Mechanisierte Milchgewinnung /08-0259/.

s.Adams

Bartoš, J., Fragen d.Häckselguttransportes in d.3-Phasenernte 03-0205.

Bartosik, A., Ställe u.Hilfseinrichtungen für Mastvieh u.Schafe 04-0648.

Transportable Flugzeughallen in d.Landwirtschaft 05-0700.

Automatisierte Großhühnerställe 08-0234.

s.Bogusławski, F.

Barucha, M.O., Methode zur Erarbeitung technolog.Kennziffern für d.Aufstellung v.Maschinensystemen in d.Forstwirtschaft am Beispiel eines zentralen Holzausformungsplatzes 08-0338.

Baryšnikov, A.I., Steigerung d.Arbeitsproduktivität 07-0461.

Basedow, L., Betriebswerkstätten in landwirtschaftl.Großbetrieben 09-0609.

s.Ihle, G.

- u. Nüske, W., Werkstätten für d.spezialisierte Instandsetzung landwirtschaftl.Großmaschinen 01-0621.

Bask, A.E., Landwirtsch.in Finnland 06-0006.

Basnak'jan, G., Matveev, A. u. Nekipelov, Ju., Maschine zur Vorreinigung v.Saatgut /09-0325/.

Basov, A., Šmigel', V. u. Lyčagina, L., Reinigung d.Saatgutes v.Flughafer im elektrischen Feld 03-0259.

Basov, A.M., Šmigel', V.N. u. Peregudova, T.A., Klebereigenschaften durch d.elektr.Feld 06-0319.

Bath, J.G., Front-Hack-Ladegerät zum Verladen v.Gras-u.Heuballen 06-0278.

Batmanov, A.M. s.Tulinov, A.A.

Bauer, D., Betriebs- u.arbeitswirtschaftl.Überlegungen zur Bauplanung 03-0504.

Bauer, S., Hubschrauber-Pflanzenschutzeinsatz in d.Bundesrepublik Deutschland 09-0512.

Bauer, W., Straßenstabilisierung in schweizerischer Sicht 01-0519.

Baumann, E. u. Kaufmann, H.-G., Kompostfräse bringt keine Nachteile 05-0465.

- u.Vogel, G., Gemüsebau in d.VR Bulgarien, Rumänien, Ungarn u.in d.ČSSR 01-0458.

Baumgartner, H., Schaubild z.Beurteilung d.Verbrennungsablaufes in Kolbenkraftmaschinen. Teil II 02-0086.

Baumgartner, J. s. Hefti, J.

Baunack, H. s.Schneider, B.

B e c k e r , E., Mehrzweckgerät "EAP 137", VEB Berliner Spezial-Geräte, Berlin - Prüfbericht Potsdam-Bornim 05-0496.

Vollautomatischer Pflug 07-0203.

B e c k e r , G., Mechanisier. d. Landwirtsch. u. ihr Einfluß auf Stromverbrauch u. Stromkosten 01-0039.

Frostschutz durch Elektrizität 04-0622.

B e c k e r , H., Möglichkeiten u. Probleme in d.Hangmechanisierung 05-0168.

B e c k e r i c h , A., Rückblick auf d.große landwirtschaftliche Woche 02-0706.

B e d o r f , Bessere Eggen für d. Schlepperbetrieb 07-0214.

B e e k , M.A. van der, Maschinen zur Bestellung u.Pflege v.Rüben 07-0226.

B e e n g a a r d , H., Asbestbetonrohre für Koppelsäune 04-0364.

B e e r , Mechanisierung in d.Baumschule 01-0431.

B e e r , C.B., J o h n s o n , H.P. u. R o t h , F.W., Dränung unter Fundamenten 08-0445.

B e e r , M., H e l b i g , W. u. M ü l l e r , M., Anwendung radioaktiver Isotope in d.Landwirtschaft 05-0056.

B e g e m a n n , Baumklettern 01-0485.

B e g e m a n n , W., Arbeitsverfahren für d. Verschulen in Torftöpfe 04-0512.

Schlepperseilwinden in d.Forstwirtschaft /09-0498/.

B e g i d ž a n o v a , A.P. u. K r e j n d l i n , L.M., Plaststoffanwendung im Traktorenbau 01-0064.

- u. C h a r a č , G.M. u. P o p o v , S.N., Reibungsbaugruppen v.Traktoren auf d.Prüfstand "TIS-1" 02-0124.

Erprobung v.Asbest-Reibungsbeläge in Baugruppen v.Traktoren 05-0124.

B e h r e n d , F. s.Pohlmann, H.

B e h r e n d t , A., Technisierung d.Landhaushalts - eine Bilanz 03-0320.

Gefrierfächer in d.Statistik 04-0436.

B e h r e n s , F., Definition u. Messung d.Arbeitsproduktivität /05-0049/.

B e k k e r , M.G., Mechanik d.Geländefahrt 02-0126.

B e k r i c k i j , L.Ja. s.Sarkisjanc, E.A.

B e l a s c h k , Ch. s.Masche, W.

B e l e c h o v , I.P., Feststellung d.aufgegebenen Bearbeitungstiefe bei d.Arbeit d.Anbaupfluges mittels automat.Tiefeneinstellung 04-0184.

Arbeit d.Anbaupfluges mit Pflugtiefenregelung u.mech.Belastung d.Schlepperhinterräder 06-0220.

B e l ' f e r m a n , M.U., Beseitigung v.Hochdruckrohr-Brüchen 01-0055.

Untersuchung d.Kolbenfestigkeit 01-0059.

B e l i k o v , V.V. u. D o d i n , L.G., Biegsame Schläuche für hydraul.Anbausysteme v.Traktoren 09-0136.

B e l j a e v , E.A., Entwicklungsperspektiven v.Maisdibbelmaschinen für d.Jahre 1962-1965 02-0263.

B e l j a e v s k i j , Ju., Reinigen d.Milchleitungen 05-0422.

s.Lamonov, G.

B e l j a k o v , V., Maschinen für d.Schädlingsbekämpfung 03-0476.

Modell d.Anbauspritz-u.Stäubegerätes "ONK" 04-0580.

B e l l i n g e r , P.L. u. M c - C o l l y , H.F., Energiebedarf zur Formung v.Heupellets /05-0305/.

B e l l o n , G. s.Bakos, I.

B e l o u s , D. u. L a d a n , P., Kettentraktor Typ "T-74" 03-0079.

B e l ' s k i j , V. u. Š k a r - b a t j u k , K., Pick-up-Förderer 05-0235.

B e l y c h , P.F. u. R u d a š o v , V.V., Gerät zur agrotechn.Bewertung d.Arbeit v.Landmaschinen 07-0056.

B e l y j , R. s.Gigolasvili, G.

B e n d a , P., Ökonom.Planung d. Nutzungsoperationen 05-0544.

B e n d e r s , G. u. P h i l i p - s e n , P.J.J., Hat d.Zerkleinern bei d.Heugewinnung Perspektiven? 02-0318.

Quetschen bei d.Heugewinnung /02-0427/.

Benders, G.A. s.Philipsen, P.J.J.

Benedictus, J., Besanden v.Grünland auf Niederungsmoor innerhalb d.Flurbereinigung Haerst-Genne te Zwollerkerspel 04-0168.

Beneš, J., Festigung d.Waldwege durch Betonbänder 01-0521.

Fahrbahndimensionierung d.Waldwege 04-0568.

Beneš, M., Erneuerung d.Maschinenteile durch aufschweißung in CO_2-Schutzatmosphäre. 1.Mitt. 08-0022.

Erneuerung d.Maschinenteile durch Aufschweißung in CO_2-Schutzatmosphäre. 2.Mitt. 09-0043.

Benfratello, G., Experimentelle Versuche mit Spezialabflußkanälen 04-0148.

Bengtsson, G.,Zentrifugal-Düngerstreuer 02-0238.

Bengtsson, N.G., Lagerung v.geschüttetem Mineraldünger 04-0687.

Beniovič, V.S. u. Gostev, V.B., Berechnung d. Konturen d.Arbeitsraumes v. einem Wankel-Motor 01-0063.

Benner, J., Chem.Bekämpfung v.Schadpflanzen auf Waldwegen 03-0463.

Bennett, A.W. s.Paterson, C.R.

Bennewitz, H. s.Nischwitz, J.

Bentz, F. u. Hilscher, A., Holzrückung mit Pferden 01-0499.

Beran, Zislavsky, Sieg u.Waxenegger, Zapfwellen-Aufsattelspritze ZUWA - Prüfbericht Wieselburg, N.Ö. 02-0696.

Beranek, J., Verbrauchsnormen d.Ersatzteile für landwirtschaftliche Maschinen u.Traktoren /03-0039/.

Beregszászy, A. u. Jeszenszky, Z., Kennwerte d.Landmaschinen /07-0019/.

Bereza, A.I., Wasserversorgung auf Viehfarmen 04-0373.

Berezin, A.M., Waldbestimmung mit Hilfe v.Luftbildern /09-0456/.

Berezin, M.S., Einrichtungen f.d.maschinelle Melken 02-0547.

Berezin, N.G., Bestimmung d. kritischen Geschwindigkeit d. Stengelschnittes 03-0171.

Berezovskij, M., Agronom.Forderungen an Maschinen zur Einbringung v.Herbiziden in den Boden /02-0701/.

Berg, F. s.O'Daniel, W.; Weiland, G.

Berge, O., Dosiertabelle für eine Flächenbehandlung 02-0691.

Dosiertabelle für Driftbehandlung 02-0692.

Dosiertabelle für eine Bandspritzung 03-0480.

Berger, M.u.Reichelt, H., Milchviehanbindestall mit strohloser Aufstallung u.Güllewirtschaft im Gebirge 02-0744.

Milchviehanbindestall mit strohloser Aufstallung u.Güllewirtschaft in d. LPG Lauterbach/Erzgebirge 04-0650.

Berger, P., Philipp, G. u. Jeske, A., Spritzgerät f.d.Tabakanbau zur Bekämpfung d. Blauschimmels 05-0598.

Berglund, G., Programmgesteuerte Projektierung bei Bodenentwässerungsvorhaben 03-0128.

Bergman, F. u. Leskinen, U., Pflanzenproduktion unter Plaste. 1.Mitt. 05-0524.

Pflanzenproduktion unter Plaste. 2.Mitt. 06-0468.

Bergmann, T., Mechanisierung d.Landwirtschaft in Indien 08-0002.

Bergner, H. s.Mothes, E.

Bergt, J., Komplexe Projektierung v.Gewächshauswirtschaften mit d.Mehrzweckgewächshaus "0/55" 07-0417.

Berkov, I.L., Weinbergs-Sprühgerät "OV-3A".

Aggregat "APR-Temp" 06-0440.

Berlepsch, B.v., Hängezaun im Forstamt Rhoden 09-0503.

Berliner, M.A. u. Krausp, V.R., Automatisierung v.Getreide-Schachttrocknern 05-0340.

B e r n a c k i , H., Untersuchung v.Schnellpflugkörpern 05-0201.

Bodenbearbeitungsmaschinen mit angetriebenen Werkzeugen 09-0208.

B e r n e r , U., Typologie u.Nomenklatur d.Pflüge 01-0162.

B e r n s t o r f f , H., B l a n k , H.G., G o o s , U. u. S c h r ö d e r , W., Maschinen-u.Geräteschau in Bunnik 03-0388.

B e r t a n z a , B., Servolenkung kann d.Arbeit mit d.Landmaschinen erleichtern 02-0125.

B e r t i , J.J., Letzter Stand d. Entwicklung in d.Kühllagertechnik bezogen auf Konstruktion u. Isolation 04-0484.

B e t z , U., Entwicklungsstand u. Einsatz d.techn.Hilfsmittel u. ihre Einplanung in d.bäuerliche Wohnhaus 03-0525.

B e u s c h , K. u. H a c h e n b e r g , F., Fahrbahndecken aus Trasskalk-Schotter-Beton 03-0468.

B e v i l a c q u a , G. s.Goidánich, G.

B e w i l o g u a , L., Neon als Kältemittel 02-0104.

B e y e r , D. s.Freudenberg, G.

B e y e r , H., Aufgaben u.Probleme d.Milchkühlung 01-0379.

Aufgaben u.Probleme d.Milchkühlung 04-0408.

- u. W e b e l , L., Temperaturausgleich in Milchlagerbehältern 01-0381.

B e y e r , H., Einfluß v.Hartverchromung auf d.Dauerfestigkeit v.Kolbenringen aus Grauguß 04-0072.

B e y e r , W., Probleme d.forstlichen Instandhaltungswesens 08-0346.

B e z r u k i j , L.P., Experimentelle Untersuchung d.Zerstörung v.Bodenkrümeln /02-0073/.

Verbesserung der Arbeitsorgane für d.Erdabsiebung in Kartoffelvollerntemaschinen 04-0269.

B e z v e r c h o v , A.P., Vorrichtung zum Silofutterhäcksler "RSS-0,6" für d.automat.Beigabe v.Zusatzstoffen 07-0258.

B i c a d z e , D.A. u. U l ' m a n , I.E., Einfluß d.Dicke d.aufgeschweißten Schicht auf d.Dauerfestigkeit bei d.Vibrokontaktschweißung 09-0039.

B i c k e l , R., Amerikan. Großuntersuchung zur Stallfrage 01-0600.

B i e l e n b e r g , H., Stall u. Stallhygiene 06-0589.

B i e m e r , F., Stall im Baukastensystem aus vorgefertigten Teilen 04-0647.

B i e n h e i m , K.L., Landwirtschaftl.Siedlung 06-0553.

B i e s a l s k i , E., Terminologie d.Landarbeitswissenschaft 09-0049.

B i g s b y , F.W., Bericht über eine Waage, d.einen bestimmten Feuchtigkeitsgehalt in einem Gefäß mit einer Bodenprobe aufrecht erhält 04-0063.

- u. K i l c h e r , M.R., Abänderung einer Bodensonde zur Porositätsmessung v.Grasdecken 04-0055.

- T h o m p s o n, J.L. u. K e m p , J.G., Feld-Flachsbrecher 02-0375.

B i ł o w i c k i , I., Technik u. Ergebnisse d.künstl.Trocknens d.Heus in Polen. 2.Mitt. 09-0307.

B i ł o w i c k i , J., Technik u. Ergebnisse d.Heubelüftung in Polen. 1.Mitt. 04-0297.

Belüftungstrocknung d.Grünpflanzen im landwirtschaftl.Betrieb /05-0362/.

Trocknen von Heuballen in Schobern 09-0304.

- u. C e n k o w , T.P., Granulieren d. getrockneten Grünmasse 09-0343.

B i m b u l o v , N. u. N i c e , P., Tränkbecken mit elektrischer Beheizung 01-0349.

B i n d e r , W. s. Sobeck, E.

B i r a u d , J., Grundlagen für d.Entwicklung d.Forstwirtsch. in Gabun 06-0510.

B i r o , V., "Abschnittsweise Überwachung" d.Trift im Kamabecken 04-0559.

B i r t w i s t l e , R. s. Taylor, P.A.

B i s c h o f f , T., Ökonomik d. überbetriebl.Maschinenverwendung in d.Landwirtsch. 02-0062.

Kosten v.Spezialmaschinen u. -geräten für d.Feldarbeit in Sonderkulturen mit besonderer Berücksichtigung d.Kostendaten 04-0043.

Der wirtschaftl. Anwendungsbereich v.Lohnmaschinen 06-0047.

- u. M u n z , A., Liegeboxenstall mit planbefestigter Lauffläche 06-0577.

- F i n g e r l i n , E. u. S c h n e k e n b u r g e r , F., Kalkulation d.Betriebsoptimums in einem landwirtsch.-weinbaul. gemischten Betrieb mit Hilfe neuerer Verfahren 01-0414.

B i s p i n g h o f f , R., Kleinschweißtransformator zum Auftauen eingefrorener Leitungen 05-0428.

B i t n y - S z l a c h t a , J., Polnische Molkereibauten 07-0536.

B j e r n i n g e r , S., Rostschutzmittel für ungestrichene Flächen 06-0036.

- B j u r l i n g , J. u. G r a n s t r ö m , B., Reihenabstand im schwed.Standard 09-0222.

B j u r l i n g , J. s.Bjerninger, S.

B l a g o n r a v o v , P.O. u. Š č e r b a k o v , P.M., Erschließung d.Gebirgshänge für d.Weinbau /02-0597/.

B l a n c k , E., Hühnerställe aus Betonfertigteilen 04-0671.

B l a n k , H. u. S c h r ö d e r , W., Maschinenschau d."Landwirtschaftlichen Woche 1963" 01-0455.

B l a n k , H.G., Cora-Steige, eine neue Verlustverpackung 09-0440.

s.Bernstorff, H.

B l a n k e n , G., Bei d.Herbstfurche zu beachten 06-0214.

B l a s s e , W., Tätigkeit der SAG "Obstbaumrüttler" 01-0442.

Maschinelle Sauerkirschenernte mit d.Obstbaumvibrator 05-0487.

Pflaumenernte mit d.Obstbaumvibrator 07-0430.

Wirtschaftsapfelernte mit d. Obstbaumvibrator 08-0322.

Mechanisierung d.Wirtschaftsobsternte durch Einsatz eines Obstbaumrüttelgerätes 08-0323.

- u. B r i n g e z u , A., Obstbautechnik u.Unterlageneinschätzung für d.Havelobstgebiet /06-0412/.

B l a t c h f o r d , S.M. u. H a l l , D.W., Trocknung v.Erdnüssen: 1.Mitt. Natürl.Methoden /Literaturübersicht/ 07-0345.

Trocknung v.Erdnüssen: 2.Mitt. Künstl.Trocknung /Literaturübersicht/ 07-0346.

B l a ž e k , J. u. K a d l e c , V., Maschinen u.Einrichtungen für d. tierische Produktion /03-0274/.

- V o r l í č e k , J., K u t - h a n , J. u. D u r k o v i č , O., Automatisierung d.Schweinemast mit Naßfutter 01-0357.

B l i n o v , B.S., Verwendung v. Seilen als Transmissionswellen 09-0035.

B l i z n e c o v , S., Wegebaugerät auf d.Traktor 02-0685.

B l o c h i n , P. s.Lun, L.

B l o s s e r - R e i s e n , L., Wirtschaftl.Einordnung v.Bau u. Technik in d.finanziellen Rahmen d.Landhaushaltes 03-0526.

B l u m , W.R., Landtechnik in Italien: Messe Verona 01-0067.

Landmaschinen-Markt 01-0069.

Kleines Land - ganz groß 08-0003.

Herbstnachlese aus München u. Stuttgart 08-0432.

Holländischer Laufstall-Betrieb 09-0575.

Betriebsformen in d.Diskussion 09-0614.

B l u m e s. Meier, E.

B l u m e , F., Kartoffelkette auf d.Höchststufe d.Mechanisierung 07-0290.

B l y t h , A., Kartoffelernteprobleme 06-0300.

B o a , W., Dränage m.Plastikrohren aussichtsreich 05-0187.

Maschine für d.Verlegung v.Kunststoff-Dränrohren 05-0188.

B o b o r n e v , S., Schumilinsker Benzinbodenlockerer 06-0471.

B o o k , H. s. Jeske, E.

B o c s o r , G., K a p p e t e r , I. u. M i k e c z , I., Bauten für d.Rinderhaltung /08-0509/.

B o d a m e r , H., Perrot-Einmanntechnik bei d.Beregnung 04-0161.

B o d e , W., Schwere Brennstoffe im Dieselmotor u.ihr Einfluß auf d.Taupunkt d.Verbrennungsgase 06-0097.

B o d o l a i , I. s.Rab, G.

B o e c k m a n n , A., Mehr Wissen, mehr Können 01-0556.

B ö h l , K. u. M e i e r , B., Halbmechan.Futterrübenernte 06-0304.

- u. Z e h l e , E., Organisation d.Kalkdüngung im Bezirk Frankfurt (Oder) 06-0233.

B ö h m , G. s.Liebster, G.

B ö h m e , B., Landwirtschaftl. Betriebsberatung mit einem Elektrohof-Modell 01-0044.

Elektromotoren für d.Landwirtsch. 06-0078.

B o e k e , J.E., Physiologische Aspekte für d.Lagerung v.lebenden Produkten bei niedrigen Temperaturen 03-0335.

B ö l k e , M., Mechanisierungssysteme u.ihre Bedeutung für d.Entwicklung d.Landwirtschaft 06-0001.

B ö l ö n i , I., Leistungsbedarf v. Hammermühlen im Leerlauf 01-0344.

Zerkleinerung v.landwirtschaftl. Produkten 03-0054.

Untersuchungen zur Mechanisierung d. Aussaat u.Ernte v.Mais 03-0122.

Zusammenhänge zwischen Kennwerten, die d.Betriebszustand v.Hammermühlen bestimmen 06-0347.

Pneumat.Förderung v.gemahlenen u. gehäckselten landwirtschaftl. Produkten 07-0321.

Ungar.Untersuchungen v.Hammerschrotmaschinen 07-0353.

B o e r , J., Erfahrungen vom Weltleistungspflügen für d.Praxis 04-0178.

- u.P o e s s e , G.J., Royal Smithfield Schau 07-0495.

B ö r n e r , H., Lärmbekämpf. im Betrieb 01-0009.

B o e r s m a , H.Y., Konservierung von Konsumeiern u.Eiprodukten 04-0401.

B ö t t c h e r , H., Zweckmäßige Konzentration d.Milchviehhaltung in den Produktionseinheiten der sozialistischen Landwirtschaftsbetriebe d.DDR unter Berücksichtigung d.Laufstallhaltung d.Kühe /09-0353/.

B ö t t c h e r , S., Analyse d. Aufwärtsförderung eines Einzelkörpers in Schneckenförderern beliebiger Neigung, Teil 1, Allg. theoret.Behandlung u.Aufstellung d.Bewegungsgleichungen 01-0032.

B o g a č e v , S., Maschinen für d. Ernte d.Samenträger v.Zuckerrüben 05-0300.

B o g a t e v , K.,Elektr.Beleuchtungs- u.Kraftanlagen in d.Landwirtschaft, Projektierung, Montage u.Bedienung /05-0072/.

B o g d a n o v a , L.I., L e b e d e v , V.N. u. P a r a d e ž e n k o , K.D., Untersuchung d. Arbeitswerkzeuge d.Mähdreschers auf ihre Verwendbarkeit zur Messung d.Erntegutzufuhr 02-0369.

B o g o l j u b s k i j , S.I. u. F o m i n , A.I., Geflügelstall für Zuchthennen 06-0593.

B o g o s l o v s k i j , B., Herstellung v.Fußböden durch Bodenverfestigung 09-0565.

B o g o v y k , L.I. s.Levitas, J.B.

B o g u s ł a w s k i , F., Einsatz d.Schlegelernters zur Silagegewinnung 07-0256.

- S o ł t a n , M. u. B a r t o s i k , A., Mechanisierung d. Futterbereitung in Ställen 08-0229.

B o h a t a , F. s.Andert, A.

B o h n , R., Technik in d.Landschaftsgärtnerei /03-0357/+

- u. W i d d e r i c h , W., Veröffentlichungen auf d.Gebiet d. Technik im Gartenbau /04-0486/+.

B o h n e , H., Mechanisierte Milchgewinnung in d.SU 01-0372.

B o j a d ž i e v , P. s.Želev, A.

- u. T e r z i e v , Ch., Untersuchung d.Mähbinders "VV-ol-2,1" b.Betrieb auf Hängen im Gebirgsgelände 02-0348.

B o j a ń c z y k , J., MTS als Dienstleistungsbetriebe für d. Landwirtsch. /07-0008/.

MTS als Dienstleistungsbetriebe für d.Landwirtsch. 08-0006.

- u. M o r z y c k a , A., Development of standard machines and electrical appliances for model farms according to area and production /05-0173/.

B o j a r č u k , I., D o n e c , S. u. L u k ' j a n č u k , A., Zusatzvorrichtung für Pflüge z. Bekämpfung d.Wassererosion auf Hängen 05-0208.

B o j k i n o v , A. s.Karaivanov, I.

B o k l a g , V.M., Querkippfestigkeit v.Zugmaschinen mit Gelenkrahmen 08-0068.

B o l , M., Fällungsarbeiten mit Motorsägen im Vergleich mit Handsägen /01-0514/.

B o l , M., Holzfällung mit Motorkettensägen im Vergleich zu Handsägen 05-0553.

B o l , M.M.G.R. s.Streef, G.M.

B o l o t o v , I.N., Vollmechanisierung d. Flachsbaues /02-0181/.

B o l t i n s k i , W.N., Forschungsarbeiten zur Erhöhung d. Arbeitsgeschwindigkeiten v. Traktoren auf 9 bis 15 km/h 05-0090.

B o l t i n s k i j , V.N., Traktorentypen d.Zukunft u.ihre Analyse 09-0085.

Forschungsarbeiten zur Erhöhung d.Arbeitsgeschwindigkeiten v. Traktoren 09-0091.

Nutzeffekt einer Geschwindigkeitserhöhung bei Maschinen-u. Schlepperaggregaten /07-0015/.

B o l t i z á r , P., Entwicklungsrichtung d.heim. Mähdrescher 05-0260.

Leistungssteigerung bei selbstfahrenden Mähdreschern 08-0176.

B o n č , E.I., Maschinen u.Vorrichtungen z.Saatgutbeizung 01-0546.

B o n d , T.E. s.Hahn, G.L.

B o n d a r e v , V.I. s.Gorskij, G.Ju.

B o o n m a n , D.C.M., Möglichkeiten d.Heueinfahrens in Abhängigkeit v.d.Schlagentfernung 03-0195.

Einfluß d.Anzahl tägl.für d. Mähdrusch nutzbarer Stunden sowie d.Schlagentfernung auf d.Organisation u.d.Kapazität d.Mähdreschereinsatzes 05-0262.

B o r c h e r t , K.L., Hühnerstallbau u.geregeltes Stallklima 03-0543.

Vorgefertigtes Außenwandelement aus Sperrholz für landwirtschaftl. Wirtschaftsgebäude 09-0534.

B o r e c k y j , O., S e r g i j č u k , O., A g u r a , D. u. T k a č e n k o , B., Unifizierung d.landwirtschaftl.Bauten im Gebiet Odessa 08-0444.

B o r i s o v , A.M., Begründung d. Hauptparameter d.Arbeitsorgane einer Maschine für d.Bohren v. Brunnen 07-0529.

- M e r ž v i n s k a j a , E.P. u. F a t e e v , M.N., Typenreihe kontinuierl.Ladegeräte für d.Landwirtschaft 04-0123.

B o r i s o v , I., "Aggregat "B-I" 04-0504.

B o r i s o v , M.I., Plasten für d.Fertigung u.Instandsetzung v. Landmaschinen 09-0037.

s.Jufev, E.G.

- u. V o r o n i n , A.I., Mechanisierte Ernte v.Zuckerrüben für Futterzwecke 05-0292.

B o r i s o v , N.I., Erhöhung d. Lebensdauer v.Motoren 03-0083.

B o r m a n n , H. u. E i c h l e r , Chr., Einfluß d.Güte d.Aufarbeitung auf d.Verschleißverhalten v.Pflugscharen 01-0168.

B o r n s c h e u e r , E., Feldversuche mit unterschiedl.Saatgutformen b.Zuckerrüben 01-0191.

Chem.Rübenvereinzelung 02-0289.

Blindvereinzelung v.Zuckerrüben mit Hilfe v.Chemikalien 03-0167.

B o r o d i n a , T., Aviochem.Bekämpfung v.Unkräutern im Getreide 09-0235.

B o r o š o k , L. s.Nastenko, N.

B o r o š o k , L.A. s.Nastenko, N.N.

B o r o v s k i j , Ė., Wasserleitungen mit Rohren aus neuen Materialien 09-0549.

B o r r m a n n , K.-D., Prüfung u. Instandhaltung d.elektr.Anlagen u.Geräte in d.Landwirtsch.(Elektrodienst) 07-0069.

s.Kemp, J.

B o r s t e l m a n n , P., Heizen mit Elektrizität 01-0400.

Festlegung wicht.Raumheizungs-Begriffe 05-0434.

Elektr.Raumheizung, ein Beratungsschwerpunkt 06-0375.

B o r s k ý , I. s.Hubač, M.

B o s c h , D. s.Terpstra, J.

B o s e l l i , F., Schädlingsbekämpfung mit Flugzeugen 05-0603.

B o s t e d t , H., Werden d.Vorteile d.Standardisierung unzureichend ausgenutzt? 01-0466.

B o t h e , H. s.Adams

B o t h e , W. s.Lüdemann, H.

B o t s c h , E., Hydraul.Kraftheber richtig bedienen 02-0132.

Wieviel Kraftstoff verbraucht d.Schlepper? 08-0048.

B o u m a , J.s.Corstiaensen, W.P.M.

B o u m a , J.L. u. V r i e s , B.de, Mechanisierung d.Landwirtschaft in Nord-Groningen 03-0002.

B o u m a n s , J.H. u. S o m e r e n , C.L.van, Probleme d. Dräntechnik 06-0185.

B o u w e r , H. u. H e l m s , J.O., Biegsame Leitungsröhren aus Kunstfasern für Berieselungsanlagen /02-0295/.

B o v e y , R.W. s.Stokes, G.M.

B o v i n , L., I l ' v i c k i j , N. u. R o j b u l , N., Warmbelüftung v.Mais 07-0339.

B o w e n , H.D. s.Splinter, W.E.

B o y c e , D.S., Mechanisierung d.Zuckerrohrernte /05-0306/.

B r a c h , I., Widerstände beim Schneiden v.Böden 08-0036.

B r a n d e n b u r g e r , H., Schwadhäckseldrusch - auch jetzt noch? 03-0212.

B r a s e l , J.O., Pumpentypen u.Pumpen 03-0120.

B r a t a n o v , V. u. V ŭ r l e v , I., Mechanisiertes Anlegen v.Bewässerungsgräben in d.LPGs /04-0210/.

B r a t a n o w , K., Entwicklung u.Stand d.Gewächshausbaues in d. Volksrepublik Bulgarien 07-0421.

B r a y , J.M. s.Haworth, F.

B r e b u r d a , J., Meliorationsmaßnahmen in d.Sowjetunion 04-0136.

B r e d u n , M.I., Zugwiderstand d.Pfluges bei unterschiedl. Belag d.Pflugkörpers 07-0206.

B r e i t h a u p t , K., Schwemmentmistung aus d.Sicht d.Tierzüchters 08-0236.

B r e j n m a n , F.A. s.Vachtel', V.Ju.

B r e m e r , K., Kartoffellagerung unter Dach 02-0766.

B r e n d l e r , W., Erfahrungen mit Zentralrohrsilos im VEG-Saatzucht "Walter Schneider" Eisleben 02-0462.

B r e n n e r , W. G. u. E s t l e r , M., Körnermaisernte mit einem Bunker-Kolben-Pflücker 01-0252.

- u. G r i m m , K., Schneid- u. Wurfvorgänge in Trommel-Feldhäckslern 07-0265.

B r e s l a v c e v , D., Prinzipien bei d.Projektierung ländlicher Wohnhäuser u.Gesellschaftsbauten 02-0730.

B r e u e r , K., Entwicklungen v. hydrostat.Getrieben 06-0137.

B r e w e r , H.L. s.Lamouria, L.H.

B r i k , M. s.Gavrilov, I.

B r i n g e z u , A. s.Blasse, W.

B r i n k m a n n , W., Vereinzelungsloser Zuckerrübenanbau 06-0246.

Mechanisierung d.Bestell-u.Pflegearbeiten im Zuckerrübenbau 08-0105.

B r i t t , W., Landwirtschaftspflug in d.DDR, Leistungsstand u. Schlußfolgerungen 07-0147.

B r j u c h o v e c , D.F. u. É g l i t , I.M., Prüfstand für Traktorengetriebe 05-0120.

B r o c h e r , E., Einfluß d.baulichen Wärmeschutzes auf d. Wirtschaftlichkeit verschied. Heizungsarten 02-0724.

B r o c k , P., Technologie d.Getreideanbaues dargestellt am Beispiel d.LPG "Geeinte Kraft" Wedlitz 02-0163.

Erfahrungen d.LPG "Geeinte Kraft", Wedlitz, mit d.Strohhäckselverfahren 03-0206.

B r o d e c k i j , R. s.Samisov, I.

B r o d e r s e n , G., Technik d. Gärfutterbereitung 04-0301.

B r o e k h u i z e n , W.K.W. s. Spoelstra, P.A.

B r o g å r d , P., Holz im skandinav.landwirtschaftl.Bauwesen, architekton. u.konstruktiv 08-0439.

B r o n š t e j n , I., Mechanisierung d.zeitaufwendigen Arbeiten an Frühbeeten 08-0303.

B r o n š t e j n , Ja.L., Automatisch gelenkter Traktor "T-75" als Regel- u.Stellwerk eines Regelkreises 07-0119.

B r o o k s , D.K., Ernte d. Wälder mit Hubschrauber 01-0487.

B r o w n , A.L., Umzäunungen für Schafe 04-0363.

B r o w n , R.H. s.Drury, L.N.

B r o w n e , D.A. s.Warner, M.G.R.

B r u d e r , J., Mechanisierung d.Zwiebelanbaues 05-0469.

B r ü n n e r , Gärfutterbereitung wird immer wichtiger 03-0253.

B r ü n n e r , F., Futterernte leichter u.besser /05-0309/.

B r u h n , H.D., Z i m m e r m a n n , A. u. N i e d e r m e i e r , R.P., Fortschritte b.Pelletieren v.Futterheu /02-0428/.

B r u n e t t i , A., Anwendungsnormen d.Straßenverkehrsordnung bei Landmaschinen 09-0147.

B r u s i l o v s k i j , Ju., Spannungsmessungen an d.Rübenvollerntemaschine 01-0407.

B r u w e r , J.J., Motor ist anzuwärmen 05-0112.

B r u y g o m s , C., Pfähleschlagen mit d.Schlepper 03-0350.

B r y z g a l i n , L., Umgebauter Futterreißer "IGK-30" - eine Universalmaschine für d.Futterbereitung 04-0371.

B r z k o v s k ý , K., Reparatur landwirtsch.Maschinen u.Geräte in d.LEG /07-0049/.

B u b l i k , S.P., Bestimmung d. Hauptdaten d.Körnerabscheidung auf Strohschüttlern 03-0173.

B u c h , A., Elektr.Schalt- u. Regeleinrichtungen für Heizungsanlagen 08-0272.

B u c h a r i n , N.A. u. M a l j u k o v , A.A., Untersuchung eines Differentials mit hydraulischer Reibung 03-0093.

B u c h e l e , W.F. s.Lalor, W.F.

B u c h e r , D.H. s.Stephenson, K.Q.

B u c h h o l z , G., Fliegende Rückeanlagen in d.Sowjetunion 08-0400.

B u c h h o l z , H. u. P a g e l , H., Planung v.Beregnungsanlagen 06-0204.

B u c k i n g h a m , F., Heuwaffelpressen mit vorheriger Erhitzung d.Preßgutes 01-0222.

Ist Waffelpressen die Lösung? 04-0290.

Traktor d.Zukunft 05-0081.

B u c k l e r , P., Rostböden u. andere Möglichkeiten zur Verringerung d.Einstreubedarfes in Ställen 05-0663.

B u d a r i n , V.A., Futtertröge für Sauen 01-0359.

B u d j o s ó , J. u. S z i j á r t ó , O., Komplexe Mechanisier. d.Maisanbaues 02-0160.

B u d k o , A.I. s.Roginskij, G.I.

B u d z i n s k i , A., Allg.Anforderungen an d.Bau v.Kesselhäusern 09-0427.

B u d z k o , I.A. u. K r a u s p , V.R., Perspektiven d.Automatisier.d.Saatgutbereitung 07-0323.

B u d z k o , I.A. u. S t e p a n o v , V.N., Elektr.Stromnetze für d.Landwirtsch. /02-0106/.

B u e l o w , F.H. s.Sobel, A.T.

B ü n e m a n n , G. s.Haas, P.G.de

B ü t t n e r , R., Aufbau d.Frühbeetanlagen bei Errichtung v. Gewächshauswirtschaften u.Rekonstruktion vorhandener Anlagen 02-0600.

- u. S p e n d e r , B., Wärmebedarfsdiagramm, ein wichtiges Hilfsmittel für d.Planung u.Leitung v.Gewächshauswirtschaften 05-0467.

B u f f , J., Praktische u.statistische Ergebnisse d.Windwurfaufarbeitung 1962 in einem kommunalen Fichtenrevier 03-0427.

B u f t o n , L.P. s.Sharp, R.B.

B u h r , Arbeitswirtsch.im Gartenbau /06-0392/.

B u j a n k o v , L.I., Differentialsperre d.Radtraktors /05-0149/.

Frage d.automat.Differentialsperre d.Radtraktors 06-0143.

B u j a n o v , A.I., Forderungen d.Maschinenbauer an d.Landwirtschaftswissenschaft 06-0008.

Kolben u.Arbeitsweise d.Entlieschwalzen 06-0299.

B u j d o s ó , J. u. S z a b ó , L., Reinigungsmaschinen für Handelsgetreide 04-0310.

B u k o v a c , M.J., Anwendung mechan.Schüttelgeräte z. Fruchtausdünnung 01-0430.

B u k r e e v , P. s.Michalčenkov, M.

B u l ' b o , V.I. s.Klement'ev, K.V.

B u l l , K.G. s.Pascal, J.A.

- u. C o u l s e y , R., Nordsten-Drillmaschine "Ceres", N.I.A.E.-Test 08-0149.

- u. P h i l l i p s o n , A., "Panbuster" Kultivator; N.I. A.E.-Test 07-0210.

B u n d i n , A.T., Fertigungstechnologie für Ring-Schmiedestücke 01-0015.

B u n g e , H., Kosten beim Einsatz v.Schleppern u.Landmaschinen in sozialist.Landwirtschaftsbetrieben 07-0044.

Geräteträger "GT 124" ab 1964 in Serienproduktion 08-0054.

Abgrenzung d.Nutzungsdauer v.Traktoren nach kostenwirtschaftl.Gesichtspunkten 09-0094.

B u r e m a , J.J. s.Crucq, J.

B u r é n i u s , Å., Traktor in d. Forstwirtschaft, 1.Mitt. 04-0498.

B u r e n k o , L.A. s.Rabinovič, A.S.

B u r g , P.F.J.van u. A r n o l d , G.H., Einfluß einer Stickstoffkopfdüngung auf d.Körnerertrag. Sprühen v.Harnstoff mit d.Hubschrauber 04-0194.

B u r g e r , H. u. S c h a l o w , P., Anwendungsbereich d.Mastenbauweise 04-0614.

B u r g u č e v , S.A. u. N i k u l ' - š i n , V.M., Kontaktlose Netzregler mit Vormagnetisierung /07-0070./

B u r j á n , B., Wirtschaftlichkeitsberechnungen bei d.Beregnung in Ungarn 01-0152.

B u r k h a r d , W., Erfahrungen u. Formen d.überbetrieblichen Maschinenverwendung 04-0041.

B u r k h a r d t ,Peter s. Burkhardt, Paul

B u r k h a r d t , Paul u. B u r k - h a r d t , Peter, Elektr.gesteuerter Pulsator f.Melkanlagen 02-0554.

B u r o v , N. s.Zotimov, I.

B u s c h , K.-F., Beitrag zu Fragen d.Dränentfernung u.Dräntiefe bei Mineralböden 03-0129.

B u s c h m a n n , H., Verbrennungskraftmaschinen d.letzten 25 Jahre 06-0080.

Entwicklung d.MAN-M-Verfahrens 06-0094.

B u s d a l o v , I., Über d.Intensivierung d.Landwirtschaft 03-0008.

B u s s e , W., Brikettieren v. Halmgut 06-0273.

Theorie auf d.Gebiet d.Verdichtens landwirtschaftl.Halmgüter 07-0246.

Haben Heubrikettierpressen Zukunft? 09-0268.

s.Schoedder, F.

B u t k o , M.A. s.Šmidt, R.G.

B u t o r a , A., Leistungsmäßige, ökonom. u.physiolog.Kennziffern d.manuellen u.maschinellen Entrindung v.Fichtenholz 05-0560.

s. Hubač, M.

B u t t l e r , J.L. u. M a c C o l - l y , H.F., Einflußnehmende Faktoren auf d.Pelletieren v.Heu /02-0429/.

B u z a n o v , I.F., Zuckerrübenanbau mit minimalem Arbeitsaufwand /09-0178/.

B u z d i n , A. u. F i l i p p o v , F., Erdräummaschinen 01-0139.

B u z i n , I., Futterverteilung mit d.Zahnradpumpe 05-0393.

B u z u l u k o v , P.A., Plan zur Reparatur u.techn.Bedienung v. Landmaschinen 06-0033.

B y a s s , J.B., Moderne Spritztechnik: ihre Prinzipien u.Anwendung. 1.Mitt. 01-0529.

Moderne Spritztechnik - ihre Prinzipien u.prakt.Anwendung 2.Mitt. 04-0581.

- u. C h a r l t o n , G.K., Einfluß d.Brühekonzentration auf d.Verteilung d.chem.Mittel u.d.daraus resultierende Bekämpfungserfolg gegen Schädlinge u.Krankheiten in Apfelanlagen 07-0490.

B y č v a r o v , D. s.Angelov, S.

B y e r s , G.B., M a c L a u r y , D.W. u. I n s k o , W.M., Effect of work methods, equipment design and building arrangement on costs and labor efficiency in hatchery operation 01-0365.

B y k o v , V.V. s.Pugačev, A.N.

B y k o v e c , A.G. s.Smirnova, I.S.

B y l o v , B.D. s.Jakobson, M.O.

B y s t r i c k i j , D.N. s. Andrianov, V.N.

Č a b a r t , J., Versuche z.Anwendung v.Radioisotopen-Methoden b.meliorat.Untersuchungen in d.Tschechoslowakei 02-0294.

C a c a y s , L., Sortierhallen u. ihre Einrichtung 01-0612.

C a e m m e r e r , W., Wärmeschutz v.Fenstern unter Berücksichtigung neuerer Untersuchungen 07-0516.

C a e s a r , K., Aussaat verschied. Saatgutformen v.Zuckerrüben mit verschied.Sägeräten 02-0254.

C a i v a s , K., Ausnutzung d. vorhandenen Bausubstanz für d.Großproduktionstechnologie d. Milchviehhaltung 07-0551.

Č a j k i n a , T., Bauten für d. Gruppenhaltung d.Viehes /02-0757/.

Č a j k o v s k i j , A.A. s.Gorin, D.I.

C a l d e r , B.O.E. s.Whittlestone, W.C.

C a l e s s.Ollier

C a l l m e y e r , F., Staatsgutzentrum Szekszard 04-0643.

C a l v i n , R.H. s.Whittlestone, W.C.

C a m m i l l i , A., Mechanisches Auffädeln v.Tabakblättern 03-0242.

C a m p e , K.v., Vielzweckhallen in leichter Schnellbauweise 09-0541.

Bausonderschau auf d.DLG-Ausstellung 09-0611.

s.Baltzer, K.

C a n e s s a , A., Betrieb La Sica Stanor in Moissac 01-0603.

Domäne Lavalade in Castelsarrasin 01-0604.

C a n i t a n o , D., Besuch in Bulgarien. Anbau v.Tomaten, Paprika u.Tafeltrauben 01-0459.

C a r d i n a l e , M., Umwandlung v.zwei in vier Treibräder 08-0060.

C a r d i n a l i , M., Interessanter engl.Traktor 09-0113.

C a r i l l o n , R., Optimale Traktorenstärke f.landwirtsch.Betriebe 02-0061.

C a r l e t o n , W.M., Entwicklungstendenzen in d.Obst-u.Gemüseernte 03-0365.

s.Barger, E.L.

C a r l s o n , R.H., Voraussage v. Fehlern in Prüfprogrammen 07-0055.

C a r t e r . L.M. s.Miller, J.H.

C a r t e r , R.L. u. G o u l d , E.N., Methode d.Arbeitszuweisung 03-0023.

C a s a l i s , J., M a n n , E.J. u. S c h u l z , M.E., Dairy dictionary /08-0261/.

C a s i n i u. R o p a , G., Neue Prüfbahn v.Cadriano (Bologna) für d.Test-Prüfung d.Traktoren 07-0090.

C a s i n i - R o p a , G. u. B a r a l d i , G., Spezialausrüstungen für d.Mechanisier.im Obstbau 01-0420.

C a s a r i n i , B. s.Goidánich, G.

C a s a r i n i , C. s.Goidánich, G.

C a t e, H.R. ten , Spritzen, Schnellspritzen u.Sprühen im Obstbau 07-0438.

C e a r i , C. s.Goidánich, G.

C e b u l a k , K. u. J a r o c k i , W., Wasserbauwesen.Bd.1.Flurregulierungen.Bd.2. Wasserbauten /09-0238/.

Č e c h , A. s.Habarta, F.

- u. H a b a r t a , A., Hydrostat.Mähmesserantrieb 09-0256.

C e c h a n o v s k i j , A.I., s. Petrov, M.F.

Č e c h l a r o v , A., Drehstrahlregner "Rs-2" 03-0138.

Bestimmung d.optimalen Regenverteilung bei d.Untersuchung d.meliorativen Kennziffern d. Beregnungsanlage "Rinka" mit Düsen v. 6 u.4,8 mm 04-0160.

Č e č i k , Z. s. Levinskij, N.

Č e k a l o v , A.I. s.Vasilenko, A.A.

Č e k r i z o v , L.G. s.Kameneckij, V.A.

Č e m o v , V., Kuhställe werden voll montagefähig 07-0509.

C e n a , M. u. G r z e d z i e l s k i , J., Bau v.sonnigen Ställen 05-0632.

C e n k o w , T.P. s.Bižowicki, J.

C e p e n k o v , V.S. s.Solonin, V.V.

Č e p i g i n , G.V., G u l ' , N.S., Č i ž o v , A.P. u. C h e s i n , A.Ja., Einsatzprüfungsergebnisse v.Motorenoel-Reinigungszentrifugen als Feinfilter an Dieselmotoren "SMD", die direkt in d.Oelkreislauf eingeschaltet werden 05-0069.

Č e r e p a n o v , F., Schubstangen-Entmistungsanlage 01-0362.

Č e r e p a n o v , V., Umgestalteter Arbeitsplatz 01-0505.

Č e r k a s s k a j a , E.A., Maschinen für d.Aufnehmen d.Baumwolle v.Boden 02-0415.

Č e r m á k , A. s.Hora, O.

C e r m a k , F.I. u. L l o y d , A.H., Holztransport in den Tropen. 3.Mitt.Wasser-u.Lufttransport; Holzverladung 08-0395.

Holztransport in d.Tropen. 1.Mitt. Nah- oder Untertransport 09-0493.

Holztransport in d.Tropen. 2.Mitt. Fern- oder Haupttransport 09-0494.

Č e r m á k , J., Ökonomik d.Mechanisierungsarbeiten auf abschüssigen Flächen /08-0009/.

s.Kudláček, A.;

Piša, V.

Č e r m á k , Z., Universalkonstruktionen für landwirtschaftl.Produktionsbauten 04-0607.

Č e r n á , E. s.Mazáč, J.

Č e r n a v s k i j , S.A., Gleitlager mit schwimmender Lagerbuchse 04-0024.

Č e r n i č k i n , A.S., Widerstand beim Umsetzen v.rieselfähigen Gütern in Kratzförderern 04-0124.

Beschickungsvorrichtungen mit Kratzern 05-0165.

Č e r n i k o v , B.P. s.Jasenevič, V.E.;

Vereščagin, N.I.

Č e r n j a v s k i j , I.S. s.Anilovič, V.Ja.

Č e r n o š e k , M., Spurlockerer für d.Drillmaschine 06-0250.

Č e r n y č k o , D.G. u. S y d o r y č , V.L., Vorschläge zur Verbesserung d.Baus fahrbarer Einrichtungen für d.künstl.Besamung 05-0680.

Č e r n y š e v , I.A., Neukonstruktion eines Zapfenpflückers 02-0645.

Č e r n y š e v , I.N. u. K u ž m i n , M.V., Rollwiderstand v.Terra-Reifen 06-0153.

Č e r n y š e v , V.A., Experimentelle Untersuchung d.Einflusses d.hydrodynamisch.Drehmomentwandlers auf die Belastungen in d. Schleppergetrieben 04-0100.

Č e r n y š e v , V.V., Maschine für Waldpflanzungen im Gebirge 07-0457.

s.Surmač, V.M.

C e r s o v s k y , H. u. N e u b e r t , S., Milchhygien.Untersuchungen einer mit Rohrmelkanlage ausgerüsteten Weidezentrale für 120 Kühe /05-0423/.

- u. S o n n t a g , S., Probleme d.Milchsammlung unter besond.Berücksichtigung d. Milchkühlung 03-0309.

Č e š e n k o , A., Vorrichtung zum Absondern einzelner Stämme v.Langholzhaufen 05-0557.

C h a č a t r j a n , C.A., Bodenbearbeitungsgeräte im gebirgigen Gelände /05-0228/.

C h a j k i l e v i č , I. s. Perfilov, M.

C h a j l i s , G.A. u. K l j a t i s , L.M., Theoretische Probleme d.Leinerntemaschine 04-0252.

C h a l e n e v , A.P. s. Olenev, V.A.

C h a l m e r s , R.G. s.Nowson, D.F.

C h a m i t o v , Z.S., Bei der Instandsetzung zulässige Mindestkraft d.Ventilfedern v.Traktorenmotoren 07-0078.

C h a n b e k o v , I.I., Komplexe Mechanisierung d.Walderneuerungsarbeiten auf Gebirgshängen 07-0452.

C h a n e y , C.H. s.Robertson, J.C.

C h a r a č , G.M. s.Begidžanova, A.P.

C h a r č e n k o , N., Anbau-Hydraulik d.Traktors "DT-75" 02-0133.

C h a r i t o n č i k , E.M. u. K y č e v , V.N., Untersuchungen eines hydraulisch-pneumatischen Anlassers für Traktor-Dieselmotoren 03-0086.

C h a r i t o n o v , N.P. u. A n o c h i n , V.A., Zur Frage d.Gleichförmigkeit d.Schaltens v.hydrodynamischen Getrieben 03-0091.

C h a r i t y , L.F. s.Altman, L.B.

C h a r l t o n , G.K. s.Byass, J.B.

C h a s a n o v , R.M. s.Sinjagovskij, I.S.

Chasemore, L.A.E., Einfacher Abferkelstall 01-0595.

Chellenov, O. s.Šefter, Ja.I.

Chellenov, O.B. s.Sefter, Ja.I.

Chesin, A.Ja., s.Čepigin, G.V.

Ch'iao, Wu-chih, Laboruntersuchung d.freien Schwingungen eines Radschleppers 04-0086.

Chikov, I. s.Karaivanov, I.

Chilov, Ju. u. Plemjannikov, V., Kutter "PS-5" überwachen "etappenweise Trift" 06-0511.

Chlebnikov, I., Komplexmechanisierung großer Schweinemästereien 05-0373.

Chlebnikov, I.K. s. Kuznecova, M.V.

Chlobystov, N., Vakuumanlage für d.Verteilung von Futterbrei 04-0376.

Chmelev, P.P., Kuž, V.I. u. Pešterjan, P.G., Maschinen z.Bearbeit.v.Weingärten 06-0408.

Chochol, Ju. s.Mojsjejenko, Z.

Chodobski, W., Aussaat bei erhöhten Geschwindigkeiten 04-0199.

Transport v.Düngekalk 08-0143.

- u. Feler, S., Kehrdrillen oder Beetdrillen? 05-0216.

Chodorevskij, V.A. s.Vasil'čenko, I.M.

Chodyrev, P.I. s.Ognev, G.M.

- u. Orlovskij, I.F., Prüfung d.Lein-Vollerntemaschine "LKV-4M" 05-0280.

Cholin, A.I. s.Mindel', E.M.

Chorošij, I. u. Issers, F., Hochsilowände aus ringförmigen Spannbeton-Fertigteilen 03-0553.

Chrabelska, J., Einrichtung ländl.Wohnhäuser 04-0636.

Christ, W., Aufbaustörungen d.Wirbelsäule bei d.in d.Landwirtschaft tätigen Jugendlichen im Hinblick auf d.Schlepperfahren 03-0073.

Christensen, S.A., Tröpfchenbewässerung in Dänemark 08-0315.

Christov, M., Entwicklung eines Mähwerkes f.kreuz- u. querliegende Bohnenkulturen 02-0316.

Mechanisierte Heuwerbung bei Wicke u.Wickhafer-Gemisch 06-0266.

Christov, S., Petrov, R., Mateeva, L. u.a., Nomogramme für d.Bestimmung d. Durchhängens d.Tragseile v.Hänge-Seilbahnen 09-0495.

Christozov, G. s.Antonov, B.

Chrzanowski, W., Das Ladegerät "ŁMP-15" für staubförmiges Material 08-0091.

s.Bałoniak, M.;

Dłuski, S.

Chudik, I., Inanspruchnahme d.Forstpersonals durch Kontrollarbeiten laut tschechoslowak. Normen über d.Waldschutz in d. Slowakei 05-0508.

Chudoščevskij, V.Ja. s.Pljaščenko, S.I.

Churchill, F. u. Thye, L., Leistungsmerkmale v.transportablen elektr.Kochvorrichtungen 09-0392.

Cianciara, Z., Wirtschaftlichkeit v.Pflanzenschutzgeräten im Obstbau 07-0441.

Cicišvili, T.Z. u. Markvartde, V.M., Mittelstrahlregner u.Schnellkupplungsrohrleitungen bei d.Bewässerung v. Teeplantagen auf Vorgebirgshängen 06-0205.

Ciciv, M.V. s.Ljabach, B.V.

- u. Ljabach, B.V., Fliehkraft-Zerstäuber mit regelbarem Zerstäubungsgrad 07-0491.

Cikin, E. u. Savčenko, G., Haltung v.Kühen in Boxenställen 05-0672.

Čikov, Ja.I. s.Piir, A.I.

Čipilski, I., Einsatz d. Bodenlockerers "RNB-1,5" 02-0232.

Kultivatorscharentyp 02-0228.

Čipilski, J. s.Želev, A.

Cirin, K., Arbeitserfahrungen mit mechanisierten Taktbrigaden 07-0513.

Ciumac, G. s.Petrescu, L.

Č i ž e k , K.u. M a s e k , J., Bauten u.Vorrichtungen für Legehennenintensivhaltung 05-0693.

Č i ž i k o v , A.G., Ausrüstung v.Getreideaufbereitungsbetrieben 02-0455.

Č i ž o v , A.P. s.Čepigin, G.V.

C l a a s s e n s , N.A. s. Aab, H.R.

C l a r k e , H. s.Grover, R.

- u. G r o v e r , R., Tragbare, mit Druckluft betriebene Spritze zur Herbicid-Ausbringung bei Baumreihen u.Hecken 05-0599.

Traktor-Anbaugerät zur Ausbringung granulierter Herbizide in Schutzstreifenpflanzungen 03-0491.

C l a u s , H.-G., Maschinelles Krautrupfen 09-0291.

s.Wieneke, F.

- u. T h a e r , R., Reihenabstand u.Maschineneinsatz im Kartoffelbau 07-0161.

C l e m e n s , K. u. S c h m i d t , H., Haushaltbügelmaschinen 06-0387.

C l e n d e n i n , W.H., C o r w i t h , J.C. u. W a l k e r , J.A., Entwicklung einer hoch leistungsfähigen Futter-Erntemaschine. Prüfprogramm, 2.Teil 03-0174.

Entwicklung eines neuen hochmechanisierten Futterernters. 1.Mitt. 03-0183.

C l i v e , P.J.B., Maschine zum Niederbrechen v.Buschwerk 09-0462.

C l o u g h , P.A., Mechanisierung d.Milchproduktion. 4.Mitt. Melkstände u.Kraftfutterverteiler 09-0368.

- u. T h i e l , C.C., Mechanisierung d.Milchgewinnung. 1.Mitt. Ausrüstung zur Milchgewinnung 09-0367.

C o e n e n b e r g , H.-H., Belastungen v.Motor, Fahrgetriebe u. Zapfwelle bei Ackerschleppern. Zur Analyse ihrer Häufigkeitsverteilungen 03-0072.

C o h r o n , G., Bodenscherkraftmesser 09-0065.

C o l e m a n , J.L. s.Mark, A.H.

C o l l i n s , S.H., Vorrichtung zum Sichten v.Saatgut nach d. Körnerform 07-0334.

C o l l y e r , D.D., Landwirtschaftliche Gebäude für Kleinbetriebe 02-0738.

C o l z a n i , G., Elektromagnetische Aussortierung v.Kleeseide u.mechan.Aussortieren d. auf Wiesen vorkommenden Leguminosen 07-0335.

s.Scapaccino, O.

C o m b e r g , G., Bedeutung d. Stallklimas für Leistung u. Gesundheit 04-0360.

C o m e l y , D.R., Getreidetrockner Gascoigne "3/40", N.I.A.E.-Test 02-0472.

Getreidetrockner Gascoigne "3/70", N.I.A.E.-Test 02-0473.

C o n s t a n t i n o , G., Bekämpfung d.Olivenfliege /Dacus oleae Gmel./ mit Starrflüglern u.Hubschraubern in Italien 01-0540.

C o o l m a n , Arbeitsmechanisierung in d.Geflügelzucht 05-0375.

C o o l m a n , F., Agricultural mechanization . Mechanization of poultry keeping /09-0355/.

s.Postuma, H.H.

- u. P o s t u m a , H.H., Mechanisierung d.Landwirtsch. in d.Vereinigten Staaten v. Amerika. 2.Mitt. 09-0179.

- u. W i l j e s , H.G. de, Soll auf einem Groninger Ackerbaubetrieb arbeitsintensiv oder arbeitsextensiv gewirtschaftet werden? 03-0043.

C o o p e r , M.MacG., Grazing management and grassland productivity /02-0176/.

C o o r e m a n , H. s.Vatilborgh, L.

C o r s t i a e n s e n , W.P.M., Perspektiven d.Mähdreschereinsatzes in d.Niederlanden 06-0280.

- M a r t e n s , K., B o u m a , J. u. V i s s e r , J., Lohnbetriebe, Arbeitszeitverteilung in landwirtschaftl.Lohnbetrieben 06-0043.

Untersuchung v.Lohnbetrieben u. Übersicht über d.Einsatz v.Maschinen, Arbeit u.Kapital in 41 Betrieben 1961 07-0053.

C o r w i t h , J.C. s.Clendenin, W.H.

C o s o l o , S., Ausrüstung für d.Besprühen v.Weinreben-Pflanzschulen mit Schädlingsbekämpfungsmitteln 01-0452.

Verringerung d.Traktorlärms 08-0056.

C o s t a c h e , N., Geräte zur Mechanisierung d.Pflanzenschutzmaßnahmen 02-0688.

C o t , M. s.Sergijenko, K.

C o u l b o i s , M., Ent- u.Bewässerungsgräben in d.Charente-Maritime 01-0146.

C o u l b o i s , P., Obstlager in Charente-Maritime 01-0611.

C o u l s e y , R. s.Bull, K.G.

C o u r s h e e , R.J., Bekämpfung v.Heuschreckenlarven aus d.Luft 07-0489.

- u. I r e s o n , M.J., Ausbringung v.Granulaten mit Hubschraubern 03-0489.

C o u r t , D.L., H i r o n s , A.E. u. W i d d a s , D.R., Wirtschaftl.Melkereinsatz 06-0361.

C o v a l i u , C. s.Grigoriu, M.,

C o w h i g , M., Ernsthafte Defekte an Melkmaschinen 08-0252.

C o z z a n i , C., Olivenernte 07-0309.

C r a d o c k , T.H.,Ausnutzung d. David Brown-Hydraulik 06-0155.

C r e s s w e l l , E., Verbesserte Schutzhütte für Schafe 05-0691.

C r o n a u , F., Vakuum- u. Druckfaß, sein Einsatz in d. Landwirtschaft 05-0401.

C r o n e w i t z , T., Groß-Gerauer Rübenlagerung 07-0344.

C r o s b i e , C.J., Automat. Heulader 07-0274.

C r o w t h e r , R.E., Isachsen-Doppeltrommelseilwinde 02-0667.

- u. T o u l m i n - R o t h e , I., Fällung u.Umwandlung v. Durchforstungen in Handarbeit /02-0675/.

C r u c q , J., Schlepper u.Landmaschinen auf einer Dänischen Ausstellung 02-0704.

Landmaschinenprüfung in d. Niederlanden 04-0053.

Ausstellung "Die Landmaschine" 08-0430.

- u. B u r e m a , J.J., Spritzen in d.Landwirtsch. 06-0523.

C s ó r i , J., Anwendung v.Mehrzweckkraftmaschinen 07-0449.

C u b e , H.L., Entwickl.d.europ. Kühlschrankmarktes 06-0384.

Kältetechnik 08-0277.

C u c i u r e a n u , A., Instandhaltung u.Instandsetzung d.Installationen für Speisung d.Traktoren - Wasser, Öl, Kraftstoff /03-0037/.

Č u d i n o v , B., Maschinen für d. Bearbeitung v.Böden, die z.Erosion neigen 02-0209.

Č u g u n o v , A., Arbeitsweise d. Maschinen bei d.Futterbohnenernte 01-0294.

C u l p i n , C., Fortschritt beim Massentransport v.Getreide 03-0224.

Agricultural mechanization. Tandem tractors /05-0153/.

C u m m i n g s , M.W. s.Longhurst, W.M.

Č u r b a n o v , I.S., Getreidereinigungs- u.-trocknungsanlagen f. Kolchosen u.Sowchosen 02-0450.

C u r l e y , R.G. s.Dobie, J.B.

C v e j n , M., Turbokälteanlagen 02-0100.

C y b u l ' k o , I. u. G u b k i n , V., Abschirmung d.Gefahrenpunkte durch Photorelais 02-0651.

C y g a n k o v , A.A., Maschinen mit hydrostat.Getriebe 09-0122.

C y w i ń s k i , M., Transportables Meß-Laboratorium 09-0059.

C z a r n e c k i , E., Arbeitsschutz u.Arbeitshyg. in d.Landwirtsch. 02-0057.

C z e c h o w i c z , A., Aufgaben d.Schlepper- u.Landmaschinenindustrie zur Beschleunigung d. Mechanisierung d.Landwirtsch. 04-0002.

C z e r n e y , P. s.Fiedler, H.J.

C z e r n y s z e w , W., Mechanisierung d.Pflanzung in d.Forstwirtschaft d.UdSSR 05-0533.

D a e l e m a n s , J., Baul.Einrichtung u.arbeitswirtschaftl. Nutzen v.Sauenställen 05-0683.

D a g i s , Z.S. u. R o z e n , E.A., Gerät zur chem.Unkrautbekämpfung 03-0485.

D a h m , H.P., Rinde als Rohstoff d.chem.Industrie 07-0467.

D a h s e , F., Mechanisier.d.Fütterung u.Entmistung in Altställen für Rinder mit Anbindehaltung 01-0579.

Wege d.Mechanisierung u.Automatisierung d.Arbeitsprozesse in d.Viehwirtschaft 03-0275.

D a k o v , M., Prinzipien d. Pflegehiebe in Ausschlagwäldern 09-0470.

D a l e , A.G. u. P e a r t , R.M., A comparative study of the influence of housing and equipment variables on the performance and cost of growing finishing swine /05-0405/.

D a l i t z , H., Motorobot "M 6" als Harzschöpfwagen 08-0401.

D a m b r o t h , M. s.Pätzold, C.

D a m e r o w , G. u. H o l z - h ä u s e r , U., Erprobung d. ALFA-LAVAL-Tankreinigungsschleuder zur Reinigung u.Desinfektion v.Milchtanks 04-0413.

D a m i a n i , A., Bewegungsstörungen in Druckleitungen v. Bewässerungsnetzen 02-0202.

D a m m a n n , H.J., Baumsägen u. Baumsägeblätter 01-0429.

D a n ě k , V., Forschungsarbeiten an Radiallaufrädern bei hohen Machzahlen 02-0101.

D a n f o r s , E. s.Gustafsson, Y.

D a n i l e v i č , G.I., Drehpflüge Typ "PON-30" u."PON-2-30" 08-0123.

D a n i l u š k i n , B. s.Turovskij, A.

D a n n a t t , N. u. S i m m o n d s , C.W., Verminderung d.Kosten für d.Unkrautbekämpfung u.d.Buschabräumen durch d.Einsatz tragbarer Buschschneidegeräte 05-0537.

D a n n e m a n n , H. u. F i s c h e r , H., Baul.Maßnahmen für d.Dunglagerung u.Jaucheaufbewahrung in Rinderanlagen. Teil 1 u.2 08-0518.

-, F i s c h e r , H. u. S c h u l z e , F., Kälber- u. Jungviehstationen 01-0590.

Neuer Stall für d. Kälberaufzucht 02-0752.

Um- u. Ausbau v. Kälberställen 04-0654.

- u. S c h u l z e , F., Offenlaufstallanlage für große Rinderbestände 07-0557.

D a n y l e v y č , S.J., Vollmechanisierung d.Maisproduktion /05-0176/.

D a r a b o n t , A. s.Rab, G.

D a v i d s o n , R. u. H a n s e n , N., Faserholz, neue Absatzmöglichkeit für Holz aus Iowa 03-0393.

D a v i e s , A.G.C., Versuche mit Gewächshauskonstruktionen 09-0423.

D a v i e s , S.J., Entwicklung v. Diesel- u.Ottomotoren in Großbritannien 06-0082.

D a v i s , S. u. W i l l h i t e , F.M., Beckenstaubewässerung auf Gebirgswiesen 09-0195.

D a v y d o v , V. s.Adrianov, A.

D e a n , J.R. s.Tanner, D.W.

D e b , A.K. u. S i n g h , A., Elektr.Widerstandselemente aus Glasfasern für langdauernde Feuchtigkeitsmessungen im Erdreich 04-0061.

D e b e l y j , G. A. s.Smirnova, I.S.

D e b u s , Daten zur Nutzungsdauer u.zum Reparaturkostenfaktor v. Landmaschinen 07-0045.

D e c h o w , F., Neue 5-Mp-Anhänger aus d.VEB Fahrzeugwerk Waltershausen 09-0161.

D ě d e č k o v a - Š á l o v á , J., Plastische Stoffe b.Silieren 02-0444.

D e e c k e , U. s.Adelhelm, R.

D e e v , B., Einfache Langholzumladevorrichtung 05-0573.

D e g t j a r e v a , A.S. u. M e j s a c h o v i č , Ja.A., Gebläsesprühmaschinen in Jungpflanzungen 06-0438.

D e h n e , E., Körnermais zieht nach Norden 07-0286.

D e i c k e , H., Biegsame Heizrohre im Gartenbau 04-0467.

D e k k e r , J.F., Mineraldüngerstreuer "Hugo" für d.Anbau unter Glas 02-0588.

D e L o n g , H.H., Körnermaistrocknung 02-0468.

D e m b i ń s k i , W. u. R o - z y c k i , K., Tabellen zur Berechnung d.Gewichtes v.baumwollenen u.Stylon-Netzgeweben /06-0028/.

D e m b i n s k i , W. u. S a - d o w s k a , Z., Präparierer d.Stylon- u.Kuralon-Netzgewebe mit Kabelmasse A /07-0043/.

Eignung d.Stylon-Netzstrickwaren zu Zuggarnen u.Fallengeräten /08-0427/.

D e m č e v , V.I. s.Ajzenberg, Ju.B.

D e m i d e n k o , B.M., Analytische Bestimmung d.Verschleißes von Teilen d.Bremsbackenpaares 03-0096.

D e m i n , K.A. u. L u k i n , V.V., Selbstladevorrichtung für große Stammpakete 05-0576.

D e m l e i t n e r , Verhütung v. Treibschäden im Gebirge 03-0444.

D e m l e i t n e r , S., Unfallverhütung bei d.Holznutzung im Gebirge 08-0349.

D e m p s e y , L., Landwirtschaftl. Schulwesen u.d.Beratung in d. Republik Irland 04-0016.

D e n c k e r , C.H., Schädlings- u.Unkrautbekämpfung mit Granulaten 01-0548.

Erntearbeitsketten im Körnerfruchtanbau 02-0344.

Einmannbedienung b.Rübenerntemaschinen 02-0404.

Der Schlepper u.sein Einsatz 06-0108.

D e n g , C.H. s.Willeitner, H.

D e n i e l , J., Kartoffellagerhaus 02-0767.

D e n n i n g U l l r i c h , H. u. T a t e , M.T., Gefrieren v. zubereiteter Nahrung im Haushalt 06-0385.

D e p p e n m e i e r , E. s. Storch, K.

D e r e j s k i , W., Ergebnisse d.Forschungsarbeit auf d.Gebiet d.Kartoffelernte in Polen 01-0257.

D e r e v e n k o , V.V., M o l - č a n o v , D.N. u. A v a g i - m o v , E.A., Mais-Schnellerntemaschine 08-0183.

D é r f ö l d i , A., H u s z á r , E. u. S z á s z , T., Arbeitsstudien über d.Kahlschlag-Hauungsbetrieb in einem Eichenhochwald d.Flachlandes.2.Mitt. 03-0424.

D e r j a b i n , D.I., Bewertung d.Technol.d.Bodenbearbeitung auf Kahlschlägen mit d.Stockrodegerät "D-120" u.d.Scheibenegge "BDT-2,2" 02-0639.

D e r n e d d e , W., Streugüte u. Leistungsbedarf v.Stalldungstreuern mit einer Systematik d.Streuwerke 06-0238.

D e s c r o z a i l l e , B., Elektr.Beheizung v.Plastfolienzelten 02-0607.

D e š k o v a , P., Hacken zwischen d.Reihen bei Baumwolle 08-0157.

D e t i s t o v , F.M., Bodenbearbeitungs- u.Säaggregat "APP-4-70" 02-0213.

Rotationshacke Typ "MVN-4,2" 02-0273.

Getreidereinigungs- u.Trocknungsanlage 02-0449.

D e t r e , I., Bau, Betrieb u. Weiterentwicklung d.Schnelltrocknungsanlagen in Ungarn 05-0318.

Grünfuttertrocknung in Frankreich 06-0315.

s. Tóth, J.

D e t r e , J., Künstl.Trocknung v.Grünfutter als Mittel zur Festigung d.Futterbasis 09-0306.

Einsatzerfahrungen mit neuen Trocknertypen in d.VR Ungarn 09-0320.

D é v a i , J., Anwendung d.Mähdreschers beim Ernten v.Kleinkörnern 05-0261.

D e v i n e , E.S., Obsternte: Transport v.leeren u.vollen Obsthorden während d.Erntens 07-0431.

D e w i t z , F., Industrialisierung landwirtsch.Produktionsprozesse 01-0002.

Aufgaben d.Landtechn.nach d. VI.Parteitag d.SED 02-0002.

D e w i t z , F.K., Schrittweise Herstellung einheitl.Leitung für Traktoristen u.Feldbaubrigaden in allen LPG 05-0004.

D i a s , R. u. M y š á k , F., Unkraut-, Schädlings- u.Krankheitsbekämpfung im Pflanzenbau 01-0525.

Mechanisierte Nebelgeräte Typ "Solgen" - Ergebnis der tschechoslowak.Forschung auf d.Gebiete d.Pflanzenschutzmechanisierung 04-0586.

D i d e n k o , A.M. s.Koval', I.A.; Luščickij, Ju.V.

D i d e n k o , N., Einsatz d. Kultivators b.erhöhten Geschwindigkeiten 01-0171.

Zwiebelerntemaschine 05-0302.

D i e m e l , H., Einfluß d.Getreideverwertung auf d.Organisation v.Trocknung u.Lagerung /04-0346/.

Diest, N.V., Garben, R., u. Hillendahl, W., Landwirtschaftl.Bauen in Skandinavien 09-0520.

Dieterich, P., Maschinen u.Geräte für d.neuzeitl.Obstbau 09-0448.

Dietrich, K., Meßtechn.Möglichkeiten zur Schnellermittlung d.maschinellen Melkbarkeit v. Kühen /09-0376/.

Dietz, P., Bündelung v.Schichtholz mit Stahlseilschlingen 04-0534.

Dil'din, M. u. Krjuger, Ju., Organisation d.Baues ländl. Skelettbauten in Neulandgebieten 03-0514.

Dilg, H., Anwendung d.Magnetbandverfahrens zur Registrierung elektr.Meßwerte v.Messungen an Landmaschinen 05-0057.

Dimény, I., Entwicklung d.ungar.Landwirtsch. 07-0003.

Dimitrov, D. u. Georgiev, D., Einfluß d.unterschiedl.Schafstalltypen auf d. Wachstum u.d.Entwicklung d.Lämmer 05-0690.

Dimitrov, I., Arbeitsuntersuchungen an Ausdünnmaschinen mit rotierenden Messersternen 02-0288.

Dimitrov, J. s.Dinov, D.

– u. Atanasov, A., Zugkennziffern d.Geräteträgers "SS-22" 05-0108.

Dimitrov, S. s.Dobrev, D.; Vasilev, V.N.

Dimov, S., Untersuchung d.Möglichkeiten für maschinelles Melken d.Schafe 05-0421.

Dingeldein, U., Wärmeversorgung mit festen Brennstoffen f.Haus u.Hof 02-0563.

Dinov, D., Einfluß d.Rührwelle u.d.Erschütterungen auf d.Schichtung d.Saatgutes im Saatkasten 07-0232.

–, Sredkov, D. u. Dimitrov, J., Eigenschaften d.Säapparate aus Graphit-Kautschuk-Masse 06-0251.

Di Sapio, A., Schmiermittel auf Anstrichbasis 05-0065.

Ditrich, V.I. s.Miller, M.S.

Dittrich, G. s.Ermich, D.

Diviš, J., Forgáč, K. u. Lysý, M., Durch Einsickerung verursachte Wasserverluste d.Bewässerungskanäle u.Methoden d. Abdichtung 05-0198.

D'jačenko, G.N. s.Smirnov, I.I.

Djadjuško, V.P. s.Stradymov, F.Ja.

Djatčin, N.B., Einfluß d. Elastizität d.Abstützung auf d. Vibration d.Motors 06-0084.

Djatel, O., Ertrag steigt um das 1,5fache 02-0650.

Dłuski, S., Mechanisierung d.Feldfruchtanbaues /03-0127/.

Streuen v.Düngekalk 06-0234.

Mechanisierung d.Ackerbaus /07-0165/.

– u. Chrzanowski, W., Vereinzeln d.Rüben, montiert auf d.Vielfachgerät "WUN-4" 06-0254.

Dłuski, S.M., Mechanisierung d.Zuckerrübenanbaus 08-0108.

Dłuski, M.St., Wirtschaftlichkeit d.Düngerstreuers "RCW-2" in d.Landwirtsch. 05-0214.

Dłuzniewski, W., Typenprojekte für Besamungsstationen 01-0591.

Dmitričenko, S.S., Kugel', R.V., Filatov, E.Ja, Nejčenko, V.G. u. Starikov, V.M., Analysierungsmethoden d.Spannungen in d.Konstruktionen bei Untersuchung d.Einflusses d.Fahrgeschwindigkeit eines Traktors 08-0066.

–, Kugel', R.V., Makarov, N.N. u. Nejčenko, V.G., Schnellprüfungen v. Traktoren auf Festigkeit auf einer Prüfbahn 03-0070.

Dmitriev, V.P. s.Kruglov, M.G.

Dmuchovskij, A.N. s. Ovčinnikov, N.N.

Dmytrow, E., Vibrations-Getreidereinigungsmaschine "WW-5" 07-0329.

s.Bałoniak, M.

Dobberkau, D., Einsatz d. "RS 09" mit d.Maishackgerät "P 153/1" 05-0221.

Dobiáš, J., Forstl. Transportnetz in d.Unterwuchswirtschaft 02-0672.

Dobie, J.B., Techn.Bewertung d.Heupelletierens /04-0288/.

Herstellung v.Heuwaffeln /04-0289/.

D o b i e , J.B., Materialtransportanlagen für Heuwaffeln /04-0291/.

- u. C u r l e y , R.G., Verladen u.d.Transport v.Futtermitteln 09-0156.

-, C u r l e y, R.G. u. P a r s o n s, P.S., Ökonomischer Aspekt d. Heuwaffelpressens 07-0273.

D o b r e v , D., L j u d s k a n o v , K., M i c h a j l o v , M., D i m i t r o v , S. u. V l a c h o v , D., Aufforsten u.die techn.Befestigung d.Wassereinzugsgebiete von Stauseen u. anderer spezieller Objekte /04-0502/+.

D o b r o c h l e b o v , A.P. s. Skundin, G.I.

D o b r o w o l s k i , S., Komplexe Mechanisierung d.Arbeiten in Kämpen 02-0637.

Waldpflug 05-0526.

Komplexe Mechanisier.d.Arbeiten in Kämpen 06-0462.

D o c t a t o r , C.W. s.Redabaugh, H.S.

D o d i l l e t , H.-J., Künstl. Beleuchtung v.Pflanzen in Gewächshäusern.II. 01-0436.

D o d i n , L.G. s.Belikov, V.V.

D ö g e l , C., Energieversorgung d.Landwirtsch.u.ihre Perspektiven 07-0065.

D o e h n e r , H., Schafzucht u. Schafhaltung. 4.Teil. Leistungen d.Schafes, Wolle, Fleisch, Milch, Leder, Dung /06-0367/+.

D o e l l i n g , M., Strohhäckselbergung, Feldhäckseldrusch /05-0312/.

D ö r h ö f e r , P., Bad im Eigenheim 09-0398.

D o e r i n g , E.J., Direktmethode zum Messen d.Aufwärtsbewegung d. Wassers vom Grundwasserspiegel aus 07-0063.

D o h m s , W. u. L e n k , E., Welche Probleme sind beim Bau v. Rinderställen zu beachten? 07-0545.

Welche Probleme sind beim Bau v. Rinderställen zu beachten? 08-0483.

D o h n e , E., Getreidetrocknung im Hof u.im Lagerhaus 02-0457.

Das Laden v.Langgut 09-0265.

D o j k o v , K., Arbeitszeitaufriß v.Schweinemastfarmen u.d. Möglichkeiten zur Steigerung d. Arbeitsproduktivität 09-0337.

s.Ivanov, D.

D o k t o r , J., Wissenschaftl.-technische Informationsdienst hilft d.Wissenschaftlern 03-0018.

D o l z m a n n , H. s.Maltry, W.

D o m a n s k i j , L.N., Entlieschungsmaschine "OPP-5,0" - Versuchsserie 08-0185.

D o m a n s k ý , L., Offenstallbetrieb d.Forschungsanstalt für Landtechnik Řepy 05-0676.

D o m a n s k ý , M. s.Velebil, M.

D o m e s , Z., Technisch-ökonomische Analyse d.kombinierten Holzrückens mit Gespann u.Radschlepper 02-0666.

D o m i n a , T.D., Anhänger u. Aufbauten im Zeichen d.Fortschritts 02-0154.

D o m r a č e v , A. u. S a r a p u k a , V., Anlagen aus Stahlbeton u.Metallkonstruktionen für d.Trocknung v.Maiskolben 06-0332.

D o m r a č e v , V. s.Adrianov, K.

D o m s c h , C. s. Wehsely, K.

D o m s c h , M., Bodenbearbeitung nach d.Räumen d.Getreidefelder im Hinblick auf d.Bodenfruchtbarkeit 01-0157.

Höhere Arbeitsproduktivität durch bessere Schlepperauslastung bei d.Bearbeitung d. leichteren Böden 03-0098.

Steigerung d.Arbeitsproduktivität bei d.Bodenbearbeitung 06-0216.

D o n a t h, L., Aufgaben d.RTS nach Abgabe d.Technik 05-0029.

D o n e c , S. s.Bojarčuk, I.

D o n n a n , W.W. s.Fouss, J.L.

D o n n e l l y , M.J. s.Summerlee, J.

D o n t h , J. s.Durchánek, J.

D o o l e t t e , J.B., Schwadmähen u.Walzen verhindert Windschäden bei Gerste 07-0277.

D o p f , K., Melkmaschine 01-0368

D o r n , B., Entwickl.u.Bedeutung d.landwirtschaftl.Berufsschule für d.Ausbildung d.Landjugend u.für d.Förderung d.Landwirtschaft (dargest.an bayrischen Verhältnissen) /09-0021/.

D o r n e r , H., Berechnung d. Bremsleistung v.Kraftfahrzeugbremsen bei dauernder u.zeitlich begrenzter Beanspruchung 07-0126.

D o r o š e v , V.N. u. P l e š a k o v , G.F., Berechnung d.Aufnahmeteiles eines Krautförderers 01-0271.

D o r y w a l s k i, Reinigen d.Saatgutes /02-0481/.

D o s c h , K.-H., Typenreihe Raupenkettenfahrwerke 06-0146.

D o s i , A. s.Goidánich, G.

D o s t a l , F.D., Maschineneinsatz im Forstbetrieb 05-0523.

D o u d a , M., Landtechnik im Ostblock: Brünner Messe 01-0068.

Landmaschinen auf d.Internationalen Messe in Brünn 09-0515.

-, Š i m e k , I., P e c h , Ma., Techn.Standardisierung in d.Landwirtsch 09-0030.

D o u d a , V., Entwicklung d.Ausnützung d.Mechanisierungsmittel in d.Unterwuchswirtschaft 02-0635.

D o w n e y , L.A., Schweineboxen mit Spaltenfußböden 05-0685.

Nestkasten für d.Ferkelaufzucht 09-0584.

D r a č u k , V., Rayonplanung in d.Praxis 09-0546.

D r a g i l e v a , E. s.Nikolaeva, N.

D r a l o , G., Industrialisierung u.Mechanisierung d.ländl.Bauwesens im Gebiet Omsk 03-0513.

D r a n s f i e l d , P., H a r r i s o n , J.Y. u. W i l l i s , A.H., Fahrbarer registrierender Dynamometer für Bodenbearbeitungs-Forschungen 01-0160.

D r e c k i , A., Straßendecke "DT" aus Stahlbetonplatten 07-0523.

Vorgefertigte Bauteile für den Bau v.Schornsteinen 09-0533.

D r e i e r , H., Lüfteräder aus Polyamid im Motorenbau 04-0075.

D r e i s s i g , M., Instandhaltung d.Maschinen u.Geräte in d.LPG "Einheit" Elster 05-0032.

D r e s s l e r , M., Automatisierung d.Holzbeförderung durch Fernlenkung 04-0548.

Arbeit d.Waldkombine v.Vit 09-0477.

D r i g g e r s , J.C. s.Drury, L.N.

D r j u č e n k o , D. u. I v a n o v , P., Maschinenpflege im Walde 04-0493.

D r o b i n s k i j , A., Projekte für Mineraldünger - u.Pflanzenschutzmittellager 09-0606.

D r o z d o v , N.I., Leistungsaufnahme v.Schneidwerken beim Mähen v.Gras u.Getreide /02-0425/.

D r u r y , L.N., B r o w n , R.H. u. D r i g g e r s , J.C., Performance of chick brooder types in uninsulated houses /02-0537/.

D r u ž i n i n , V., Greifer für d.Kran "KKU-7,5" 02-0669.

D r z e w i ń s k i , H., Haupttendenzen d.Entwicklung d.Lagerungswirtschaft in d.UdSSR 04-0326.

D u b o i s , O., Mechanisierte Futterernte u.d.Belüftungstrocknung 02-0307.

D u b r o v s k i j , A.A., Elektrohydraul.Effekt (Unterwasser-Blitz) u.seine Anwendung in d. Landwirtsch 09-0072.

D u c h o , L., L o b o t k a , J. u. K u b i n a , L., Mechanisierte Schweinemastanlage für fließfähige Futtermittel 09-0338.

D u c k e r , H.C. u. S p e a r , A.J., Erdnußanbau in Rhodesien u. Nyasaland. 4.Mitt.Mechanisierung 04-0286.

D u d a r e v , M.A. s.Pljaščenko, S.I.

D u d i n , A., Wie man d.Fassungsvermögen v.Mineraldüngerlagern bestimmen kann 09-0602.

D ü w e l , P.-F., Betriebserfahrungen mit d.Schrägrosttrockner in Groß Stove 09-0317.

D u f r a i n e , A., Rückentragbare Pflanzenschutzgeräte für Kleinbetriebe 06-0439.

D u g g e n , H., Arbeitsparender Rosenkohlanbau 01-0438.

D u i n , R.H.A.van, Entwerfen v. Plänen für d.Flurneuordnung 02-0205.

D u k a , V., Chemisierung d.Landwirtschaft d.Bundesrepublik Deutschland /04-0011/.

D u m m e r , H. s.Stegmann, H.

D u n c a n , R.A., Mechan.Ernte v.Zuckerrohr /05-0307/.

D u n d u k , I. s.Lun, L.

D u n s c h e n , Ch.A., Wege d. mechan.Reinigung v.Kulturen 05-0536.

D u p u i s , H., Senkrechte Schwingungsbeschleunigungen v. Fahrern in Kraftfahrzeugen, auf Ackerschleppern u. selbstfahrenden Arbeitsmaschinen 03-0074.

D u r c h á n e k , J. u. D o n t h , J., Grünfuttorernte, Silomaisernte u.Schwadaufnahme 06-0267.

D u r k o v i č , O. s.Blažek, J.

D u š e k , B. s.Šebela, F.

D v o j n i k o v , A. s.Stradymov, F.Ja.

D v o ř á k , V., Ästhetik u.Architektur v.Getreidesilos 07-0593.

D z j u b a , V.I., Einfluß d.Vibration auf d.innere Bodenreibungszahl 09-0071.

E a t o n , R.J., Transport management in the agricultural co-operative/03-0112/.

E b b e l l , H., Hühner stellen Ansprüche an d.Stall 02-0503.

E b e r h a r d t , M., Heuerntevorfahren in d.LPG "Einheit" Kremmen 05-0240.

s.Adams

- u. W i l k e , W., Heuernte u.Grassilagegewinnung in d.LPG "Einheit" Kremmen, Kreis Oranienburg. 1.Produktionsverfahren Futter. 2.Einsatzmöglichkeiten d.Axialgebläse SK 8 z.Trocknung u.Konservierung landwirtschaftl.Produkte /02-0418/.

E b e r t , D., Einfluß d.Mechanisier.auf d.Maiserträge u.daraus resultierende Forderungen an d. Landtechnik 02-0159.

Einfluß d.Mechanisierung auf d. Maisernteerträge u.daraus resultierende Forderungen an d.Landtechnik 08-0099.

E b e r t , W., Heckmähwerk "E 131" 02-0313.

E c k h a r d t , F., Verträglichkeit v.Kraftfahrzeug-Schmierstoffen mit Radial-Wellendichtringen 01-0050.

E c k h a r d t , H.-G., Schleichdrehzahlen v.Hydromotoren 06-0105.

E d e n , B., Wahl d.Arbeitsprozesses für d.Futterbergung 04-0213.

E d w a r d s , E.D., Wiederaufnahme d.Schweinehaltung in Milchviehfarmen 03-0277.

E f r e m e n k o , P.G. s. Gorjaško, M.P.

E f r e m o v , V.G., Maschinensatz für d.Maisernte 08-0182.

Ė f r o s , V.V., Einfluß d.Bewegungsgeschwindigkeit d.Luftladung in d.Brennkammer auf d. Kennziffern d.Dieselmotors "D37M" 06-0101.

E g g e r s , H.W.T., Unfallgefahr am Elektrozaun 03-0281.

E g l i t , I.M. s.Brjuchovec, D.F.

E g o r o v , Ja.A. s.Kruglov, M.G.

E g o r o v , Ju. s.Magarillo, B.

E g o r o v , Ju.D., M a g a r i l l o , B.L. u. P o z i n , B.M., Arbeit v.Kettentraktoren mit Anbaugeräten 05-0106.

E g o r o v a , A.V., L o g i n o v , V.E. u. O s e č i n s k a j a , N.E., Leindreschmaschine "ML-2,8" 04-0253.

E g o r š i n u. Š e r š e ň , Säuberung d.Schläge ohne Feuer 01-0479.

E h m k e , K., Maschineneinsatz im Forstbetrieb. Techn.Grundlagen, wirtschaftl.Voraussetzungen 01-0467.

Schlepper u.Seilwinde 03-0398.

Forstl.Großgeräte, Maschinen u. Fahrzeuge als Unfallquellen 05-0517.

E h r e n f o r t h , W., Förderung d.Landarbeiterwohnungsbaues 05-0657.

Bessere Altbauwohnungen für Landarbeiter? 05-0658.

E h r e n h a r d t , M. s.Schneider, B.

E h r l i c h , H., Motorsägen-Vergütung nach d.Festmeter-Akkordlohn 05-0548.

E i c h e l b a u m , H., Eignet sich d.Schlegelernter "E 069" zum Strohbergen? 03-0221.

Feldhäcksler "E 066", VEB "Fortschritt" Erntebergungsmaschinen, Neustadt/Sa., Prüfbericht Potsdam-Bornim 06-0270.

s.Stolzenburg, W.-L.

- u. S t o l z e n b u r g , W.-L., Schlegelerntevergleichsprüfung 01-0216.

E i c h h o r n , H., Boxenlaufstall, ein neuer Weg? 03-0532.

Typentabelle Mähdrescher 09-0276.

-Meincke, K. u. Sedlmeier, M., Fördergeräte für d.Hofarbeiten 03-0119.

Eichhorn, Horst, Planung v. Boxenlaufställen 09-0576.

Eichler, C., Spezialisierte Instandsetzung v.Baugruppen 05-0030.

Planung d.Bedarfs an Austauschbaugruppen im Rahmen d.progressiven Pflegeordnung 05-0033.

s.Adams;

Bormann, H.

Eichler, N. u. Meyer, H., Schleiffunkenprobe 06-0024.

Eilfort, K., Einrichtungen im Hühnerstall. 4.Mitt.Tränkwasserversorgung unserer Hühner 02-0514.

Kotgrube, so oder so? 03-0549.

Eisfeld, F., Beeinflussung d.Kraftstoffverteilung im Brennraum eines Dieselmotors durch eine gesteuerte Luftbewegung 04-0080.

Eitzen, G., Hausforschung in d.Jahren 1953-1962 05-0611.

Ėjdel'man, Ja.L., Ursachen für d.Verstopfen d.Stifte v. Zerstäuberdüsen d.Vorkammer-Motors 06-0102.

Ek, I., Einige Eindrücke v.einer Studienreise durch d.östl.Kanada u.d.Nordosten d.USA 09-0414.

Ekielski, S., Mechanisiertes Beschicken v.Fahrsilos 07-0320.

Elam, F., Melkstand mit automat. Milchmeß-u.Kraftfutterdosiergeräten 08-0250.

Elam, F.L., Spülentmistung einer Hühnerintensivhaltung 07-0589.

Elderen, E.van s.Postma, G.

Elema, H.M., Grabenreiniger in Grientsveen 04-0149.

Japan.Aufbaumähdrescher 05-0268.

Landmaschinen 1964. 07-0496.

Eliáš, J., Entschädigung d. Werktätigen bei Berufsunfällen u. -krankheiten in d.LEG 03-0045.

Ellison, W., Maschinen zur Verbesserung d.Grünlandes 01-0131.

Elrod, J.C. s.Russel, J.R.

Emel'janov, L.M., Zwei Arten d.Bodendrucks in hohen Prüfbehältern 04-0059.

Emel'janov, O.V. s.Šmidt, R.G.

Ende, H.am, Feuersicheres Strohdach /04-0619./

Endres, W., Verhalten d.Autorades in d.Kurve 05-0136.

Engman, S., s.Gustafsson, Y.

Engstrom, A.H. u. Romeo, F., Wahl d.Hydraulikfilter entsprechend d.Erfordernissen d. Systems 02-0134.

Epp, A.W. s.Thorfinnson, T.S.

Erasmus, J.E. s.Liebenberg, C.R.

- u. Swart, L.G., Batterien u.Batterieställe 08-0225.

Erdélyi, T. u. Tengerdi, J., Bestäubung gegen Schädlinge in Obstgärten, Weingärten u.in Küchengärten /01-0454/.

Eremeev, I.D., Arbeitsorgane v.Rübenvollerntemaschinen mit herausziehender Arbeitsweise 04-0280.

Eremenko, B.S. s.Koval', I.A.

Erlecke, K.-H., Planung u. Nutzung v.Gewächshauswirtschaften 02-0598.

Regeltechnik im Gartenbau 06-0431.

- u. Seidel, E., Vollmechanisierte Ernte v.Spinat u. Grünkohl 01-0439.

Ermich, D., Stoppelbearbeitung 01-0158.

Forderungen d.Ackerbaues an d. Landtechnik im Hinblick auf d. Steigerung d.Bodenfruchtbarkeit 03-0146.

- u. Dittrich, G., Versuchsergebnisse zur Anwendung höherer Arbeitsgeschwindigkeiten beim Pflügen 06-0217.

Ernst, G., Vom Schlupf zum Antischlupf 05-0133.

Ernst, Günther, Möglichkeiten d. Kartoffelpflanzens 07-0234.

Erochin, N.A., Verwendung v.Polyethylenrohren für d.ländl. Wasserversorgung in d.Ukraine 03-0518.

Eschnauer, H., Aluminium-Herbstbütten 06-0436.

Essen, H.van, Arbeitsmethoden b.Ernten v.Stoppelrüben 06-0305.

Esmay, M.L. s.Odden, N.T.

Essigke, O. s.Kübler, H.

E s t l e r , M. s.Brenner, W.

E v a n s , H., Kühe lieben Boxen 01-0583.

E v d o k o m o v , V.F., Bestimmung d.Länge d.Trieurzylinders 03-0258.

E v e r s , P.N., Längsverteilung v.Rübensamen in d.Saatrinne 06-0245.

Einfluß d.Bodenvorbereitung u. Saateinbringung auf d.Feldaufgang v.Zuckerrüben 07-0225.

Mechanisierung d.Erntearbeiten im Zuckerrübenbau 08-0189.

E x n e r , G. s.Gratz, W.;

Hirsch, K.

F a b r y , A., Einführung einer neuen Technologie d.Rapsernte 02-0346.

F a f a r a , A., Universal-Dräng-grabenbagger mit mehreren Schürfkübeln "ETN-171" (UdSSR) 07-0180.

F a f a r a , R., Prüfungs- u. Testorganisation für Landmaschinen in Polen 06-0052.

Fragen d.Mechanisierung d.Wiesenheu- u.Leguminosenernte 09-0305.

F a h l e n b e r g , K.H., Grenzen u.Möglichkeiten d.Standardisierung in d.Kältetechnik 02-0099.

F a h r , W., Wirtschaftl.Bedeutung u.Möglichkeiten einer verkürzten Erprobungszeit bei Landmaschinen 06-0055.

F a k i r o v , V., Ergebnisse d. Untersuchungen über d.Pflegehiebe in Pappelbeständen 04-0513.

F a l c h , R., Untersuchungen zur Erarbeitung einer Methodik d. Ermittlung d.Wirkungsgrades v. Investitionen für landwirtschaftliche Maschinen u.Gebäude /03-0048/.

F a l u b a , Z. s.Bálint, G.

F a n t i n i , F. s.Goidánich, G.

F a r k a s d y , Z., Verkleidung u. Öffnungssperrvorrichtungen an d. Gebäuden zur Viehhaltung sowie deren Materialien 04-0646.

F a r m e r , P., Heusilage 02-0440.

F a r o b i n , Ja.E., Entwicklung eines stufenlosen Reibungsgetriebes für Traktoren 08-0057.

F a r r a l l , A.W., Aufgaben d. Landtechnik in diesem Jahrzehnt 06-0003.

F a t e e v , M.N. s.Borisov, A.M.

F a u n c e , A.D., Landtechnik in d.FAO 01-0001.

F a u t h , Ch. s.Freudenberg, G.

F e d j u k o v , M.F., Betriebs- u.Leistungskennwerte d.Leindreschmaschine 05-0281.

F e d o r e n k o , F.G. s.Mel'nev, P.P.

F e d o r o v , Ju.I. s.Anilovič, V.Ja.

F e d o s e e v , B.V., Žurkin, V.K. u. N i k o l a e v , G.S., Windsichtung d.Erntegutes in einem senkrechten Kanal 05-0330.

F e h l k a m m , H., Axt , gestern u.heute 04-0533.

F e i c h t i n g e r , F., Stand d.Dräntechnik in Oesterreich 06-0193.

F e i f f e r , P., Techn.u.technol.Hinweise aus d.Erfahrungen d.Erntebergung 1962 01-0240.

Techn., organisat u.betriebswirtsch.Maßnahmen für eine erfolgreiche Druschfruchternte 02-0349.

Mähdruschernte in Ungarn 05-0259.

- u. M o r i t z , D., Erntetechnik u.d.neuen Aufgaben d. Züchtung 08-0097.

F e i f f e r , R., Regelung d. Schwadwalzendrehzahl 02-0368.

Konstruktive Kleinverbesserungen u.Umrüstungen am Mähdrescher , Grundstein einer verlustfreien Saatguternte 1964 09-0280.

F e i x , H., Doppelmessermähwerke 04-0217.

F e l d m a n n , F., Vielzweckwagen 03-0113.

Turbinenauto u.die Landtechnik 04-0046.

Schlepper betriebsgerecht ausgewählt /04-0114/*.

Landtechnik in Frankreich: Salon de la Machine Agricole 01-0066.

Vielzweckwagen 07-0154.

F e l e r , S. s.Chodobski, W.

F e l l , L. s.Whittlestone, W.C.

F e l l e g , J., Zweischichtarbeit bei Anbindeställen für Kühe 09-0336.

Fenin, N.K. u. Jasineckij, V.G., Organisation u.Technologie d.Hydromeliorationsarbeiten /06-0256/.

Feuerlein, W., Pflug im Frühjahr 02-0216.

Pflugarbeit u.ihre Beurteilung 02-0217.

Technik d.Bodenbearbeitung 03-0143.

Leistungspflügen u.d.Maschinentechnik 07-0200.

Kehrpflüge am regelnden Kraftheber. Lehren aus einer Vorführung 08-0124.

Fic, V., Spritzgeräte für Rebanlagen mit geringen Pflanzabständen 09-0509.

- u. Kubiček, J., Universal-Anbauhackgerät f.Wein- u.Hopfenbau 02-0586.

- u. Talpa, A., Dungstreuer für Weinberge 07-0409.

Fichtner, W., Planung u.Leitung im landwirtschaftl.Bauen. Planvorbereitung 1964 03-0507.

Fiedler, H.J. u. Czerney, P., Bodenstabilisation mittels Kunstharzen 04-0621.

Fiedler, J., Forschungsergebnisse bei d.Komplexmechanisier. d.Zuckerrübenanbaues 01-0135.

Anbau u.Ernte v.Zuckerrüben /02-0179/.

Großproduktionstechnologie d. Zuckerrübenanbaues vom Gesichtspunkt d.Mechanisators betrachtet 03-0125.

- u. Řimal, V., Wirkung veränderter technolog.Prozesse d. Zuckerrübenaussaat u.d.Vereinzelns auf d.Arbeitsbedarf u.d. direkten Kosten 04-0130.

Filatov, E.Ja. s.Dmitričenko, S.S.

Filatova, O. u. Lebid', O., Experimentalfarm d.Sowchos "Boryspilskyj" 08-0479.

Filev, F., Erhöhung d.Zug-u. Betriebseigenschaften d.Radtraktoren durch d.Verwendung v.Halbketten 07-0123.

Filimonov, S.I. s.Komissarov, P.M.

Filimonov, S.S., Ivanov, V.V., Katkov, N.G. u.Gruzdev, M.A., Laubholzflößung 04-0558.

Filimonova, V.A., Planierung umgebrochener Flächen in d.Wolga-Achtubinsker Flußmarschen 04-0170.

Filinkov, N.I. s.Pticyn, S.D.

Filippov, F. s.Buzdin, A.

Filippow, A.I., Getreideerntemaschinen und die an sie zu stellenden agrotechn.Anforderungen b.Geschwindigkeiten v. 9 bis 15 km/h 05-0254.

Finch, K.W., Wirtsch.Betrachtungen zur Elektrifizier.ländl. Gebiete 01-0041.

Finger, K., Hydrolog.Meßmethodik im Dränversuchswesen 02-0195.

Finger, K.-H., Meliorationsgenossenschaft "Warnow" mit d. Rostocker Dränspül- u.Ortungsgerät RSO II 08-0114.

Fingerlin, E. s.Bischoff, Th.

Finlay, K.W., Halbautomat. Parzellen-Drillmaschine 02-0268.

Finlayson, P.M. u. Reid, I.B., Arbeiten mit losem Heu 06-0275.

Finney, E.E., Mohsenin, N.N. u. Hovanesian, J.D., Der therm.Wirkungsgrad beim Trocknen v.geschältem Mais durch Wärmeleitung u. d.Einfluß v.Temperatur u. Kornbeschädigungen auf d.Trocknungsverlauf 05-0343.

Finn-Kelcey, P., Wege d.Heuernte in d.USA. Die geschlossene Arbeitskette vom Feld zur Kuh 02-0339.

Schneller Transport v.Preßballen 09-0272.

Finsterbusch, H. s. Langelüddecke, H.

Finzel, R. s.Adams

Firsov, N.V. s.Gudzenko, I.P.

Fischer, D., Unfallverhütung bei d.Arbeit mit d.Motorsäge 08-0350.

Fischer, F., Gesichtspunkte zur Baumartenwahl 03-0400.

Fischer, H. s.Dannemann, H.

Fischer, R., Schölzel, Ch. u. Kloss, R., Transportrationalisierung im Sägewerk 08-0393.

Fischer, W.A., Neue Wege im Hühnerstallbau 03-0547.

Streifzug durch amerikan.Hühnerställe 05-0376.

Streifzug durch amerikan.Hühnerställe (Nachtrag) 05-0377.

Streifzug durch amerikan.Hühnerställe /05-0403 /+.

Mechanisier.u.Automatisier.d.Arbeitsoperationen mit d.Getreide in d.Sowjetunion 06-0320.

F i s c h e r - G u r i g , A. s. Adams

F i š e r , Z., Einfluß d.Luftdrukkes u.d.Belastung v.Luftreifen auf d.Zugeigenschaften d.Traktors Zetor "50 Super" in feuchtem, tonigem Boden 09-0131.

F i š e r a , Š., Organisation mechanisierter Brigaden u.Kolonnen in d.pflanzlichen Produktion /03-0050/.

F i s h e r , T., A methyl bromide fumigator for an insectary /06-0532/.

F i s h e r , T.W., Methylbromid-Begasungsanlage für ein Insektarium 05-0604.

F i t z t h u m , H. s.Rössner, H.

- u. R ö s s n e r , H., Stellung d.Elektrizität in sozialist.landwirtschaftl.Großbetrieben 07-0066.

F l a n n , I.B., Ökon.Aspekte bei d.Entrindung u.d.Herstellung v. Spänen 04-0535.

F l e i s c h e r , E., Gitterrostaufstallung u.Staukanalgefällentmistung 05-0396.

Gitterrostaufstallung u.Staukanalgefällentmistung sparen Arbeit u. Streustroh 05-0397.

Entwicklung eines speziellen Tankwagens für d.Gülleausbringung 06-0240.

Entwicklung eines speziellen Tankwagens für d.Gülleausbringung 08-0145.

F l e i s c h e r , L., Spezialbrigade für Pflanzenschutz 08-0416.

F l e i s c h h a u e r , E., Getreideernte mit modernen Maschinen 03-0199.

F l e m m i n g , W., Stalldecke mit Piathermflockenbelag 02-0725.

F l e r l a g e , B., Freiraum am Dreipunktgestänge 03-0102.

Landmaschinenprüfung aus d.Sicht d.Konstrukteurs 04-0051.

Bedeutung d.Kinematik für d.Landmaschinenbau 07-0032.

F l o s s m a n n , A., Organisation d.mechanisierten Holzabtransportes in einem Forstbetrieb 07-0481.

F ö l l , O. s.Lasser

F ö r s t e r , A.E., Bedeutet primitiv bauen billig bauen? 04-0599.

F o k e e v , P.I., Projektierung innerbetriebl.Bewässerungssysteme im Zusammenhang mit d.Einführung v.Schleppern u.Geräten mit erhöhter Geschwindigkeit 04-0156.

F o l l n e r , W., Vergleichende Betrachtung d.Weinbaues im Staate New York USA,Kanadas u.Deutschlands anhand v.Untersuchungen über Arbeitsaufwand, Aufwand u. Ertrag sowie Kapitalbesatz je Hektar Ertragsrebfläche 03-0351.

F o m i n , A.I. s.Bogoljubskij, S.I.

F o m i n , I.T., Einsatz d.Hecksladers mit Greiferarm b.Silieren 01-0306.

F o n i n , A.N. s.Krivošeev, V.K.

F o p p , A., Theoret.Grundlagen für d.Planung selbstschärfender Pflugschare 07-0208.

F o r g á č , K. s.Diviš, J.

F o r s b e r g , G., Traktor in d. Forstwirtschaft. 2.Mitt. 04-0499.

Techn.Neuheiten in d.Forstwirtschaft 08-0375.

F o r s t e r , P., Straßenbau, ein Heilmittel zum Naturschutz 07-0522.

Organisation u.d.Verwendung v. Spezial-Pflanzgut bei d.Aufforstung v.Hochlagen u.Lawinenstrichen 08-0367.

F o r t u n í k , F., Grundprobleme d.Komplexmechanisierung beim Körnermaisanbau 06-0172.

- u. J a n i č e k , J., Wahl d. geeigneten Maissaatverfahrens unter Einsatz d.vorhandenen Maschinen u.chemischen Mittel 03-0160.

F o r t u n i k , T., Mech.Maisernte mit gleichzeitigem Körnerdrusch u.anschließender Lagerung 06-0298.

F o u r i e , K.J. u. M a t t h e e , J.F.G., Spritz- u.Stäubemaschinen im landwirtschaftl.Betrieb 05-0594.

F o u r n i e r , A.W., Schutzhelme in d.Agrarluftfahrt 07-0151.

F o u s s , J.L. u. D o n n a n , W.W., Maulwurf-Plastrohrdränung 01-0142.

F o y , C.L. s.Miller, J.H.

F r a c k o w i a k , J. s. Rolbiecki, M.

F r a n k e , E.-R., Wie wird einwandfreie Zuckerrübenblattsilage gewonnen? 05-0356.

s.Maltry, W.

F r a n k e , R., Allradantrieb für Ackerschlepper 05-0122.

F r a n k e n a , H.J., Künstl. Trocknen v.Gras. 1938-1963. 03-0251.

F r a n z , W., Bekämpfung freilebender Nematoden. Ein Problem im Maiblumenanbau 03-0380.

Glasrohrschneider für d.Montage v.Rohrmelkanlagen 05-0420.

F r a n z k e , H., Entwicklung v. Elektrozaungeräten in d.DDR 02-0499.

Drahtarten an Elektrozaunanlagen 02-0500.

Arbeitsaufwand u.Kosten auf Intensivweiden 06-0170.

TDT-Arbeitsausschuß Elektrozaunanlagen im Fachverb.Land-u. Forsttechnik. Aufbau u.Betrieb v.Elektrozaunanlagen /08-0243/.

F r e i h e r r , H., Belüftungstrocknung v.Getreide 02-0458.

F r e i t a g , H. s.Krüger, H.; Schulte, K.-H.

F r e i t a g , W., Landwirtschaftliches Bauprogramm u.LPG-Bauorganisation 04-0616.

F r e u d e n b e r g , G., Vorschläge zur Organisation u. Ausrüstung v.Wegebauabteilungen in d.VEB Meliorationsbau 07-0525.

-, B e y e r , D. u. F a u t h , C., Ausführung u.erste Ergebnisse eines landwirtsch.Wirtschaftswegebaues mit Zementschotter 07-0524.

F r e y e n h a g e n , H., Technik d.Pappel- u.Baumweidenanbaus 05-0531.

F r i c k e , L.W., Wieviel Platz benötigt ein Mastschwein? 08-0500.

F r i c k e , W., Anbindeställe ohne Einstreu auch für Milchvieh 09-0571.

F r i d e c k ý , A., Bodenbearbeitung /09-0240/.

F r i e d e m a n n , H., Düse zum Versprühen v.flüssigen Pflanzenschutzmitteln 02-0697.

F r i e d e r i c h , J.C., Internat.Vorführung v.Flachserntemaschinen in Yvetot 01-0253.

F r i e d r i c h , A., Einsatz d. vorhandenen Technik bei d.Pflanzarbeiten 04-0453.

F r i e d r i c h , J.H., s.Adams

F r i e n d , I.J.C., Getreidelagerung mit Abdichtung 04-0328.

F r i e ß l e b e n , G., Einfluß d.Mechanisier.auf d.Kartoffelerträge u.daraus resultierende Forderungen an d.Landtechnik 02-0164.

Einfluß d.Mechanisierung auf d.Kartoffelerträge u.daraus resultierende Forderungen an d. Landtechnik 08-0101.

F r i t s c h e n , W.v. u. H e l b i g , J., Nur eine Scheune 07-0505.

F r i t z s c h , K., Einzelkornsaat v.Zuckerrüben u. ihre techn. Voraussetzungen 05-0218.

Einzelkornsämaschine "A 765-2,5" VEB Landmaschinenbau Bernburg, Prüfbericht Potsdam-Bornim 05-0220.

F r i t z s c h e , J. s.Maltry, W.

F r i z z o n i , G.-C., Anwendung d.Elektronik im Traktorenbau 02-0089.

F r o e d e , W., Entwicklungsarbeiten am Kreiskolbenmotor, Bauart NSU/Wankel 01-0062.

F r ö h l i c h , H. u. H e n k e l , A., Nährstoffverregnung im Gemüsebau 09-0413.

F r ü h a u f , H., Information, Informations-Verarbeitung,-übertragung u. -aufnahme /07-0028/.

F r u m k i s , I. u. M i n i n s o n , W., Hydrostat.Antriebe in d.Landtechnik 06-0136.

F r u m k i s , I.V. u. M i n i n z o n , V.I., Untersuchung eines mehrteiligen Hydromotors für Traktoren 05-0119.

Tendenzen in d.Entwicklung ausländ.Hydrauliksysteme für Schlepper 06-0154.

F u c h s s , H., Technisierung im Weinbau in d.letzten Jahrzehnten 05-0504.

F ü z y , O., Hydraul.Maschinen /07-0160/.+.

F u g e , R.B., Käfig- oder Tiefstreuhaltung? 07-0586.

F u l d a , E., DLG-Maschinen-Prüfberichte in d.landtechn.Beratung 04-0050.

Körnermais - pflücken oder mähdreschen 04-0250.

Maschinelle Verfahren d.Futterrübenernte 04-0273.

F u n k e , G., Planung d.wissenschaftl.-techn.Fortschritts in d.Landwirtsch. 02-0001.

G a b l e r , E., Milchwirtschaft Kubas 03-0310.

- u. P a r n a c k , M., "Impulsa"-Euterviertelmelkmaschine "M 901" 01-0374.

G a b r i i l i d e s , S.T., Gerät z.kontinuierl.Messung d.Pflugtiefe 01-0167.

- u. A l e x i a d i s , C.A., Messungen d.Bodenwiderstandes mit einem einfachen Gerät 07-0060.

G a c , A., Überlegungen zu d.Untersuchungen, d.in einem Obstlager durchgeführt wurden 01-0614.

G a c s i , V., Räumen d.Schlagflächen in Handarbeit? 08-0362.

Finnische Entrindungsmaschine PINO-TEHO I. 06-0496.

G a d a n t , J., Techn.Voraussetzungen für d. Exploitation in d. Forstwirtsch. /01-0513/.

G ä b l e r , C., Straßenberührungslinien 04-0572.

G ä b l e r , H., Düngung im Walde mit Hilfe v.Flugzeugen 05-0529.

Forstschutz /04-0563/.

G ä t k e , R., Landmaschinenprüfwesen in d.DDR 06-0051.

- u. M ä t z o l d , G., Begriffe u.Kurzzeichen bei Prüfungen v. Landmaschinen u.Verfahren 05-0054.

G a f a n o v i č , A.A., Errechnete Nutzungsdauer v.Teilen u.Baugruppen d.Landmaschinen 04-0030.

s.Galadžev, R.S.

G a j d a , R., Modernisierung d. Ausrüstung d.Lagerhäuser für d. Verarbeitung v.Eiern. 2.Mitt. 01-0618.

G a j e w s k i , J. u. Z e l e n t , M., Einfluß d.Flächengröße d. spezialisierten Betriebes auf d. Exploitationskosten d.eingesetzten Maschinen 05-0046.

G a l a d ž e v , R.S. s.Aksent'jan, K.B.; Strokov, S.A.

- u. G a f a n o v i č , A.A., Arbeit d.Variators beim selbstfahrenden Mähdrescher 07-0282.

G a l a j , E.G. s.Kovalenko, G.G.

G a l a n t i, M., Verglasung u. Bauweisen im Gartenbau 04-0462.

G a l a o v , K. s.Pališkin, D.

G a l d i n , M.V. u. M a r a c h t a n o v , K.P., Maisvollerntemaschine "KKCh-3" /02-0422/.

G a ł e c k i , S., Prakt.Möglichkeiten für d.Mechanisier.d.Gartenbaus /02-0594/.

Schäden an Maschinen für d. Pflanzenschutz 05-0595.

Korrosion u. chem. Mittel 06-0026.

Spritzgeräte 06-0521.

G a l e n k o , M., Technologie d. mech.Erbsenernte 02-0409.

Grasmäher mit drei Mähbalken bei d.Erbsenmahd 02-0411.

G a l k i n , A.F., Schilfernte-maschinen 06-0314.

G a l k i n , M.A., K u r b e t , S.A. u. K i r i l l o v , L.I., Entwicklung v.Maschinen u.deren Selbstkosten 01-0011.

G a l k i n , V.I. s.Ljach, V.M.

G a l l o t , J., Richtige Nutzung d.Kühlschrankes 05-0442.

G a l l w i t z , K., Dräntechnik heute 02-0188.

Versuche mit Plastdränrohren 06-0188.

Ausrüstung d.Pflanzenschutzflugzeuges 08-0420.

G a l ' p e r i n , A.S., Verschleißuntersuchungen an Schlepper-Luftreifen d.Typs "R" mit radioaktiven Isotopen 05-0135.

G a l u š k o , F.L. s.Krivenko, P.M.

G a l u š k o , M.D., Erhöhung d. Reparatureignung v.Traktoren 03-0030.

G a m b i , G., Nationaler Kongreß über d.Entwicklung d.Obstbaues u.seiner Mechanisierung für d. Belange d.Konservenindustrie 08-0332.

G a m s k i , K., Bedeutung d.Bedeckung v.Gewächshausgerüsten 05-0478.

G a n e , A.J., Fortschritte im Erbsenanbau 05-0468.

G a n s k e, W., Vorzugsmilchbetrieb in Berlin-Rudow 02-0743.

G a n s w i n d t , P., Gedanken zu einer Neuordnung d.Information u.Dokumentation in d.Wasserwirtschaft 07-0027.

G a n t e i l , G., Obstlager d. Obstgenossenschaft "Les Vergers de Guyenne" in Saint-Eulalie /Gironde/ 01-0609.

Sortierhallen u.Kühllagerräume d.nationalen Interessengemeinschaft Bordeaux-Brienne 01-0610.

G a r a n i č e v a , K., Anhänger für d.Verteilen v. Rauh-u. Saftfutter 04-0378.

G a r b e , P., M a a z , E. u. J e l i t t o , R., Aufbau u. Funktion v.modernen Weidezäunen 07-0351.

G a r b e n , R., Empfehlungen zur Planung v.Melkstandanlagen 04-0393.

s.Diest, N.v.

G a r b u z , T., Förderbänder für Getreide 07-0340.

G a r m a t j u k , V.K., Direktabfuhr d.Holzes durch Traktoren 01-0506.

G a s t , E., Vom Gewächshausbau in d. USA 03-0358.

G a s t l e r , A., Grundlagen forstl.Bodenbearbeitung 07-0454.

G a t e v , G., Intensivierung d. landwirtsch.Produktion in Bulgarien 07-0002.

G a t z e n , G., Mechanisierung bei Aufarbeitung u.Transport v.Schwachholz 07-0460.

G a u s , H., Prüfung hauswirtsch. Geräte durch d.DLG 01-0391.

Der Ingenieur im Dienst d.Landwirtsch. 02-0004.

Landmaschinenprüfungen aus eigener Sicht 04-0047.

Landmaschinenprüfungen in anderen Ländern 04-0052.

G a v r i l o v , I., Auto u.Straße 03-0459.

- u. B r i k , M., Wegebau u. Entwässerung sind zu verbinden 05-0586.

- u. Š a t o v , I.V., Eisenbetonplatten für Hauptabfuhrstraßen 04-0566.

G e b h a r d t , F. s.Adams

G e e r , C.de, Informationswesen auf d.Gebiet d.Landwirtsch. 05-0023.

G e e s e , K. s.Wiebalck, W.

G e h r e , H. s.Stricker, H.

G e i l, J., Laubholzläuterungen mit d. Tankpinsel "Taunus" 04-0516.

G e i l i n g , O., Ernte v.Ackerbohnen z.Körnernutzung 01-0295.

G e i s l e r , D., Einsatz d."VK 16" bei d.Aufbereitung d.Windbruches im Staatl.Forstwirtschaftsbetrieb Torgau 08-0385.

G e j m o s , G.A. s.Govorka, Ja.

G e l ' f e n b e j n , S.P., Automatische Schlepper-Lenksysteme nach d.Modellverfahren 01-0095.

G e l s , J.A., Hofplatz-u.Wegbefestigung 05-0649.

G e m e i n h a r d t , G. u. L ü p f e r t , U., Tagung "Meßgeräte u.Messungen an Landmaschinen" in Prag 05-0053.

G e m e r e n , P.van, "Zentrum für Gartenbautechnik " als Unterrichtsmittel 07-0399.

Ein kleiner CO_2-Messer 08-0289.

G e n t e t , C., Einrichtung d. Gerätesystems für d.Obsternte 04-0474.

Besichtigung d.XXXIV.Internationalen Landmaschinensalons 08-0329.

G e o r g i e v , D. s.Dimitrov, D.

G e o r g i e v , G., Doppelseil-Gravitations-Hängebahnsystem 05-0583.

G e o r g i e v , I. s.Penev, P.

G e o r g i e v s k i j , I.S. s. Alechin, N.V.

G e p p e r t , W. s.Mordasewicz, J.

G e r a s i m č i k , V.G. s. Vasilenko, A.A.

G e r a s i m o v , M., Z a c h a r i e v , I., A n d r e e v , S. u.a., Synthese u.Laborbetriebsprüfung v.bulgar.Antioxydationszusätzen zu Motorenoelen 05-0067.

G e r a s i m o v , N., Mechanisierung d.Bohnenanbaus 06-0178.

Wissenschaftl.Arbeiten über d. vollmechanisierte Ernte /07-0311/.

G e r a s i m o v , N.V., Maschinensystem zur Bekämpfung d.Bodenerosion durch Wasser u.Wind 08-0120.

G e r a s i m o v , S.A., Mehrzweckmaschinen für d.Kartoffel-u. Zuckerrübenernte 02-0376.

G e r a s i m o v a , N.A., Arbeit eines Schüttelrinnen-Futterverteilers für Geflügel 06-0356.

G e r g e l y , B., Bau u.Benutzung v.Geflügelställen /02-0761/.

G e r l s m a , A., Beschädigung v. Kartoffeln 02-0378.

G e r m a n n , L., Kunststoffe im Bauwesen 05-0615.

G e r m a n o v , B., Trocknung v. Saatgetreide in Schachttrocknern 02-0469.

G e r r i t s e n , A.G. s.Streef, G.M.

G e r r i t s e n , J.G.C. s.Vries, H.A.

G e r š t e j n , I.M. s.Ul'man, I.E.

G e r s t e n b e r g , R., Gefahren bei Schleppern mit Anbaugeräten 05-0516.

G e r t e n b a c h , J.J., Bau v. Konturfurchen mit Scheiben- oder Scharpflügen 04-0176.

G e s c h i e r e , J., Maschinen u.Arbeitsmethoden für die Grünlandbewirtschaftung 05-0237.

G e s k e , K., Sozialgebäude in d. landwirtschaftl.Produktionsanlage 08-0472.

G e s s e n , V.Ju., Wirksamkeit d.Kurzschlußauslösung in ländl. Energiesystemen 05-0063.

G h i s l e n i , P., L u i s o n i , E. u. Q u a g l i o t t i , L.. Maschinen für Gemüsebau 1. Mitt. 02-0581.

Maschinen für Gemüsebau 2. Mitt. 02-0611.

G i b b o n s, J.R. u. H e a d y, E.O., Fütterungsmethoden für Rinder 06-0350.

G i b e r , K., Weiterbildung d. Landwirtschaftsingenieure in Ungarn 04-0015.

G i e r s i e p e n , G. s.Kraus, W.

G i g o l a š v i l i , G., S o l o v e v , P., B a b a j a n , L. u. B e l y j , R., Komplexserie v.Typenprojekten ländl.Wohn-u. Gesellschaftsbauten.2.Mitt. 08-0467.

G i l , L., Transportarbeiten im Landwirtschaftsbetrieb 02-0150.

G i l e s , P., Salz bei d.Einbringung gefrorener Hackfrüchte 02-0401.

G i l l i n g , T., Smithfield-Schau 09-0516.

G i l s t , W.J.van, Maschinen für kulturtechn.Arbeiten in d.Niederlanden.4.Mitt. 07-0179.

Maschinen für kulturtechn.Arbeiten in d.Niederlanden 08-0111.

Maschinen für kulturtechn.Arbeiten in d.Niederlanden 1.Mitt. 09-0181.

Maschinen für kulturtechn.Arbeiten in d.Niederlanden 2.Mitt. 09-0182.

Maschinen für kulturtechn.Arbeiten in d.Niederlanden 3.Mitt. 09-0196.

s.Krolis, K.E.

G i l ' š t e j n , P.M. u. S t a r o d i n s k i j , D.Z., Zugkraftkennziffern eines Radschleppers bei d.Arbeit m.angehängtem Pflug 02-0127.

G i n s b u r g , L., Wellpappekartons u.Großkisten als Behälter für d.langfristige Lagerung v. Obst 07-0435.

G i r a u d , E., Regionale Tagung über Plaste in Marmande am 9.Mai 1963. 03-0391.

G i r d l e s t o n e , P.C., Entwicklungen beim Melken, Füttern u.Ausmisten 09-0578.

G i u n c h i , P. s.Goidànich, G.

G j e r d e , I. s.Kraggerud, H.,

G j u r o v , S. s.Spasov, S.

G l a d k o v , N.G., Maschinen für d.Reinigung v.Leinsamen 03-0260.

G l a d w i n , T.J., Prüfung d. Melkmaschinen im Landwirtschaftsbetrieb 04-0404.

G l a s e r , R., Küche nach Maß 06-0368.

G l a s o w , W., Handspritzung u. Pflegeaufwand b.Zuckerrüben 01-0534.

Kunststoffe in d.Landwirtschaft 03-0026.

Trocknungserfolg bei verschied. Heumaschinen 07-0268.

G l a s s , E.D.,Meßgerät zur Inhaltsfeststellung v.Milchtanks 03-0317.

G l a t h a a r , J.O., Wasserableitung bei d.Konturfurchenkultur 04-0175.

G l a t t e , G., Rekonstruktion ländl.Zentren u.Gemeinden 01-0568.

G l a u b r e c h t , H., Hydraul. Lenkhilfe steigert d.Arbeitsproduktivität 09-0229.

G l e b o v , A., Verfahren von Onega 01-0504.

Glinicki, R. u. Roman, M., Batteriesystem d.Superschnellfilter an Wasserleitungen 07-0528.

Gluchov, A.A., Arbeitsproduktivität in d.Landwirtsch.d.UdSSR /02-0065/.

Gluščenko, G., Bauten für kulturelle u.versorgungstechn. Einrichtung im Gebiet v.Krasnodar 04-0639.

Gluško, K.B., Auswahl v.Arbeitsgeräten - Düngelanzen 06-0402.

Gluškov, F.I. u. Rantsus, D.V., Vergleich.Charakteristik halbstationärer Beregnungsanlagen 02-0197.

Gnatjuk, A.M., Maschinelle Regulierung d.Bestandesdichte 08-0155.

Gnilomedov, V.P., Konstruktion d.Hackmesser 02-0275.

Gniza, E. s.Masche, W.

Gnojanik, V.A. u. Sapran, Ju.M., Produktionszyklus bei d.spezialisierten Instandsetzung 08-0023.

Goberman, L.A., Arbeit d. Schaufeln v.Lademaschinen beim Umladen v.Mineraldünger 08-0134.

Goberman, V.A. u. Siňkov, G.I., Projektierung u. Berechnung v.Fließband-Getreidereinigungsanlagen 08-0203.

Goć, K. u. Krzemiński, J., Polnische Maschinen für d. Getreideernte 04-0236.

Strohbergen hinter d.Mähdrescher 07-0285.

Gochtel', A.Ch., Nutzungsdauer d.Hydraulikpumpen v.landwirtschaftl.Ladegeräten 05-0142.

s.Meržvinskaja, E.P.

Godfrey, G.B., Technik d. Verwendung röhrenförmiger Profile in landwirtschaftl.Maschinen 04-0022.

Godlewski, K.J.M. s.Mark, A.H.

Goduchin, V.M., Untersuchung d.Kartoffellegemaschine "SN-4B" bei erhöhten Geschwindigkeiten 07-0235.

Arbeitsgeschwindigkeit d.Kartoffellegemaschine auf d.Streubereich d.Knollen 08-0152.

Göhlich, H., Betrachtung zur maschinellen Ernte v.Obst 02-0612.

Maschinelle Ernte v.Obst 04-0476.

Grundlegende Betrachtungen zur maschinellen Obsternte 07-0429.

s.Haas, P.G.de,

Mohsenin, N.N.

Goerlich, H.-H., Mechanik in d.Landwirtsch. /02-0044/.

Mechanik in d.Landwirtsch. /06-0027/.

Görner, A. s.Maltry, W.

Görner, L., Betriebswirtsch. Einzelberatung 02-0029.

Görög, I., Abhängigkeit d. Transportleistung und d.Bodennutzung v.Gespann- u.Schleppereinsatz 02-0149.

Götsch, H. s.Stegmann, H.

Goetz, F., Anhänger für land- u.forstwirtschaftl.Betriebe /05-0164/.

Goetz, K., Miststreuer u. Feldhäcksler 01-0180.

Götz, W., Dem Laufstall eine neue Chance? 04-0653.

Schwemmentmistung im Kuhstall 06-0573.

Laufstall wieder eine Chance 07-0556.

Vorgefertigter Rinderstall 09-0570.

Gövert, E., Vorratshaltung ohne Nährwertsverluste 01-0403.

Goffa, A., Kocsis, K. u.Szász, J., Elektrizität in d.Landwirtsch. /07-0086/.

Goidánich, G., Baldacci, E. Bevilacqua, G., Dosi, A., Baldassarri, T., Cearí, C., Casarini, B., Casarini, C., Ponis, D., Giunchi, P., Lunati, U., Fantini, F., Govi, G., Martelli, M., Mattarelli, D., Ricci, A., Rossi, L., Rui, D., Sansavini, S., Siroli, T., Leoni, Tullio, V., Ungarelli, A., Tripoli, I. da u. Vespignani, A., Obst- u.Gemüsevereinigung v.Padano 08-0417.

Gołab, S., Abnutzung u.Pflege d.Lichtmaschine u.d.Anlassers d.Schleppers 03-0089.

Gołabek, S., Unfallschäden d.Schleppers "Ursus C-325" 04-0091.

Arten u.Ursachen v.Reifenschäden bei Schleppern 05-0127.

G o l o v y č , M., L e b e d ' , O. u. M a n u j l e n k o , G., Bauten für d.Rinderzucht u. -haltung 05-0679.

G o l t z , H., Chemische Unkrautbekämpfung im Zierpflanzenbau 04-0454.

G o l u b , I.A., Anlage für d. ultraviolette Bestrahlung v. Eiern 07-0372.

G o l u b e v , S., Bes.Aufmerksamkeit gilt d.Bau v.Mineraldüngerlagern 09-0601.

G o l u b e v , V., Ländl.Wohnhaus aus Raumzellen 05-0656.

G o l ' v e r k , A.A. u. V a g n e r , I.V., Verbreitungsgeschwindigkeit d.Kraftstoffdruckwellen in d.Rohrleitungen 06-0091.

G o m e r y , D., 2 Mann melken 140 Kühe 01-0577.

Ganzjährige Silagefütterung in Suffolk 02-0489.

Mechanisierungskette bei d. Verfütterung v.Kraftfutter 07-0356.

G o m m e l , W., Landmaschinen /05-0008/+.

G o n ç a l v e s S a n c h e s , A.J., Bekämpfung v.Forstschädlingen mit Flugzeugen in Portugal 09-0500.

G o n č a r , A.I., Lupine in Schutzwaldbeständen auf erodierten Böden 03-0415.

G o n č a r o v , E.S. s.Vasilenko, A.A.

G o n č a r o v , I.A., Fahrgeschwindigkeit auf d.Schlupf d. Schlepper-Triebräder 07-0129.

G o o s , A., Verfahren,chem. Mittel u.Technik d.Pflanzenschutzes /09-0505/+.

G o o s , U., s.Bernstorff, H., Loewel, E.L.

G o o ß e n , H., Wirksamer u. wirtschaftl.Einsatz v.Spritzgeräten 09-0506.

G o r a n o v , I., Untersuchung d.Verfahren für d.Reinigung d. Ausläufe, Wege u.Vorwartehöfe auf Rinderfarmen mit Laufstallhaltung 05-0395.

G o r b a č e n k o , V.A. s. Stasenko, R.F.

G o r b a č e v s k i j , V.A. Autos für d.Langholztransport 02-0671.

G o r b u n o v , V., Kartoffelernte nach dem Fließverfahren 05-0285.

G o r i n , D.I., V l a s o v , P.S., R u d e l ' s o n , V.G., P r e s n o v , G.V. u. Č a j k o v s k i j , A.A., Zum Problem d.Luftkette 07-0124.

G o r i n i , F., Gewächshausbau unter Berücksichtigung d.Licht-, Luft- u.Heizungsverhältnisse 04-0465.

G o r i n s k i j , V.N., Mechanisier.d.Plastrohrdränung im Ausland 02-0185.

G o r j a č k i n , M.I., Organisator.-ökonom.Beweis d.Fließverfahrens in d.Getreideernte 04-0238.

G o r j a š k o , M.P. u. E f r e m e n k o , P.G., Belastung am Fahrwerk d.Traktors "DT-54" mit Anbaupflug 01-0108.

G o r o c h o v , V., Zwangsbelüftungsanlage auf Getreidelagerplätzen u.Kornsammelstellen 02-0461.

G o r o d e c k i j , I.M. s. Anilovič, V.Ja.

G o r o ž a n k i n , V., Getriebe, Hinterachse u.Endgetriebe d. Traktors "DT-75" 01-0089.

G o r r o w , B.J., Perspektive d. industriellen Revolution in d. Landwirtsch. 07-0004.

G o r š e n i n , N.M., Forstwirtschaft d.ČSSR 05-0567.

G o r s k i , M., Geräteträger "RS-09" 04-0094.

G o r s k i j , G.Ju. u. B o n d a r e v , V.I., Sauenstall für 450 Sauen 05-0682.

G o s p o d i n o v , P. u. I v a n o v , A., Grasmahd u. getrennte Getreideernte bei hohen Fahrgeschwindigkeiten 03-0177.

G o s s , J.R. s.Viglierchio, D.R.

G o s t e v , V.B. s.Beniovič, V.S.

G o t t w a l d , A. s.Loewel, E.L.

G o u l d , E.N. s.Carter, R.L.

G o v i , G. s.Goidánich, G.,

G o v o r k a , Ja. u. G e j m o s , G.A., Mast v.Schweinen b.minimalem Arbeitsaufwand /02-0538/.

G r a b h e r r , A., Ermittlung d. Übertragungsfähigkeit v.Ackerschlepper-Triebwerken auf Prüfständen m.Leistungskreislauf 08-0050.

Prüfstandsversuche an landwirtschaftl.Maschinen 09-0063.

G r a č e v , V. u. U t e v s k a j a , L., Mischsilage /02-0484/.

G r a e s e r , H., Neue Stoffe erobern alte Märkte 07-0039.

G r a h a m , J.A. u. K u e h l , R.A., Abstimmung abgekürzter Maschinenprüfungen auf d.Bedingungen d.prakt.Feldeinsatzes 06-0054.

G r a i c h e n , G., Perspektiv. Probleme d.landtechn.Entwicklung in d.Kartoffelernte 05-0289.

G r a k o v a , T. u. P u g a č e v a , K., Pneumat.Getreidereiniger 05-0328.

G r a m m e l , R., Rücken v.Faser- u.Grubenholz mit Schlepper 03-0445.

Schwed.Arbeitsmethoden im Gräfl. Forstamt Königseggwald 05-0541.

- u. O t t , J., Kleinere schwed. Entrindungsmaschine 06-0494.

- u. S t e i n l i n , H., Arbeitskraftverhältnisse in d. Forstwirtschaft v.d.regionalen wirtschaftl.Entwicklung untersucht im Bereich d.Forstdirektion Südwürttemberg-Hohenzollern /08-0344/.

G r a m s c h , W., Verbesserung d. Säorgane für Forstsaaten zum Anbau an d. Drillmaschinen "A 188", "A 534" u. "A 631" 04-0509.

G r a n d j e a n , E., Objektive u. subjektive Lärmwirkungen 01-0008.

- u. R h i n e r , A., Luftfeuchtigkeit u.ihre Auswirkung auf d. Behaglichkeit in Wohn- u.Büroräumen 06-0377.

G r a n s t r ö m , B. s.Bjerninger, S.

G r a ß m a n n , A., Entwicklungsstand d.Fußleistenheizung 05-0436.

G r a t z , W. s.Klassanoff, M.,

- u. E x n e r , G., Futterhäuser u.ihre techn.Einrichtungen 07-0581.

G r e b n e v , V.P. s.Kuvšinov, Ja.I.

G r ę b s k i , P., Umstellung d. Mähbinders "WC-2" auf d.2-Phasen-Ernte 04-0240.

G r e č e n k o , A., Rad- u.Kettenschlepper /03-0105/.

G r e č i š n i k o v , V. s. Perfilov, M.,

G r e e n , H.C., Probennehmer f. Erdkluten u.Ertrag in d.Kartoffelreihen 02-0380.

G r e i l , O., Unfälle u.Brände in landwirtsch.Betrieben - Folgen unvorschriftsmäßiger Elektroanlagen 02-0079.

s.Adams

G r e i s s , G., Bodenstabilisierung 01-0520.

Möglichkeiten d.Stabilisierungsverfahren beim Wirtschaftswegebau 03-0464.

G r e n i u k , W., Modernisierung d.Landmaschinen 07-0034.

G r i b i n , V.V. s.Zagrišev, A.A.

G r i c a e n k o , V.I., Universal-Futterbereiter vom Typ "KDU-2,0" 09-0342.

G r i c k e v i č , A. s.Apanovič, A.

G r i g o ŕ e v , E.A., Temperatur d.Dieselmotor-Brennraumfüllung beim Anlassen 06-0100.

G r i g o r i u , M., C o v a l i u , C.u. H a s d e u , I., Stallkomplexe f.Schweine u.eine kontinuierliche Produktion 02-0495.

G r i g o r o v i č , Ju. s.Šestopalov, I.

G r i m m , F.T., Maschinen für d. Tomatenbau 02-0591.

G r i m m , K., Glieder d.Feldhäckslerkette u.d.Konservierungstechnik 03-0175.

Glieder d.Feldhäckslerkette u. deren Einfluß auf d.Konservierungstechnik 05-0239.

Mehrraumlaufstall - Mittelpunkt neuzeitl.Betriebsorganisation 08-0482.

Futterbereitstellung, Futterzuführung, Futterverteilung, Futterdosierung 09-0347.

s.Brenner, W.G.;

Seifert, H.

G r i m m , W., Wirtschaftlichkeit d.Getreidetrocknung 01-0316.

G r i n b e r g , V. u. T u f j a n , D., Futterverteiler Typ "KUT-3,0" 04-0377.

G r i n o v e r o , C., Technik u.Ökonomik v.Bewässerungen in d.Hügel- u.Vorhügelgegenden d.Lombardei 02-0196.

G r i p e n b e r g , N.B., Holzannahme in d.Zellulosefabriken 06-0447.

G r i š i n , A., Kultur- u.Bildungszentren in Landorten 05-0659.

G r o b u s c h e k , F., Dauerfestigkeit v.Gleitlagerwerkstoffen 08-0020.

G r o c h o w s k i , J., Anteil an menschl.Arbeit u.Zugkraft im Obstbau 04-0445.

G r o m o v , D.I., Beim Anfahren auftretende Belastungen im Traktorgetriebe 01-0090.

G r o s s , G. s.Langelüddecke, H.

G r o t h , H.J., Schwadhäckseldrusch in d.Getreideernte 04-0248.

Auch d.Scheibenpflug leistet eine gute Pflugarbeit 09-0199.

Hinweise für d.Belüftungstrocknung v.Rauhfutter 09-0303.

G r o t h e , G. s.Schmid, H.

G r o v e r , R. s.Clarke, H.

- u. C l a r k e , H., Präzisions-Spritzgerät für kleine Versuchsparzellen im Freiland 04-0582.

G r o z e v , G. s.Tirovska, S.

G r u b o v , S. s.Nekrasov, R.

G r u c h a l s k i , W., Handbuch für d.Nutzung v.Schleppern u.Landmaschinen /02-0141/.

Handbuch für d.Nutzung v.Schleppern u.Landmaschinen /09-0011/.

- u. L o r e n c , W., Technologie d.Landmaschinen- u.Schlepperinstandsetzung /08-0026/.

G r ü t e r , J., Lineare Programmierung als Methode d.Verfahrensforschung u.ihre Anwendung in d. landwirtsch.Betriebsplanung 01-0026.

G r u n d , S., Wie kann d.Aufwand bei d.Aussaat u.Pflege d.Maises verringert werden 03-0161.

Organisation d.Silomaisernte bei sowjet.Mechanisatoren 04-0212.

G r u n d e y , J.K. s.Shepperson, G.

G r u z d e v , M.A. s.Filimonov, S.S.

G r z ę d z i e l s k i , J. s. Cena, M.

G r z e g o r z a k , A., K o c - j a n , H. u. R o j k o w s k i , A., Tagesverlauf d.Lüftungsausgleichs im Schweinestall unter Berücksichtigung d.neuen Technik d.CO_2-Messens 09-0539.

G u b a , I.A., Mechanisierte Pflegehiebe in Jungbeständen 04-0515.

G u b a r e v , A.N., Bestimmung d. Bodenfeuchte auf d.Felde 04-0060.

G u b e n k o , G.V. s.Molčanov, A.L.

G u b e r m a n , B.F. u. Š m a r o , M.B., Sintereisen-Buchsen in Pflugrädern 06-0225.

G u b k i n , V. s. Cybul'ko, I.

G u d e r i a n , G., Kombinierter Einsatz v.Siebkettenroder u. Vollerntemaschine in d.LPG Siedenbollentin 01-0264.

G u d k o v , A.N., Mechanisier.d. landwirtsch.Produktion /02-0014/.

- u. Z a d n e p r o v s k i j , R.P., Arbeitswerkzeuge für d. Vibrationsdrusch 08-0180.

G u d z e n k o , I.P. u. F i r - s o v , N.V., Maschinen für d. Anbau u.d.Ernte d.Kartoffeln /02-0178/.

G ü n t h e r , E. s.Junghülsing, H.

G ü n z e l , W. s.Hutschenreuther, G.

G u e s t , R.W. s.Markwardt, E.D.

G u g e n h a n , Etikettierung mit d.DYMO-MITE-Handprägeapparat 01-0421.

G u g e n h a n , E., Wolf-Erddämpfer im praktischen Einsatz 03-0382.

G u i b e r t , L., Angaben über d.landwirtsch.Flugwesen in Argentinien 01-0121.

G u l ' , N.S. s.Čepigin, G.V.

G u l y n i n , Ju., Meisterschaft u.Scharfsinn 06-0499.

G u n č e v , A.V. s.Ajzenberg, Ju.B.

G u n z e l m a n n , F., Beregnungsanlage Algolsheim 03-0136.

G u r a , I.A., Arbeit von Kühlgeräten für Viehzuchtfarmen 04-0410.

G u f j a n o v , M., Entastungsmaschine "SRS-4" 01-0493.

G u f j a n o v , V.A., Techn. Möglichkeiten d.automat.Schlepperlenkung in Rebpflanzungen 08-0290.

G u š j a c k i j , M.L., Richtung d.Bodenreaktionskräfte auf d. Arbeitswerkzeuge v.Anbaumaschinen beim Wenden d.Aggregates 01-0107.

G u š k o v , V.V., Auswahl optimaler Kennwerte künftiger Kettentraktoren 05-0104.

- K u ž m e n k o , V.A. u. B a d a l o v , M.M. Auswahl optimaler Kennwerte für Radtraktoren 05-0093.

G u s l a v s k i j , V. s.Jakovlev, G.

G u s t a f s o n , A.S. u. K j e l g a a r d , W.J., Heupreßling: Form u.Stabilität 05-0248.

G u s t a f s o n , M.L.,Ballenverladesystem /02-0432/.

G u s t a f s s o n , Y., L j u n g g r e n , K., S a a r e , E., D a n f o r s , E., A l s t e r m a r k , G. u. E n g m a n , S., Isotopentechnik in d.Bodenphysik u.Geohydrologie.1. Mitt. 09-0066.

G u t ' j a r , E.M., Fahrwiderstand gezogener oder selbstfahrender Schienenwagen 03-0117.

G u t o r o v i č , M. s.Levitskij, I.

G u t o r o v i č , M.S., Optimale Größe v.Reparaturbetrieben 02-0050.

G u t s c h i c k , V., Zweckmäßige Pflanzverbände 03-0416.

G y a l o k a y , S., Herstellung v.Wandplatten aus Leichtbeton mit Vergußmasse 01-0559.

G y ö r , J., Ausnutzung v.natürlichen Wärmequellen in Gewächshauswirtschaften d.Volksrepublik Ungarn 07-0425.

H a a c k e , E., Sinnvolle Wärmesteuerung bei Heizungsanlagen 05-0483.

Schnittblumenbetrieb in Oberbayern 06-0423.

Kosten für Gewächshausheizungsanlagen 09-0428.

Technik im dänischen Gartenbau 09-0450.

H a a h r , V., Verwendung radioaktiver Isotopen für bodenphysikal.Messungen.Anwendung d. Neutronenstreuung zur Messung d.Wassergehaltes im Boden 09-0067.

H a a r t s e n , P.I., Lüftung v.Ställen, 1.Mitt. 05-0628.

Stallventilation. 2.Mitt. 08-0451.

H a a s , P.G.de, B ü n e m a n n , G. u. G ö h l i c h , H., Mechan.Ernte bei Obst 08-0321.

H a a s e , E. s.Adams

H a a s e , H., Licht - ein billiges Betriebsmittel 06-0079.

H a a s e, Hans, Moderne Höfe - moderne Silos 03-0252.

Mähdrusch mit u.ohne Strohbergung 06-0295.

Kunststoffe sind im Kommen! 07-0038.

Sammelroder in Front 07-0294.

Feldhäcksler marschiert 09-0258.

In 40 Tagen steht d.Haus 09-0561.

H a a s e , J., Landtechnik im Grünlandbetrieb 09-0163.

H a a s e , W. s.Pflaum, W.

H a b a r t a , A. s.Čech, A.

H a b a r t a , F. u. Č e c h , A., Hydrostat.Antrieb d.Mähbalkens 09-0257.

H a b e l , F., So hilft sich die moderne Hausfrau. Kleine hauswirtschaftl.Arbeitslehre /07-0377+/.

H a b e r k a m p de A n t ó n , G. s.Haensch, G.,

H a b o v š t i a k , J. s. R o š k o , F.

H a c h e n b e r g , F. s.Beusch, K.

H ä b e r l e , S., Repräsentative Ermittlung d.Zeitbedarfs als Grundlage einer Herleitung v. Vorgabezeiten für d.Holzeinschlag /08-0345/.

H ä h n e l , B., Ordnung d.Rinderhaltung 04-0349.

H ä l b i g , H., Zwei Arbeitskräfte können eingespart werden. Anbaurodepflug zum "RS 09" entwickelt 05-0485.

H a e n s c h , G., H a b e r k a m p - A n t ó n , G. u. L e n n i n g e r , G., Wörterbuch d.Landwirtschaft /05-0009/+.

- u. H a b e r k a m p d e A n t ó n , G., Wörterbuch d. Landwirtschaft /08-0438/.

H ä n s k e , L. u. R u d o l p h , W., Aufzucht v.Entenküken auf Metallrosten 05-0387.

H a e r k ö t t e r , G., Fütterungstechnik b.Schweinemast 02-0518.

H a f f t e r , A.C., Konservierung v.Lebensmitteln durch ionisierende Strahlen 07-0391.

H a f k e , A., Ökon.Experiment im Landbaukombinat Neubrandenburg 08-0443.

H a f n e r , F., Art u.Durchführung d.Holztransportes in Österreich v.13.Jahrhundert bis z. Ende d.18.Jahrhunderts 01-0496.

Forstl.Wegenetzlegung in steilem Gebirgsgelände 08-0410.

H a g e n , K., Kunststoffe im Landmaschinenbau 04-0026.

H a g n e r , M., Schwed.Versuche mit einer neuen Aufforstungsmethode 08-0366.

H a g n e r, S.O.A. "Pflanzkanone" eine Sensation in d. Forstwirtsch. Kanadas 08-0369.

H a g o o d , M.A. s.Swarner, L.R.

H a h n , G.L., T h o m , H.C.S. u. B o n d , T.E., Stallbauten, Beziehungen zwischen Klima u.Stallbau in d.USA 04-0644.

H a h n , S. s.Adams

H a h n e m a n n , H.W., Pneumat. Förderung b.großen Fördergutkonzentrationen 01-0208.

H a i n , K., Farbige Getriebemodelle zur Darstellung schwieriger Bewegungsgesetze 06-0018.

Stufenlos verstellbare Schaltwerksgetriebe auf d.Grundlage ungleichförmiger Umlaufbewegungen 07-0110.

Kinematik v.Nachführungsvorrichtungen für landwirtschaftl.Maschinen u.Geräte 07-0131.

H a j e k , J., Verwenden v.Rasenrollen 05-0476.

H a j o k , W., Gibt es Möglichkeiten, die Einsatzgrenzen d. "E 675/1" zu erweitern? 05-0288.

H a k , P.S., Arbeitseinsparung b. Entladen v.Heu 02-0447.

H a l e , O.D. s.Lindsay, R.T.

H a l k i a s , N.A., Landgraduierung v.bewässerten Gebieten in Griechenland 06-0210.

H a l l , A.D. s.Lobb, W.R.

H a l l , D.W. s.Blatchford, S.M.

H a l l , E.G., Kühlung v.Äpfeln u. Birnen in Kartons 05-0493.

H a l l , H.S., Mechanisierung d. Milchproduktion. 2.Mitt.Kühlanlagen 09-0369.

H a l l , J.K.S. s.Thomson, J.M.

H a l l i g e r, L., Wälzlagertechnik im Landmaschinenbau u. Entwicklungstendenzen 09-0033.

H a l m a n , Z.J. u. H a r t m a n s , D., Arbeitsorganisation großer Ackerbaubetriebe 02-0064.

H a l v o r s e n , E., Batteriehaltung für Legehennen 08-0506.

H a m a n n , H.-O. s.Steffen, G.

H a m b o r g , E.A., H e n d r i c h , K.-H. u. S c h m i t z , J., Großsortieranlagen für Kartoffeln. Typenvorschläge 09-0323.

H a m m e r , W., Schweinestall heute 06-0588.

H a m m e r s c h m i d s.Spindler;

Zehetner

H a n b u r y , L.F., Ansaug-Vorrichtung z.Einzelkorn-Saat 01-0190.

H a n s e n , B., Hackfruchternte in Dänemark 04-0255.

H a n s e n , N. s.Davidson, R.

H a n t e n , H., Turmgewächshäuser in Langenlois bei Wien 09-0426.

H a r d a k e r , J.B. s.Sykes, J.D.

H a r d y , M., Wirtschaftlichkeit d.Beregnung auf der Insel Mauritius 05-0193.

H a r k n e s s , K.A., Fluoreszierendes u.reflektierendes Dreieck zur Kennzeichnung langsam fahrender Fahrzeuge 04-0113.

H a r p e r , N. s.Whittlestone, W.G.

H a r r a e u s , K., Über Ölbrenner-Patente für Einzel- u. Sammelheizungen 07-0381.

H a r r i e s , G.O., Batteriegespeistes Transistorgerät als transportabler Steuerschalter für d.Wasserzerstäubung 08-0314.

H a r r i s , L. s.Ashburn, C.

H a r r i s o n , J.Y. s.Dransfield, P.

H a r t , C.K., Weidemelkstand mit Milchkammer für kleinere Herden 06-0584.

H a r t m a n , A., Entwicklung d.plast.Stoffe nach d.Patentdokumentation 06-0022.

H a r t m a n , J.D., I s e n b e r g , F.M. u. A n g , J.K., Schneidpressen zur Gewebemessung v.Pflanzen u.pflanzl.Produkten.1.Mitt.Veränderungen u. Hinweise z.Vergrößerung d.Vielseitigkeit u.Genauigkeit 09-0402.

H a r t m a n n , E., Licht u.Beleuchtung 03-0061.

H a r t m a n n , T., Moderne Ernährung mit Tiefkühlkost 08-0279.

H a r t m a n s , D. s.Halman, Z.J.

H a r t n i c k , W., Bauten für d. landtechn.Instandhaltungswesen 04-0690.

H a r v e y , P.N., Bewässerung d. Zuckerrüben 01-0153.

H a š , S., Automat.Einrichtungen z.Bestrahlung landwirtsch.Nutztiere mit ultravioletten Strahlen 01-0360.

s.Andert, A.

H a s d e u , I. s.Grigoriu, M.

H a s l a u e r , H., Forstl.Wegebau in Tirol in geolog.Hinsicht 04-0573.

H a s s e b r a u c k , B., Eignung v.Zyklonen z.Trennen v.Korn-Strohhäcksel-Gemischen 01-0247.

Trennen v.Korn-Häcksel-Gemischen in Sichtern mit senkrecht aufsteigendem Luftstrom 07-0332.

H a u g e n , O. u. M e l , I., Transportarbeiten im Gebirge mit Schleppern, Winden u.anderen mechan.Mitteln 04-0116.

H a u g l i , A., Orientierende Akkordlöhne für d.Bau v.Waldstraßen 04-0570.

H a u p t m a n , J., Bau u.d. Benutzung v.Offenställen für Milchkühe 08-0491.

H a v e l k a , M., Sozialist.Methoden zur Verbesserung d.Arbeitsorganisation in d.Forstwirtsch. 07-0445.

H a v l í č e k , V., Lüftungsfunktion in Stallräumen, Neubauten K/164 08-0455.

H a w o r t h , F. u. B r a y , J.M., Verwendung eines hydraul.Zugkraftmessers zum Auswiegen v.Lasten auf d.Felde 06-0062.

H a y e s , G.A. s.Pearson, J.

H a y n e s , C., Gepumpter Dung 01-0620.

H e a d y , E.O. s.Gibbons, J.R.

H e a r l e , W.L. u. P a l m e r , J.E.S., Feldfrucht-Trocknungssystem mit niedrigen Temperaturen u.großem Luftvolumen 01-0312.

H e c h e l m a n n , H.G., 25 Jahre Technik im Kartoffelbau 03-0124.

- u. S c h o l z , B., Anwendungsrichtlinien für Pflanzenschutzgranulate im Pflanzkartoffelbau 01-0551.

Technik im Hackfruchtbau 04-0256.

H e c k , E., Regelkreise in d. Klimatechnik u.ihre Stabilisierung 09-0391.

H e c k l , R., Güllewirtsch. u. Schwemmentmistung in Österreich 01-0619.

Kotgrabenrost u.Schwemmentmistung? 02-0525.

H e d e g å r d , B., Rundholztransport mittels LKW u.Schlepperzug 05-0572.

H e d e m a n n - G a d e , E., Wohin führt d.Entwicklung? 03-0421.

H e e g e , H., Futterketten im modernen Grünlandbetrieb 02-0306.

H e e s e , K., Maulwurfdränmaschine "B 750" in d.DDR 06-0191.

H e f t i , J., Kartoffelernteverfahren mit Hinweisen zur Verhütung v.Knollenbeschädigungen 05-0286.

Neuzeitl.Pflanzverfahren im Kartoffelbau 09-0228.

- u. B a u m g a r t n e r , J. Wahl landwirtschaftl.Motorfahrzeuge 08-0049.

H e i d e k e n , F.v., Wahl d. Transportart 05-0580.

H e i d t , H., Umsturzfeste Schlepperverdecke wirken blitzschützend 08-0078.

Getreide-Belüftungstrockner 09-0316.

- u. J o h a n n e s , J., Schwingrinne - ein Hilfsmittel für d. Körnerförderung 01-0327.

H e i d t, Helwig, Trocknung v. Körnermais 05-0342.

Getreide-Zentrum auf d. Hof 07-0322.

H e i k u r a i n e n , L., Resultate d.Waldentwässerung in Finnland 09-0467.

H e i l a n d , A., Beschickung u.Entnahme bei Gärfutter-Hochsilos 09-0344.

H e i l i g s.Kuner

H e i m b ü r g e , H., Strohhäckselverfahren u.d.Innenmechanisier.im Bezirk Gera 01-0246.

- u. S c h l o t t , H., Kaltbelüftung v.Heu in d.Mittelgebirgslagen /03-0248./

H e i n i g , W. s.Mehler, A.

H e i n i n g , B., Gerät mit Druckmembran 04-0062.

H e i n r i c h , Pflanzenschutzgeräte-Angebot 1963 01-0523.

"Landmaschinen-Markt"Schleppertabelle 1963 05-0084.

H e i n z e , K., Milchkühlung in d.Landwirtschaft, ein wichtiger Faktor d.Kühlkette Milch 04-0409.

H e i s s n e r , A., Abnahme d. Lichtdurchlässigkeit v.Polyäthylenfolie durch Alterung u.Verschmutzung 04-0464.

H e i t l a n d , H.H., Berechnung d. Gasgewichte v.Saugmotoren mit nicht zu großer Ventilüberschneidung unter Benutzung d. Schmidt-Taylor'schen Füllungskonstante 02-0085.

H e l b i g , J. s.Fritschen, W.v.

H e l b i g , W. s.Beer, M.

H e l d a l , B., Differential-Thermostat für d.Kühlung v. Lagerräumen bei Zwangsbelüftung 08-0450.

H e l d e n , P.J.J.v., Melkmaschinen-Aufbau u.Arbeitsweise T.1-4. /09-0372/.

H e l l b e r g , A., Silierung 05-0322.

H e l l e , J. s.Wisiorek, H.

H e l m s , J.O. s.Bouwer, H.

H e n c k e , O., Entschluß zum Offenstall 02-0750.

H e n d r i c h , K.-H. s.Hamborg, E.A.

H e n d r i c h , K.-H., Baul.Anforderungen an Kartoffellagerräume 03-0552.

H e n e k a , L., Arbeitsorganisation im Forstbetrieb 08-0374.

H e n g e v e l d , A.G. s. Schukking, S.

H e n k e , R., Wechselströmungshydraulik 01-0094.

H e n k e l , A. s.Fröhlich, H.

H e n k e l , W. s.Kohlstock, N.

H e n n e b e r g , H., Erfahrungen d.Meliorationsgenossenschaften im Kreis Gransee 07-0171.

H e n n i n g , H. s.Wertz, G.

H e n r i k s s o n , R., Kartoffellagerhaus für Landwirtschaftsbetriebe 08-0515.

Silos, Material u. Konstruktion 05-0698.

Fenster u. Türen 05-0633.

H e n s e l , H., Möglichkeiten d. zweckmäßigen Einsatzes d.techn. Hilfsmittel bei Alt- u.Umbauten 03-0276.

- u. P e i p p , L., Schleppschaufelentmistung im Jungviehoffenstall 03-0299.

H e n z e , J., Einsatz v.Trockenkalk- u.Wasser-Scrubber in d. CO_2-Lagerung 05-0494.

H e n z e l , J., Versuche zur Bestimmung d.Elastizitätsmoduls d.Tragseils eines Kurzstreckenseilkrans 02-0673.

H e p h e r d , R. s.Aspinwall, J.S.

H e p h e r d , R.Q., Streuer 02-0241.

s.Klinner, W.E.;

Pascal, J.A.

H e r b s t h o f e r , F., Entwicklungsstand d.Mähdrescher unter Berücksichtigung d. neuen Mähdreschertypen v.Massey-Ferguson 06-0282.

H e r l t , M.H., Elektr.Antriebe v.Haus- u.Wirtschaftsgeräten 06-0374.

H e ř m a n , A., Makadam- oder Paneelfahrbanen für landwirtschaftl.Wege? 05-0646.

H e r o l d , M., Werkstoffzerstörung in Kühlwasserräumen v. Verbrennungsmotoren u.ihre Verhütung 09-0074.

H e r p a y , I. u. P a n k o t a i , G., Landwirtschaftl. Wegebau /02-0728/.

H e r r m a n n , E., Geräteentwicklung u.Beratung (Waschmaschinen, Trockner, Bügler, Geschirrspülmaschinen) 08-0283.

H e r r m a n n , J., Lehrbuch d. Vorratspflege /04-0439/.

H e r r m a n n , K., Verfahren d.Getreideernte u.ihre Bedeutung für d.sozialistischen Landwirtschaftsbetriebe 03-0198.

Einsatz d.Schlegelernters zur Grün- u.Silomaisernte 05-0244.

Mechanisierung d.Getreideernte unter bes. Berücksichtigung d.Einführung industriemäßiger Arbeitsverfahren 09-0273.

H e r r m a n n , P., Drahtzäune gegen Wildschäden 03-0472.

H e r r m a n n - L e j e u n e , E., Obst- u.Gemüsesorten für d. Gefrieren 02-0567.

H e r r n k i n d , P., Halbleitertechnik auf d.Hannover-Messe 1963 01-0012.

H e r t e r , H.-J., Stallklimat. Untersuchungen im Kreise Säckingen unter bes.Berücksichtigung d.Be- u.Entlüftung /05-0408/.

H e r t w i g , W., Technik für d. tägliche Kartoffeldämpfen 01-0347.

Häckselgebläse Typ "ME 35", Maschinenfabrik Max Grumbach & Co., Freiberg/Sa., Prüfbericht Potsdam-Bornim 06-0167.

Abladegebläse Typ "FG 25 G/63" d. Maschinenfabrik Max Grumbach & Co., Freiberg/Sa., Prüfbericht Potsdam-Bornim 06-0168.

H e s s , H., Leitsätze zum landw. Bauen 07-0504.

H e s s , P., Einsatz d.Anbau-Beetpfluges 06-0219.

Pflüge nach d.Baukastensystem 07-0204.

H e s s e , G., Prüf.v.Haushaltkühlschränken 06-0383.

H e s s e l b a c h , J., Maisbestellung 01-0185.

Hilfsmittel bei d.Milchkühlung u. beim Milchtransp. 01-0380.

Arbeitstechn. u. Arbeitsverfahren d.Milchgewinnung im landw.Betrieb /02-0557/.

Arbeitstechnik u.Arbeitsverfahren d.Milchgewinnung im landwirtsch. Betrieb 04-0389.

Bedeutung d.Melkdauer für d. Arbeitsablauf beim Maschinenmelken 04-0400.

Melkbarkeit u.ihre Beeinflussung durch verschied.Faktoren 05-0417.

Moderne Fragen d.Milchgewinnung, d.Milchpflege u.d.Milchtransportes 09-0363.

- u.U f e r m a n n , S., Erfahrungen in d.Kartoffelernte 04-0260.

H e u s c h m i d t , W. s.Jeske, A.

H e w i t t , A.C.T., Künstl.Beleuchtung f.Legehennen 04-0368.

H e y d e , H.v.d., Mechanisier.d. Zuckerrübenernte 02-0400.

H i b n e r , J., 25-jährige Nutzung v.Asbest-Zement-Rohrleitungen in Ciechocinek 07-0175.

H i l d e b r a n d t , H.H., J e b a u t z k e , W. u. V o g e l , G., Planungsdaten für Mehrraum-Laufställe 04-0652.

H i l f , H.H., Komplexe Sachverhalte in einer dynamischen Forstwirtschaft 03-0396.

H i l g e r s , K., Jeder Wäsche ihr Waschprogramm 01-0405.

H i l l , R.F. u.J o h n s t o n e , D.R., Versuche mit einem Schleuderscheibenverteiler an einem Dragonfly-Hubschrauber 03-0490.

H i l l e n d a h l , W., Rinderlaufstall - einmal anders 02-0749.

s.Diest, N.v.

H i l s c h e r , A. s.Bentz, F.

H i m m e l , U. s.Nöring, L.

H i n e , H.J., Düngemittel in Säcken, in loser Form oder in Behältern? 02-0235.

Boxpaletten f.Kartoffeln 02-0480.

Dictionary of agricultural engineering. A handbook for engineers, farmers and students /07-0021/.

H i n g s t , K., Untersuchung v. Zuckerrüben-Rodescharen in einem Bodenkanal 01-0282.

H i n k l e , C.N. u. Y o u n g , H.G., Schattendächer für Schweineweiden 02-0754.

H i n s o n , T.L. u. M i z e , J.J., Storage of household cleaning equipment and supplies /02-0576/.

H i o r t h , G., Aussaat v.Abies u.anderen ausländ.Baumarten 08-0359.

H i p p o l i t i , G., Verwendung d.tragbaren Motorerdbohrer für Aufforstungsarbeiten 08-0364.

H i r o n s , A.E. s.Court, D.L.

H i r s c h , K. u. E x n e r , G. Freßgitter u.Anbindevorrichtung für Kühe 06-0571.

H i r s c h , K., Wie erfahre ich d.Baukosten 09-0530.

H i r s c h , U. s.Jauert, R.

H i r s c h f e l d e r , G., Typenentwicklungen für d.ländl. Wohnungsbau 01-0572.

Typenentwicklungen für d.Wohnungsbau 01-0573.

H j e l m s t r ö m , L., Gestaltung u.Klassifizierung d.Waldautostraßen 05-0587.

H l a w i t s c h k a , E. s. Maltry, W.

H o b b s , W.F., Billige Ställe für Mastschweine 05-0686.

H o c h k ö n i g , W., Technik d. Düngerausbringung in Grünlandbetrieben 07-0216.

H o c h r e i n , R., Geräteträger "Kultimax" in Weihenstephan 01-0418.

H ö f f l i n g e r , H., Lohnen sich Heuaufbereiter? 03-0185.

H o e k s t r a , H., Besandungsmaschine in d.Kulturtechnik 04-0169.

H ö l z , Einmann-Motorsägen u.ihre Anwendungsbereiche 08-0383.

H ö r e r , R. u. K n o l l , G., Milchkühlung - elektr. 04-0656.

H ö r m a n n , F., Aufgaben d.Energetiker in d.Landwirtsch.07-0064.

Aufgaben d.MTS/RTS bei d.Mechanisierung d.Innenwirtsch. 07-0350.

H ö s e l , W., Kartoffelmischsilage für Mastschweine 05-0354.

H ö s l , A., Installation im landwirtschaftl.Betrieb 04-0628.

H ö ß l i n , R.v. u. L e c k e r , F., Stand d.Erntemechanisierung bei Bohnen u.Spinat 09-0431.

H o f f m a n n , H., Stallmistgewinnung u. -verwertung 02-0524.

H o f f m a n n , T., Drusch d.Getreides in d.ungar.Bauernwirtsch. /04-0294/.

H o f f m e i s t e r , G., Verträglichkeit v.Ausgangsprodukten in Mischdüngemitteln. Absonderung v. Ausgangsprodukten 03-0153.

H o f m a n n , K., Arbeitsproduktivität u.Kostenentwicklung beim Pflügen mit erhöhter Arbeitsgeschwindigkeit 09-0200.

H o f m a n n , R., Ventilatorlüftung im Gewächshaus "MZG 0/55" (I) 06-0426.

H o f r i c h t e r o v á , A. s. Jelinková, V.

H o g l e y , B.T., Vollmechanisierte Schweinemastanstalt 01-0596.

H o g l u n d , C.R., Anlagekosten u.Jahreskosten für feste u. gasdichte Silos für Milchfarmen 08-0199.

H o h l f e l d , K.-E., Brandschutzschieber für landwirtschaftl. u. industrielle Gebläseanlagen 06-0169.

H o h l s , G., Kartoffel-Großsortieranlage Walsrode 07-0597.

Großsortieranlage Brome - ein Beispiel 09-0599.

H o h m a n n , E., Einige neue Maschinen 07-0414.

H o l a r , V. u. H u n a l , J., Traktorgezogener Schlegelernter "SPCZ-138" 02-0321.

H o l a s , V., Kombinierter Anhänge-Schlegelernter "SPKZ-160" 06-0271.

H o l á t o v á, M., Schutz landwirtschaftl.Maschinen gegen Korrosion /03-0038/.

H o l i t s c h e k , H., Verbesserung d.Klimas in Abferkelställen durch Einsatz vollautomat.Warmluftanlagen 02-0496.

Verbesserung d.stallklimat. Verhältnisse in Abferkelställen unter Beachtung wirtschaftl. Energieanwendung 04-0361.

Lüftungs- u.Heizungstechnik für geschlossene Ställe /05-0407/.

Techn.Trocknung v.Getreide u. Grünfutter 06-0327.

Mechanisierung d.Innenwirtsch. unter Beachtung wirtschaftl. Energieanwendung 07-0527.

H o l j e w i l k e n , H., Arbeitsverfahren u.Maschinen zur Tonrohrdränung 06-0186.

s.Adams

H o l l i d a y , R., Reihenbreite v.Getreidekulturen u.ihr Verhältnis zur Präzisionsdüngung 09-0213.

H o l l i g e r , A., Futtermischer 02-0511.

H o l l m a n n , W. u. M a t h e s , A., Untersuchungen an Schleuder-Düngerstreuern 02-0237.

H o l m b e r g , C.-B., Bei d.Maschinenprüfern in Röbäcksdalen 09-0058.

H o l m e , B., Staubsauger 06-0390.

H o l t , J.B., Selbstladefahrzeug für d.Materialtransport 02-0152.

Ein selbstladendes Versuchsfahrzeug 03-0116.

H o l t e jun., H., Furchenzieher für Pflanzbeete 08-0361.

H o l z , W., Duwock kann vernichtet werden 04-0578.

H o l z b e r g e r , R. s. Sennewald, J.

H o l z h ä u s e r , U. s. Damerow, G.

H o l z m a n n , W. s. Stannek, G.

H o m e r , G., Kreiselverdichter für Kältemaschinen 02-0102.

H o m o l k a , B., Neue Getreidesilos 07-0594.

H o n t s c h i k , H., Literatur auf d.Gebiet d.Abgasbekämpfung bei Kraftfahrzeugen 01-0049.

H o o g e n d o r n , N., Arbeitsmethoden b.Laden v.Erbsen 02-0413.

Arbeitsmethoden für d. Strohbergung 04-0249;

s.Koning, K. de;

Terpstra, J.

- u. S t r o o k e r , E., Arbeitsmethoden bei d.Pflege v. Zuckerrüben 06-0253.

H o o v e r , M. s.Miller, J.H.

H o p k i n s , W.C., Erzeugung, Ernte u.Verkauf v.Holz hoher Qualität in d.Südstaaten /02-0630/+.

H o r a , O., Was für Maschinen brauchen wir für d.Grünfutterernte? /08-0194/.

- Ž á k , K. u. Č e r m á k , A., Trenneinrichtung für Getreidehäcksel 09-0312.

H o r á k , E., Bekämpfung d.Lagerschädlinge in Silos 06-0529.

H o r á k , F., Maschinenmelken v. Schafen u.dessen Bedeutung 08-0251.

H o r m a n n , K., Wärmedurchgang durch Stallfußböden 02-0722.

Rinderställe in d.Sowjetunion 04-0649.

H o r n , H.-H., Vollmechanisierung d.Zwiebelernte 01-0440.

s.Adams

- u. M e y e r , V.M., Boxen für Tränkkälber 03-0536.

H o r n , W., Stand u.Perspektive d.Mähdrescherentwicklung im In- u.Ausland 01-0231.

Kornumstechmaschine "Po-2", Agrostroj Prostejov, Zavod-Letovice, ČSSR, Prüfbericht Potsdam-Bornim 01-0328.

H o r n e , B.S. s.Kjelgaard, W.L.

H o r n i a k , V., Organisation u.Oekonomik d.sozialistischen Weinbaues /03-0347/.

H o r t s c h a n s k y , J., Mechanisierung d.Feldarbeiten in d.Hanglagen /07-0166/.

H o r u b a l a , A. s.Pijanowski, E.

H o r v á t h , I. s.Balló, G.

H o r v a t h , J., Erhöhung d. Arbeitsgeschwindigkeit u.d. Traktor 05-0091.

H o s p o d a r , B., 1963 - Jahresbeilage über Motorkettensägen, Hersteller- u.Verkäufernachweis 04-0532.

H o s l i , H.H., Projektierungs- u.Absteckungsverfahren aus d. Autobahnbau auch beim Waldstraßenbau ? 04-0571.

H o v a n e s i a n , J.D. s. Finney, E.E.

H o v l a n d , T., Rücken mittels Seilbahn in Westnorwegen 04-0553.

H o w s o n , D.F., Entwicklung einer Tretmühle für d.Prüfung v.luftbereiften Traktoren 03-0071.

- u. W i l l i a m s , N.Y., Begrenzte Differential-Radschlupfkontrolle beim hydrostat. Traktor d.N.I.A.E. 03-0100.

Zugkraftfläche für Prüfstand für luftbereifte Traktoren /03-0104/.

H o y l e , J.B., Welches Tankvolumen? 04-0414.

H r u z í k , L., Techn.Niveau d. Forstwirtschaft 09-0451.

H u b a č , M., Wirkung d.Motorsägen u.d.Pflanzenlochbohrer auf d.Arbeiter 02-0660.

Physiolog.u.hygien.Probleme einiger mechan.Arbeiten in d. Forstwirtschaft 09-0457.

-, B o r s k ý , I.u.S t r e l k a , F., Physiolog.Leistungsanalyse bei Arbeit mit Pflanzlochbohrern 07-0459.

-, B o r s k y , I., S t r e l k a , F. u. S t a r e k , E., Arbeitsphysiolog.Analyse d. Arbeitsproduktivität bei d.Anwendung v.Motorerdlochbohrern 09-0468.

-, B o r s k y , I., S t r e l k a , F., J a n č o , J. u. B u t o r a , A., Körperl.Beanspruchung bei d.Arbeit mit verschied.Typen v.Motorsägen 05-0551.

H u b á l e k , K., Neue Reihe v. Anbau- u.Aufsattelgeräten zum Kartoffelpflanzen für sozialistische Landwirtschaftsbetriebe 03-0163.

Internat.Spezialisierung in d. Produktion v.Landmaschinen 05-0003.

H u b e r , E.W., Messung d.Hubbewegung eines Druckventiles in einer Einspritzpumpe 02-0094.

Vergleichbarer Hubraum eines NSU-Wankelmotors 2:3 06-0104.

H u b e r , H. s.Peyer, E.

H u b e r t , K. s.Adams

H ü b l e r , K.-H., Raumordnung 05-0637.

H ü b n e r , E., Wohn- u.Gesellschaftsbauten auf d.Lande aus grobkeram.Elementen 04-0631.

H ü b n e r , G., Lärm u.Lärmbekämpfung: Größen u.Einheiten 01-0010.

H ü b n e r , M., Mechanisier.d. Zuckerrübenernte im MTS-Bereich Klöden 01-0276.

H ü b n e r , R., Versuche mit fernbedienbaren Schlepperseilwinden 01-0419.

Versuchsergebnisse mit automat. arbeitenden Stockräumern 03-0352.

Schlepper für d.Weinbaubetrieb? 06-0393.

Verbesserungen an Bodenbearbeitungsgeräten 06-0406.

H ü d i g , H.-U., Verwendung v. PE-hart für Schnellkupplungsrohre 03-0141.

H u f n a g l , H. u. P ú z y r , H., Forstl.Meßkunde mit bes. Berücksichtigung d.Feldmessens /06-0453/+.

H u g e l m a n n , H., Kunststoffrohre für d.Wasserversorgung 03-0519.

H u g g a r d , E.R., Rücken mit Kettenschlepper u.Rückebogen 03-0437.

H u i s m a n , L.H., Betrachtungen über Betriebsgebäude in d. USA. 6.Mitt. 01-0578.

Betrachtungen über Betriebsgebäude in d.USA. 8.Mitt. 02-0755.

Betrachtungen über Betriebsgebäude in d.USA. 7.Mitt. 02-0756.

Betrachtungen über Betriebsgebäude in d.USA. 9.Mitt. 02-0763.

Betrachtungen über Betriebsgebäude in d.USA. 10.Mitt. 05-0675.

H u k i l l , W.V., Lagerung u. Trocknung v.Getreide, Blick in d.innere Struktur 05-0345.

H u l b u r t , W.C. s.Vittum, M.T.

H u l l , D.O. s.Roth, F.W.

H u n a l , J. s.Holar, V.

H u p p e r t , V., Warum Kunststoffe in d.Landwirtsch. 06-0023.

H u r l e r , A., Neuzeitliche Traubenablade-Einrichtungen 03-0349.

H u š k a , J., Mont.Bauten für Entenhaltungen 08-0508.

H u s z á r , E., Modernisier.d. Holzeinschlags durch Schlagraumerschließung 05-0476.

s.Dérföldi, A.

H u t l a , D. u. S u l e k , V., Landmaschinen in d.Tschechoslowakei: Entwicklung u.Produktion 06-0002.

H u t s c h e n r e u t h e r , G., Mechanisiertes Futterhaus für Schweinezuchtanlagen 04-0668.

Stallbauten in d.ČSSR 06-0564.

Tierkliniken 08-0473.

s.Janač, K.

- u. G ü n z e l , W., Kaltställe für Milchvieh 08-0487.

Milchviehanbindeställe ohne Wärmedämmung im Winter? 08-0488.

Klima in Schweinezuchtställen 08-0496.

- u. O s s w a l d , G., Wie wird ein Mischfutterbetrieb für LPG aussehen? 07-0595.

Mischfutterbetrieb als LPG-Gemeinschaftseinrichtung 08-0514.

H y ž i k , J., Erfahrungen aus d. Großproduktionstechnologie d. Zuckerrübenernte 03-0238.

I a c k l o v s z k y , E. s.Ursu, I.

I b r a g i m o v , N. s.Kurkov, S.

I d e l , K. s.Adams

I e v i ņ š , Ja., "Majga" - ein Schnellmelkapparat 07-0366.

I g a , N.G. s.Ioan, N.G.

I g a m b e r d i e v , I.C., Abhängigkeit d.Verschleißes d. Spindelzähne v.Staubgehalt d. Luft 08-0193.

I h l e , G., Mechanisierte Maschinenpflege auch für d.Landtechnik 05-0038; s. Adams.

I h l e, Götz, K r e m p, H.-J. u. B a s e d o w, L., Instandhaltung d. Landmaschinen /06-0038/+.

I l č e v, D. u. P e t r o v, D., Selbsttränke für Kälber 09-0345.

I l i e v, B. u. Š t a n i s e v, N., Mechanisierung d.Tierzucht /05-0366/.

-, K a l o j a n o v, A. u. M o n o v, I., Universal-Dreschapparate 09-0245.

I l ' i n, A.M., Universal-Pflanzmaschine Typ "SUP-4A" 02-0590.

I l ' i n, J.P. s.Mkrtumjan, V.S.

I l ' i n, V.V. s.Syčev, L.A.

I l ' v i c k i j, N. s.Bovin, L.

I n n s, F.M. u. R e e c e, A.R., Theorie d.Zentrifugalverteilers, 2.Mitt.Bewegung auf d.Scheibe, Zuführung außerhalb d.Mittelpunktes 07-0218.

I n s k o, W.M. s.Byera, G.B.

I o a n, N.G. u. I g a, N.G., Hydrotechn.Anlagen bei Hydromeliorationsarbeiten /06-0255/.

I o n o v, A.N., Mechanisierte Geflügelfarm d.Sowchos "Gorki 2" 09-0590.

I r r g a n g u. M e i e r, B., Sozialist.Wettbewerb in d. Kartoffelernte d.LPG "Florian Schenk" Blumberg, Kr.Bernau 04-0257.

I s a e v, E.V. s.Veličkin, I.N.

I š č e n k o, N.S., Turbinen-Spritzgerät 03-0484.

I s e n b e r g, F.M. s.Hartman, J.D.

I s k a n d a r j a n, M., Milchreinheit b.Einsatz v.Reinigungszentrifugen 01-0385.

I s o t o v, A.J. u. T r e p e n e n k o v, I.I., Perspektivtypisierung für Traktoren 05-0080.

I s r e f i l o v, N.A., Untersuchung d.Schaufel-Arbeitsteiles v. Grabenreinigungsmaschinen 06-0197.

I s s e l s t e i n, R. u. S c h w a r z, H., Landtechnik in England: Royal-Smithfield-Show 01-0065.

I s s e r s, F. s.Chorošij, I.

I ß l e i b, G., Unfallverhütung b. Besteigen v. Waldbäumen 08-0348.

Richtige Bodenpflege im Forstpflanzgarten 08-0363.

I s t o m i n, G. u. S e r g i e n k o, Ju., Hauptlagerplatz d. Forstbetriebes Guseripl 04-0536.

I t k i n, A.L. u. V o r o b e j č i k, M.B., Ökonom.Zweckmäßigkeit d.Organisation v.Traktor-Montagewerken 06-0112.

I v a n e n k o, V. u. S e r d j u k o v, A., Wirtschaftl. Wasserleitung ohne Rohre 03-0517.

I v a n o v, A., Eine neue Melkanlage 07-0569.

s.Gospodinov, P.

I v a n o v, A.A., Karusselmelkstand Typ "KDUE-16 Omička" 04-0395.

I v a n o v, A.N. s.Nikiforov, P.E.

I v a n o v, D. u. D o j k o v, K., Konzentration u.d. ökonom. Nutzeffekt d.Obstbaus 05-0471.

I v a n o v, M.u. M i t e v, M., Mechanisierte Heueinlagerung in Langfeimen mit Förderbändern 03-0196.

I v a n o v, P. s.Drjučenko, D.

I v a n o v, P.F., Vorschmierung d.Gleitlager vor d.Anlassen d. Dieselmotors 02-0091.

I v a n o v, V.G., Bewegung d. Körner in Förderrohren mit schnell rotierenden Schnecken 05-0346.

I v a n o v, V.N., Luftgeschwindigkeitsmessungen im Verbrennungsraum d.Dieselmotoren 09-0078.

I v a n o v, V.V. s.Filimonov, S.S.

I w a n t i e r, W., Mechanisier. d.Forstarbeiten bei d.Fällung u.Aufbereitung d.Holzes 01-0463.

I z a k s o n, C.I., Dreiphasen-Getreideernte 02-0345.

Entwicklungstendenzen d.Erntetechnik (Getreide) 04-0235.

Universal-Maschinenträger mit einem Satz Aufbaumaschinen 05-0107.

I z m a j l o v, Ju., 2-Phasenernte d.Kartoffel 03-0232.

J a b ł o n s k i, B. s.Święctochowski, B.

J a c o b, W., Arbeitstechn. Einschätzung d.DDR-Leistungsausscheides d.Motorsägenführer 01-0488.

Einsatz d.sowjet.Einmannmotorkettensäge "Drushba 60" 01-0489.

J a c o b - H a u p t , R., Spritzgeräte für Parzellenversuche im Ackerbau 03-0479.

J a c o b s s o n , M., Landwirtschaftl.Versuchsküche 09-0378.

J a c u k , E.P., Ein Aggregat führt vier Arbeitsgänge aus 02-0249.

J a d r e v s k i j , A.P., Methode vergleichender Untersuchungen v.Schlepperdieseln nach d.Generalreparatur 06-0129.

J a e g e r , C.M. s.Pennoch, J.L.

J a g e r , A.W.de, Verstopfen v. Dränleitungen 01-0422.

J a g n i e w s k i , S., Automat. Führung u.Fernsteuerung d. Schleppers mittels d.Loginow-Vorrichtung 08-0062.

J a h n , M., Einfluß d.Wärmedehnung an Innendrehbackenbremsen 08-0065.

J a h n , R., Pflanzenpflug "Paulus" 06-0469.

J á k o , E., Probleme d.Mechanisierung d.Reiskulturen, unter bes. Berücksichtigung d.Pflügens v.Reisfeldern 03-0147.

J a k o b s o n , M.O. u. B y l o v , B.D., Beurteilung d.techn.Niveaus d.technolog.Prozesse bei d. mechan.Bearbeitung 04-0031.

J a k o v l e v , A.V., Am Ausgangspunkt d.Fällungsverfahrens v. Kostroma 02-0655.

J a k o v l e v , G. u. G u s l a v s k i j , V., Beim Tagilschen Holzeinschlagverfahren wird das Unterholz geschont 04-0525.

J a k u b a u s k a s , V.I., Einfluß d.Hangneigung auf d. Betriebskennwerte d.Schleppers "Belaruś" 02-0117.

J a k u b o w s k i , R. s.Lipinski, H.

J a k u s z e w s k i , T., Leiter zur Samenernte v.stehenden Baum 02-0647.

J a m b a e v , V., Saatgutbereitung 05-0327.

J a n a č , J., Lüftung d.Stallräume 08-0454.

J a n a č , K., Mikroklimabewertung mehrreihiger, aus unifizierten Konstruktionselementen gebauter Kuhställe während d.Winters in d. Südslowakei 02-0742.

Stallklima in vierreihigen Kuhställen 07-0546.

Fußböden in Kuh- u.Schweineställen 09-0564.

Bemerkungen zum Wärmehaushalt v.4-reihigen Kuhställen 09-0572.

Analyse d.grundlegenden mikroklimat.Faktoren in Objekten für automat.Naßfütterung d.Schweine in d.Südslowakei 09-0587.

- u. H u t s c h e n r e u t h e r , G., Vierreihige Milchviehanbindeställe in d.ČSSR 08-0484.

J a n č o , J., Schneidender Teil d.Einmannmotorsäge 09-0478.

s.Hubač, M.

J a n i č e k , J. s.Fortunik, F.

J a n i k , J., Technolog. Verfahren zur Verlängerung d.Lebensdauer v.Pflugscharen 09-0207.

J a n i k o w s k i , W. s.Klepacki, W.

J a n i s z e w s k i , T., Sprühgerät für d.Pflanzenschutz 04-0584.

J a ń k o v , P. u. N e z n a m o v , L., Variante v.Bargusin 06-0475.

J a n k o w s k i , A., Anpassungsmöglichkeit d.Anhängepfluges zum Pflügen v.Hängen entlang d. Schichten 04-0182.

J a n k o w s k i , W., Berechnung d.Spannungen unter d.Sohle d. Fundamente monolith.Bauten 05-0184.

J a n n e r m a n n , G., Einbeziehung d.techn.Trocknung in d. Organisation sozialist.Landwirtschaftsbetriebe 09-0308.

J a n o t k a , K., Einfache Vorrichtung zum Heunachtrocknen mit vorgewärmter Luft 03-0246.

J a n s e n , H.J. s.Kroesbergen, E.

J a n s e n , H.P., Stabilität v. Futterpellets 08-0168.

J a n u š k e v i č , B., L i p n i c k i j , M. u. R o z u m , V., Dosiervorrichtung mit Futtertrog 05-0392.

J a n y , H., Umrüstung d.Mähdrescher für d.Luzerne- u.Kleesaatenernte sowie zu Fragen d.Luzernesaatguternte u. -erfassung 09-0281.

J a r c e v , V.P., Baumschulrodung mit Traktorpflügen 06-0465.

J a r m a š e v i č , Ju.I., Wenden d.Vierradschleppers mit Allradantrieb 04-0106.

- u. K o m i s s a r č u k , A.M., Verwendung einer Zwischenachs-Freilaufkupplung in Traktoren mit vier Triebrädern 05-0123.

J a r n í k , J., Ursachen d.ungeeigneten Mikroklimas in d.Stallobjekten 03-0515.

- u. W i e d e r m a n n , G., Vergleich eines vierreihigen befahrbaren u.nicht befahrbaren Kuhstalles 07-0547.

J a r o c k i , W. s.Cebulak, K.

J a r u š e k , M., Einheitl.Berechnung u.Planung d.Instandsetzungsarbeiten in landwirtschaftl.Betrieben /07-0047/.

J a r v e l a , C.A., Eichung von Neutronen-Feuchtemessern 04-0054.

γ-Strahlen für d.Untersuchung d.Wasserhaushalts dränierter Böden 04-0146.

J a š č e n k o , A.V., Straßenbau mit Eisenbetonplatten 09-0501.

J a š e k , Z., Erfahrungen mit d. Aufbau u.Betrieb d.Farm Ledce 03-0533.

J a s e n e v i č , V.E., K o p y l o v , M.K. u. Č e r n i k o v , B.P., Bremssysteme für Traktorenzüge 05-0130.

J a s i n e c k i j , V.G. s. Fenin, N.K.

J a s ł o w s k i , M. u. S o k o l o w s k i , J., Fließbandsystem d.Schlepperreparatur hat sich bewährt 05-0036.

J a s p e r , W., Konservierung v. Geflügel durch Kälte 03-0328.

J a s s m a n n , G. s.Adams

J a u e r t , R. u. H i r s c h , U., Gesichtspunkte b.d.Saatbettvorbereitung im Zuckerrübenbau 01-0156.

J a z e n k o , V.A., Kartoffelernte im Fließverfahren in d. UdSSR 01-0262.

J a z i k, A.V., Arbeitsvorgang d. Turbine d.Aufladegebläses v. Typ "TK-4" 05-0117.

- u. K e l ' š t e j n , D.M., Erprobung d.Turbo-Aufladers "TK-4" auf einer motorlosen Prüfanlage 01-0051.

Turbokompressor "TKR-14-2" 06-0092.

J e b a u t z k e , W., Laufhofsystem in d.Rindviehhaltung 06-0575.

s.Hildebrandt, H.H.

J ę d r z e j e w s k i , W., Flache Fundamente für Gebäude 07-0510.

Flache Fundamente im Bauwesen. 2.Mitt. 09-0536.

J e h l e , R., Erleichtertes Laden v.Schichtholz mit Hydraulik 03-0452.

Drahtseile 04-0554.

Entrindungswerkzeuge zur "VK 16" 06-0493.

J e l i e s , H., Säen u.Pflügen in einem Arbeitsgang 04-0198.

J e l i n e k , A., Strohstapeleinrichtung mit stufenweiser Arbeitsweise 04-0309.

J e l i n e k , T. s.Knap, J.

J e l i n k o v á , V., Mechanisierung d.landwirtschaftl.Erzeugung 09-0001.

- H o f r i c h t e r o v á , A. u. T a u b e r , A., Entwicklung u.d.gegenwärtige Stand d.Landwirtschaft in fortgeschrittenen westeuropäischen Ländern 08-0001.

J e l i t t o , R. s.Garbe, P.

J e n i č e k , V., Komplexe Investitionen für d.Futterpflanzenernte 08-0098.

J e n s e n , H.P., Verbindung d. Laboruntersuchungen m.d.Bedingungen d.Feldeinsatzes b.d. Prüf.v.Traktor-Hydraulikteilen 02-0130.

J e n s e n , M.C. u. K i n g , L.G., Leistungsvermögen v.Bewässerungsanlagen 01-0148.

J e ř á b e k , E. u. V o p á l e n s k ý , V., Verbrauchsnormen f.Treibstoff u.Schmiermittel für Traktoren u.selbstfahrende Maschinen /03-0109/.

J e r o c h i n , Ja., Gemüse- u. Obstverwertung in d.Kolchosen d.Ukraine 05-0660.

J e r u s a l e m , H., Aufbau u. Anwendung maschineller Kälteerzeugung in d.Klimatechnik 02-0098.

J e s c h , H.-H. s.Völkel, H.

- u. V ö l k e l , H., Mechanisierung d.wichtigsten Arbeitsabschnitte in d.Baumschulproduktion 07-0413.

J e s k e , A., Fragen d.Pflanzenschutzgeräteprüfung u.-entwicklung. Bericht über eine Studienreise in d.VR Ungarn /08-0418/.

J e s k e , A., Maschinen u.Geräte für d.Pflanzenschutz u.ihre Einsatzmöglichkeiten im sozialist. Großbetrieb 08-0415.

Tropfengrößen u.Applikationsverfahren im Pflanzenschutz 01-0526.

s.Berger, P.

- u. H e u s c h m i d t , W., Erprobung v.Pflanzenschutzmaschinen in Hopfenanlagen mit großer Standweite 06-0522.

- u.P h i l i p p , G., Entwicklung einer Spritzeinrichtung für d.Tabak 01-0537.

J e s k e , E. u. B o c k , H., Markt mit Zukunft: Haushalt-Gefriergeräte 08-0281.

J e s s o n , M.W., ILO, Typ "L.75" Benzinmotor, N.I.A.E.-Test 07-0080.

J e s z e n s z k y , Z. s.Beregszászy, A.

J i n d r a , F., Verhalten v.Traktor u.Aufsattel-Anhänger 05-0132.

J i r s a , E.F., Hitch- u.Schnellkupplung, Merkmal d.neuen John-Deere-Traktors "5010" 05-0140.

J o h a n n e s , J. s.Heidt, H.

J o h n , G., Mischen 01-0034.

J o h n s , C.K., Hygienische Milchproduktion in Skandinavien u.England 04-0390.

J o h n s o n , D.W., Walzenmühlen für d.landwirtsch.Betrieb 06-0346.

J o h n s o n , H.P. s.Beer, C.E.

J o h n s o n , R.I., Weide-Proben -Maschine 02-0334.

J o h n s t o n , W.R., P i l l s b u r y , A.F. u. S h a w , E., Glasfaserfilter für Rohrdräne 07-0182.

J o h n s t o n e , D.R. s.Hill, R.F.

J o n e s , J.H., Moderne Geflügel-Ställe für Zucht u.Legeherden 09-0588.

J o n e s , M.B. s.Longhurst, W.M.

J o n e s , M.P. s.Arnold, R.E.

J o n g e , L.J.A.de, Flachsernte /02-0423/.

J o n s s o n , T., Neue Fällungsmethode 02-0659.

J o r d a n , D., Erkenntnisse auf d.Gebiet d.Stall-Lüftung 05-0383.

Einsatz v.Ventilatoren z.Stall-Lüftung 06-0543.

s.Krägeloh, H.

J o r d a n , K.A. u. S u g g s , C.W., Intermittierende Aufzeichnung mit einem Punktschreiber 09-0064.

J o r d a n , T.G., Windmühlen in Texas 01-0036.

J o r d a n , W.K. s.Patel, S.

J o r d a n o v , D., P a r m a k o v , D. u. S r e d k o v , D., Elektrotraktor mit kleinen Abmessungen für Gewächshäuser 03-0348.

J o r d a n o v , J. s.Marčev, B.

J o r d a n o w , D. u. P a r k a m o w , D., Klein-Elektrotraktor f.Gewächshäuser 02-0578.

J o u r d a i n , F.P., Obstlagor d.Domäne de Castang in Gardonne 01-0607.

J o v á n , D. s.Rab, G.

J o y , J.L. s.Lea, J.D.

J u c h i m e n k o , V.E., Arbeit v.Schwadmähern 01-0227.

J u c h n e v i č , L.A., M a t e s o v a , G.J. u. M i t j a e v , I.D., Obst- u.Gemüseschädlinge u.ihre Bekämpfung /02-0624/.

J ü r g e n s - G s c h w i n d , S., Pionierarbeit für d.rationelle Ent- u.Bewässerung 04-0141.

J u n a c k , H., Anwendungsbereiche u.Leistungen d.Pflanzung mit Wiedehopfhaue u.Hohlspaten in einem niedersächsischen Flachlandrevier 04-0511.

J u n g h ü l s i n g , H. u. G ü n t h e r , E., Handarbeitsbedarf bei d.Weidepflege 02-0305.

J u r a č k a , J., Technolog. Typisierung u.technolog.Vorbereitung d.Arbeitsplätze im Forstbetrieb Čemerné 08-0337.

J u r a k , A. s.Adams

J u r á š e k , P., Ökonomik d. Zuckerrübenbaus /07-0169/.

J u f e v , E.G. u. B o r i s o v , M.I., Mechanisierung d.Strohbergung 05-0274.

J u š i n , A. A., Einfluß d.konstruktiven Besonderheiten am Traktor "MTZ-52" auf d.dynam. u.Betriebskennziffern 01-0106.

J u š i n , K.I. u. R u m j a n c e v , V.A., Erntekombine für Baumwollkapseln "SKO-4" 05-0303.

J u s u p o v , S., Anbaurechen für d.Traktoren "DT-24-3V" u. "T-28-Ch" 05-0247.

J u s z c z a k , J. s.Proš, J.

K a b a k o v , N.S., Hydraul. Drehmomentwandler im Schlepperantrieb 06-0142.

K a b a t , G.V., Graphoanalyt. Methode für d.Untersuchung d. Tragfähigkeit dünnwandiger Profile bei wiederholt wechselnder Belastung 02-0041.

K a c , I.I. u. P r o s i c h i n , A.I., Aggregate für d.Regulierung d.Wärmebereiches d.Motors v.Traktor "DT-75" 05-0116.

K a c a r o v , A., Energetische Kennziffern d.Beregnungsmaschinen 07-0190.

K a č e r , W.R., Schlepper "Ursus-328" 09-0108.

K a c i n , V. s.Levinskij, N.

K a d e n , S., Bewässerung u. ihre Stellung in d.Wasserwirtschaft 04-0155.

K a d l e c , J., Normung d.Arbeit in d.Landwirtschaft /03-0046/.

K a d l e c , V., Industrialisierung d.landwirtschaftl.Produktion u. Lenkung d.Mechanisierungsmittel 05-0002.

s.Blažek, J.

K a d u š i n , N.P., Anti-Erosionsgeräte für Gebiete mit geringen Niederschlägen 02-0210.

K ä m m e r l i n g , H.-J., Aussagekraft d."Berichtes für d. Landwirtschaft" zum KTL-Schleppertest 06-0107.

Techn.v.Einachsschleppern 06-0113.

K ä m p f , R., Möglichkeit z.Mechanisierung d.Spritzarbeiten im Versuchswesen 08-0421.

K a h l , Aufsattel-Schleuderdüngerstreuer "D 027" 06-0237.

K a h r s , M., Auslegung v.Landmaschinenbauteilen nach Lastkollektiven 06-0021.

K a i š e v , K., A n d r e e v a , S.u.Z a c h a r i e v , I., Veränderung d.physikal.-chem. Kennziffern v.Avtol-10 aus Seehundöl bei Verwendung in einem vollbelasteten Motor 05-0068.

K a k i m e n k o , G.I. s.Samojlov, M.A.

K a l a m i n , A.I. u. K o č e n e n k o , D.V., Arbeitsflächen v.Kartoffelsortiervorrichtungen 05-0350.

K a l i n a , J., Lagerraumlüftung 08-0513.

K a l i n i n , V., Rübenlader "SNT-2,1" am Mähdrescher "SK-3" 05-0267.

K a l ' j a n o v , F.P. s.Mindel', E.M.

K a l j u ž n y j , S., Nutzung v. Stallbauten gilt d.Aufmerksamkeit 07-0542.

K a l o j a n o v , A. s.Iliev, B.

K a l u g i n a , Ju.P. s.Listov, P.N.

K a l v e r k a m p , U.D., Rübenernte-Vorführung in Numansdorp 07-0299.

K a m d z e l i s , N., s.Maslinkov, I.

K a m e n e c k i j , V.A., S l a b o s p i c k i j , I.A. u. Č e k r i z o v , L.G., Traktor mit automat.Friktionsgetriebe 04-0097.

K a m i l o v , K., Fahrbarer Futterschneider 03-0184.

K a m í n s k i , H., Pflanzenschutzgeräte im System u.in d. Forschungsarbeit d.R.G.W. 06-0520.

K a m i n s k y , G., Arbeitsphysiologie u.Forstwirtschaft 05-0513.

Auswirkungen v.Lärm u.Vibration auf d.Waldarbeiter 05-0514.

K a m m , L., Mechanisier.im Hopfenbau 06-0176.

K a n a f o j s k i , C., Landwirtsch.Maschinen u.Geräte, Bd.3 /02-0011/.

Landmaschinen u.landwirtschaftl. Geräte. Beschreibung, Theorie u.Nutzung. Bd.2 /09-0015/.

K a n a n y c h i n , S.P., Untersuchung d.Zusatzverluste u.d. Verschleißes v.Reifen 03-0097.

K a n d a u l o v , N.M., Festigkeit d.Erdschichten d.Kartoffeldammes b.d.Ernte 02-0379.

K a ń š i n , V.E., A m p l e v s k a j a , S.V. u. M u r t a z a e v , A.O., Neue Form d. techn.Pflege d.Maschinen- u. Traktorenparks 06-0035.

K a p a a s e n , K., Geländetraktor "Valmet" - ein ernster Konkurrent für "Timber-Jack" 09-0489.

K a p l a n , S., Grubber f. Arbeiten mit erhöhten Geschwindigkeiten 02-0227.

K a p l u n , I.B., Einfluß d. Verschleißes auf d. Tragfähigkeit d. Gleitlagers 03-0085.

K a p l u n , V.A. u. V a s i l e n k o , V.I., Konstruktion u. Betrieb d. Anbauhydraulik d. Traktors "MTZ-50" 08-0072.

K a p l u n o v , M.M. u. S e n d r j a k o v , I.F., Maschinensystem z. Ausbringen v. Mineraldünger 08-0136.

K a p p é t e r , I., Standortwahl für Geflügel-Großzuchtanlagen /07-0585/.

s. Bocsor, G.

K a p u s t a , I.Ja., Š a m o r d i n , V.I., M i k l a š e v s k i j , N.I. u. L e m e š k o , V.V., Fahreigenschaften d. Maschinenträgers "SŠ-45" 03-0080.

K a p u s t i n a , V.V., Motorleistung d. Radtraktors d. Klasse 1,4 Mp 01-0074.

K a r a b a k i , A.K., Sortier- u. Reinigungsanlage für Nadelholzsamen 03-0418.

K a r a b a n o v , I.I., Masseleistungsverhältnis beim Kettentraktor 05-0105.

K a r a b a n o v , S. s. Klimov, S.

K a r a d ž i , G.M. u. R a z u m i c h i n a , T.V., Hubschrauber für Bestäubung v. Weinstöcken 06-0410.

K a r a i , G., Isotopenforsch. in d. ungar. Forstwirtsch. 06-0451.

K a r a i v a n o v , I., A l k a l a j , A. u. V o j k i n o v , Maschinensystem in d. Produktion v. Tabak v. Typ "Baschibali" 08-0109.

- , A l k a l a j , A., V o j k i n o v , A. u. C h i k o v , I., Mechanisierungsmöglichkeiten d. Tabakbaues 02-0170.

K a r a k a y a , K., Aussaat v. Mais mittels Drillmaschinen in d. türkischen Landwirtsch. /03-0169/.

K a r a m b i r o v , N.A. u. K e m e l e v , A.A., Mehrtägige Regulierung landwirtschaftl. Gruppenwasserversorgungsanlagen 04-0624.

K a r d a š e v s k i j , S.V., Umbildung d. aus d. Sägerät austretenden Körnerflusses bei d. Zuckerrüben-Einkornsaat 08-0150.

s. Vevers, E.V.

K a r l j u k , I.J., Arbeitsorganisation d. Maschinen-Traktorenparkes /09-0151/.

K a r m a z i n , Ė.I. s. Levitanus, A.D.

K a r n a u c h o v a , E.S., Methoden d. Messung, Analyse u. Planung d. Arbeitsproduktivität in Kolchosen u. Sowchosen /05-0051/.

K a r w o w s k i , T., Mechanisierte Zuckerrübenernte als Umlade- u. Transportproblem 07-0298.

K a š č e e v , I., Körnertrocknungsaggregat "ZZS-22" 05-0339.

K a s p e r s , P. s. Mothes, E.

K a š u b a , B.P., Handbuch für d. Verwendung d. Traktoren "DT-54A" u. "DT-55A" /07-0142./

- u. A n i l o v i č , V.Ja., Vibrationsisolierung d. Motors "SMD-14A" beim Einbau in d. Traktor "T-74" 03-0087.

K a š u t i n, V., Haspel f. d. Ernte v. lagerndem Getreide 02-0301.

Traktor-Aufnahmegabel b. d. Ernte v. Stroh u. Grüngut 02-0341.

K a š u t i n , V.N., Engreihig kombinierte Sämaschinen mit unmittelbarer Einbringung v. Dünger 02-0251.

K a s t e n , M., Erfüllte Forderung d. Landwirtschaft: "Famulus 60" 06-0117.

K a t k o v , N.G. s. Filimonov, S.S.

K a t z e r , F. s. Mührel, K.

K a u f m a n n , G. s. Patzschke, D.

K a u f m a n n , H.-G. s. Baumann, E.

K a v a n , V., Prüfergebnisse v. Kartoffelsortiermaschinen 03-0268.

K a v e n , Arbeitswirtschaftl. Untersuchungen über d. prakt. Einsatz v. Maschinen u. Geräten im Gartenbau 08-0288.

Etagenkarren für Transporte im Gewächshaus, Prüfbericht Wieselburg, N.Ö. 08-0292.

Düngermischer GEWA LF 25, Prüfbericht Wieselburg, N.Ö. 08-0295.

Erdwürfelmethode. Anbauzuchtverfahren für d.Gemüse- u. Blumenbau 06-0403.

Torftopf zur Pflanzenanzucht "Jack-Pot", Prüfbericht Wieselburg, N.Ö. 09-0414.

Jiffy-Töpfe, Prüfbericht Wieselburg, N.Ö. 09-0415.

Multitopfplatten, Prüfbericht Wieselburg, N.Ö. 09-0417.

- u. W a x e n e g g e r, Ein- u. Umtopfmaschine "Plantarex", Prüfbericht Wieselburg, N.Ö. 08-0297.

Ballenpflanzen-Setzgeräte "Helios", Prüfbericht Wieselburg, N.Ö. 09-0416.

K a v e n , E. u. W a x e n e g g e r , I., Steuergerät für Sprühnebel-Stecklingsvermehrung "System Helfert", Prüfbericht Wieselburg N.Ö. 09-0429.

K a v i n a , J., Dachdecke als Vorbedingung eines zufriedenstellenden Stallklimas 01-0566.

Wärmedämmung in landwirtschaftl. Bauten 08-0456.

K a w a m u r a , N., Landtechnik in Japan 06-0004.

K a z a č k o v , R.V., Wärmeübertragung in einem schnellaufenden, durch Aufladegebläse verstärkten Dieselmotor 07-0081.

K a z a k o v a , I.P. s.Kulebakin, P.G.

K e č c h u a š v i l i , A.G., Automat.Vorrichtungen zur Erhöhung d.Genauigkeit d.Ablaufs d. technolog.Vorgänge im Obst- u. Weinbau 09-0403.

K é g l , J. u. P a j z s , A., Laboratoriumsübungen zur Landmaschinenlehre /07-0024/.

K e i c h e r , W., Laufstallhaltung mit Liegeboxen in d.LPG Görke 04-0354.

K e i n e r , E. s.Maltry, W.

K e l m , H.D., Schwingungsuntersuchungen an Schleppersitzen 06-0160.

K e l ' š t e j n , D.M., s. Jazik, A.V.

K e m e l e v , A.A. s.Karambirov, N.A.

K e m p , J. u. B o r r m a n n , K.-D., Aufgaben u.Arbeitsweise d.RTS für Innenwirtschaft 07-0349.

K e m p , J.G. s.Bigsby, F.W.

K e m p e n , H.M. s.Miller, J.H.

K e n n e d y , M., Landwirtschaftl. Brückenbau 05-0647.

K e n n e l , Wie kann ein Forstbetrieb seine Ertragslage bessern? 09-0452.

K e r e n s k i , S., Anschwemmungen an oberen Haltungen d. Dämme in Gebirgsbächen 06-0518.

K e r n , E., Entwicklungsarbeiten auf d.Gebiet d.Technik im Weinbau 06-0398.

K e r n , J., Naphtaverbrauch beim Holzrücken mittels Traktor "TDT -40" 07-0473.

Abwicklung d.Seiles v.d.Winde in d.Bestand, die schwierigste Arbeit beim Holzrücken u. die Möglichkeit ihrer Verbesserung 07-0474.

K e r r , R.W., Kunststoff-Rollenketten 03-0024.

K e r s s e n , M.C., Verteilung d.Bekämpfungsmittel b.Ausbringen mit Flugzeugen 01-0541.

K e r s t i n g , E., Laboruntersuchungen an Granulaten u.Geräten 01-0550.

Stand d.Mechanisierung d.Zuckerrübenernte 05-0298.

K e s s e l ' , I.V., Universalmaschinen für d.Holzeinschlag 03-0419.

K i e n e , W., Kraftstoffzusatzmittel bei Dieselmotoren 02-0090.

Kraftheber in d.Techn.Prüfung v.Ackerschleppern u.seine Hubkräfte im Dreipunktanbau d.Geräte 03-0101.

Der Motor im Rahmen d.Techn. Prüfung v.Ackerschleppern 06-0128.

Marken-Kraftstoff-Zusatzmittel 06-0133.

K i e r u l , Z., Getreideernte mit d.Mähdrescher, Trocknung u.Lagerhaltung 04-0241.

Mechanisierung d.Produktion u. die Spezialisierung sowie Vereinfachung d.landwirtschaftl. Betriebe 05-0043.

Mechanisierung d.Futtergewinnung 07-0250.

K i e ß l i n g , B., Einsatz d. Druckpresse in d.Heuwerbung /05-0313/.

K i j o w s k a - K u s k e , W., Technik d.Kalkens d.Böden 08-0141.

- u. O l s z e w s k i , T., Mechanisier. d. Heu- u. Grünfutterernte /02-0417/.

Mechanisier. d. Heu- u. Grünpflanzenernte /07-0313/.

K i l c h e r , H., Entwicklung d. Geflügelmast im Gebiet d.SEG - Basel 05-0386.

K i l c h e r , M.R. s.Bigsby, F.W.

K i l a n d e r , K., Analyse d. Abtriebskosten 02-0629.

Forschungs- u.Entwicklungsarbeit für d.forsttechn.Rationalisierung 05-0510.

Rationalisierung 05-0512.

Mechanisierungsmöglichkeiten 06-0445.

K i l a n o w s k i , K., Leistungssteigerung b.d.Harzgewinnung 01-0512.

K i m , V. u. Š e l k o v n i k o v , S., Festigkeit v.Silospeichern 04-0677.

K i n g , E., Zur Klimatologie d. thermischen Wirkungsgrades v. Mattenkühlungen in Gewächshäusern 03-0360.

K i n g , K.M., S h e a r d , R.W. u. M i l l e r , M.H., Schaffung eines tägl.sinusähnl.Temperaturverlaufes im Gewächshaus 07-0426.

K i n g , L.G. s.Jensen, M.C.

K i r c h , J.H., Gehölzbekämpfung in d.USA 01-0477.

K i r i č e n k o , G.S. s. Ovčinnikov, N.N.

K i r i l l o v , L.I. s.Galkin, M.A.

K i r j u c h i n , A.M., Fließband bei d.Ernte /02-0182/.

K i r j u š a t o v , A.I., Korrekturvorrichtung für Diesel-Einspritzpumpen 07-0082.

K i r k i n , S.F. s.Pečenkin, V.E.

K i r k o v , V., Mechanischer Abtransport v.geernteten Weintrauben 03-0374.

K i r n , H., Nachtstromspeicherheizung, eine vollkommene Heizung 01-0401.

Elektroherde, elektr.Heizgeräte 08-0273.

K i r p i č e v , G.S. u. S t e b l j a n k o , V.S., Kultivator zur Pflanzenpflege in Reihen 03-0413.

K i r t b a j a , Ju. u. K o z i n e c , M., Selbstfahrender Chassis "SŠ-75" in d.Waldsteppen-Zone 01-0082.

K i r t b a j a , Ju.K. u. Š e j k o , E.P., Technologie d.mechanisierten Terrassenbaus 07-0172.

K i s t e ñ , G.E., Automat.Steuerung v.Transformatoren 02-0081.

K i s e l e v , I.I., Theoret. Grundlagen d.Schnellpflügens 04-0179.

Theorie d.Entwerfens v.Schnellschlepper-Landmaschinen-Aggregaten 06-0109.

K i s e l e v , Ju.V. s.Piir, A.I.

K i s l o v , V.G., Einspritzpumpe für d.Dieselmotoren 01-0061.

K i s t e n f e g e r , J., Teilmechanisierte Grabenreinigung mit d.Neckarschwarzacher Grabenpflug 03-0404.

Maschinelle Entrindung von Kiefern-Grubenlangholz 03-0436.

K i t a š e v a , V.F. s.Teslenko, I.I.

K i t t l e r , G.A., Das Problem d.Hochäcker 06-0213.

K j e l g a a r d , W.J. s. Gustafson, A.S.

K j e l g a a r d , W.L., H o r n e , B.S. u. W a s h k o , J.B., Ernte v.gedrilltem Mais als Grünhäcksel oder Silage 07-0255.

K l a n č i k , J. s.Veselý, M.

K l a s s a n o f f , M., G r a t z , W. u. K l i n k , G., Landwirtschaftl.Bauen in d.Volksrepublik Bulgarien 04-0596.

K l e b l e e v , L., Erbsenernter "MRM-2,2" 01-0292.

K l e c k i n , M.I., Zweiphasen-Futterrübenernte 04-0274.

Fragen d.universellen Ausführung v.Landmaschinen 06-0029.

K l e m e n t ' e v , K., Stand u.Perspektive z.Mechanisier. d.Ernte v.Silopflanzen 02-0308.

K l e m e n t ' e v , K.V. u. B u l ' b o , V.I., Druckmessungen in d.Ölleitungen v. Hydrauliksystemen 06-0156.

K l e m e n t ' e v , V.K., Verbesserung d.Mähdreschers "SK-2,6" 08-0175.

K l e m p e r t , Verwendung v. Hochofenschlacke beim ländl. Wegebau 03-0466.

K l e p a c k i , W., Mechanisiertes Vereinzeln d.Zuckerrüben 04-0208.

- u. J a n i k o w s k i , W., Wie bedient man sich d.technolog.Karten 09-0052.

K l i e f o t h , F., Zweck u. Grundlagen d."Berichtes für d. Landwirtsch." zum KTL-Schleppertest 06-0106.

K l i e t z , H. s.Olbertz, M.H.

K l i m o v , A.A., Lineare Programmierung bei d.Lösung v. Aufgaben d.ländl.Elektrifizierung 03-0057.

K l i m o v , G.B., Mechanisier. d.Aushebens d.Pflanzenmaterials in Forstbaumschulen /01-0486/.

- u. P o z i l o v , E.I., Mechanisierung d.Kulturpflege auf ungerodeten Schlagflächen 03-0407.

K l i m o v , S. u. K a r a b a n o v , S., Rekonstruktion u. Auslastung v.Getreidetrocknungsanlagen 04-0313.

K l i n g e r , G., Spezialmaschinen zur Mechanisierung d.Gemüse- u.Obstbaues 04-0455.

Gemüseerntefördérband "T 010" 04-0470.

Zwiebelputz- u.Sortieranlage "B 902" 07-0434.

s.Stein, W.

K l i n k , G., Abferkelstall für 30 ferkelführende Sauen 04-0664.

s.Klassanoff, M.

- u. S e e l , H., Verbesserung d.Stallklimas in Abferkelställen durch Luftheizungsanlagen 08-0452.

K l i n k a u , G. s.Maltry, W.

K l i n n e r , W.E., Transportabler Ballenlader u. -förderer "Portaveyor", N.I.A.E.-Test 08-0171.

- A s p i n w a l l , J.S. u. P h i l l i p s o n , A., Gloster Futtermähladder "Mk II" mit einem Leitkanal für d.Heuernte ausgerüstet (Reihenmuster) N.I.A.E., Test 06-0272.

- u. H e p h e r d , R.Q., New Idea "E 101" Düngerstreuer, N.I.A.E. - Test 07-0221.

Bodenfräse Landmaster "Mark 650", N.I.A.E. - Test 02-0226.

Mähdrescher Claas "106", N.I.A.E. - Test 02-0363.

K l j a t i s , L.M., Schleuderdüngerstreuer 08-0139.

s.Chajlis, G.A.

K l j u č n i k o v , A.I. u. T o k a r e v , T.M., Vollmechanisierung d.Anbaus u.d. Ernte v.Sonnenblumen /05-0315/.

K l j u š i n , G.V., Kreis- u. Lineardiagramme f.Elektrowärmeanlagen 07-0073.

K l o e p p e l , R., Gebläseleitungen aus Plastikschläuchen? 03-0257.

Ladewagen? Nein! 05-0249.

K l o s e , W., Haldenslebener Bündelverfahren 04-0526.

K l o s s u. O s t e r l o h , Kettensägen unter bes. Berücksichtigung ihres Einsatzes auf Rundholzplätzen von Sägewerken.I. 04-0531.

K l o s s , R. s.Fischer, R.

K l o t h , W., Problematik d. Festigkeitsvorhersage v.Bauteilen 09-0034.

K l u g , A., Kombi-Mischer, Typ F 928, VEB "Fortschritt", Erntebergungsmaschinen,Neustadt/Sa., Prüfbericht Potsdam-Bornim 03-0283.

Kontinuierliche Dämpfanlage "F 403", VEB Dämpferbau Lommatzsch, Prüfbericht Potsdam-Bornim 03-0284.

Benzinbandrolle für d.Antrieb d.Universalförderers, VEB Landmaschinenbau Falkensee, Prüfbericht Potsdam-Bornim 05-0166.

Benzinbandrolle für d.Antrieb d.Universalförderers, Prüfbericht Potsdam-Bornim 08-0093.

- u. M ü l l e r , M., Studienreisebericht ČSSR - Prag v. 9.12. bis 15.12.1963. Studienprogramm: Entnahme- u.Verteileinrichtungen für Gärfutter im prakt.Einsatz /08-0244/.

K n a b e , H. u. Z u n k , S., Hygien.Gestaltung ländl.Siedlungen, Hygiene-Schutzgürtel zwischen Wohn- u.Stallkomplexen 05-0639.

K n a p , J., Lüftung v.Schweinemast- u.Vormastställen 07-0578.

- u. J e l i n e k , T., Mikroklima in Schweineställen u.Berechnung d.Wärmebilanz u.Lüftung /02-0759/.

K n e i p p , O., Einsatz v.Kunststoff-Folien im Gartenbau 06-0420.

Kunststoffe im Gartenbau /08-0316/*.

K n i e l y , "Erfahren" - in Schweden 02-0775.

K n o b l o c h , H., Verlegen v. Kunststoffrohren 02-0583.

Dränung mit neuen Möglichkeiten 04-0140.

Kunststoffrohre - einfach verlegt 04-0623.

K n o c h , K., Wie steht es um die Frostschadenverhütung im Weinbau 03-0381.

Rückblick auf d.45.Deutschen Weinbaukongreß u.d.Industrieschau in Mainz 03-0389.

Industrieschau auf d.45.Deutschen Weinbaukongreß 05-0501.

Technik für d.Weinbau. II.Industrieschau auf d.45.Deutschen Weinbaukongreß 08-0330.

K n o l l , E., Transporttechn. Probleme bei Verteilung v. breiigem Futter 03-0295.

Werkstoffe in Landmaschinen 05-0025.

K n o l l , G. s.Hörer, R.

K n o l l e , W., Rübensaatgut u. seine Bedeutung für Arbeit u. Ertrag 06-0244.

K n u d s e n , F., Entrindung - eine Transportfrage 05-0561.

K o b a , V.G. u. Š v e j c a r o v , L.L., Mechanisier.v. Geflügelställen im Gebiet Saratow 02-0504.

K o b a r o v , V.A. u. R u m j a n c e v , E.K., Handbuch für d.Mähdrescher "SK-3" u. "SK-4" /05-0314/.

K o b č e n k o , N., Traktorlenkung nach Visier 01-0097.

K o b l e t , Besuch d.OLMA 1963 05-0500.

s.Peyer, E.

K o č e n e n k o , D.V., Schwadmäher Typ "ŽRS-4,9" f.hohe Geschwindigkeiten 01-0229.

s.Kalamin, A.I.

- u. V o r o n o v , Ju.I., Umlaufende Trennvorrichtung für Hackfruchterntemaschinen /02-0435/.

K o č e r g i n , L., Stahlbeton-Montageteile für Siloanlagen 01-0616.

K o č e r y g i n , Ju.I. s.Meržvinskaja, E.P.

K o č e v , K., Beregnungstechnik beim Düngen 04-0162.

K o c h , E., Vollmechanisierte Kartoffelscheune im VEG Warbende 01-0329.

K o c h , G., Möglichkeiten u.Grenzen d.Wandlungsfähigkeit v. Wirtschaftsgebäuden 03-0505.

K o c h , H., Anerkannte Pflanzenschutzgeräte u. -geräteteile (Auszüge aus d.Prüfungsberichten 1962 u. 1963) I. - 09-0507.

K o c h , R. s.Meinhold, K.

K o č í , J., Übertragbare Bauten aus plast.Stoffen 04-0655.

K o č i, Jaroslav, Mechanisierung d. Samenrübenpflanzung 03-0164.

K o c j a n , H. s.Grzegorzak, A.

K o c s i s , K. s.Goffa, A.

K o c z w a ń s k i , S., Bauwesen für Forsttechniker /06-0519/.

K o d e n k o , M.N. s.Lebedev, A.T.

K o d o č i g o v , D.I. s.Pečenkin, V.E.

K ö h l e r , E., Konstruktion u. Preisgestaltung 03-0508.

K ö h l e r , H.-J., Säen im Quadratverband 01-0184.

Auslegen v.bodenbedeckenden Folien für landwirtschaftl.Kulturen 03-0165.

Einspeisen d.Pflanzen b.Pflanzensetzmaschinen 01-0198.

K ö h l e r , H., Marktgerechte Sortierung v.Speisekartoffeln 01-0331.

K o e k e b a k k e r , F., Landwirtschaftscode zur Klassifizierung d.Landwirtschaftsliteratur /09-0025/.

K ö l b e r , L., Arbeitsproduktivität in einigen Pflanzenbauzweigen d.Staatsgüter /07-0054/.

K ö m m l i n g u. S c h e i n , Erntekette ermöglicht eine hochproduktive Gemüseernte 09-0438.

K o e n , J., Unterdruckvorrichtung z.Kraftstofftanken d.Traktoren 02-0139.

Maschine zum Ernten v.Steckzwiebeln 06-0434.

K ö n e k a m p , A.H., Silowirtsch. im zukünftigen Futterbaubetrieb /04-0344/.

K ö n i g , Wegenetzplanung, Beispiel d.Landes Nordrhein-Westfalen 04-0574.

K ö n i g , A., Mechanisier.d.Innenwirtsch. 06-0341.

K ö n i g , D., Anhängen d.Kühe - leicht gemacht 03-0280.

Lüftung v. Milchviehoffenställen, dargestellt an Untersuchungsergebnissen in d. LPG "Thomas Müntzer", Burgstädt, Kr. Karl-Marx-Stadt 05-0372.

Instandhaltung im VEG Saatzucht Salzmünde 06-0034.

K ö n i g , E., Möglichkeiten u. Grenzen d.Hubschraubereinsatzes zur Verhütung v.Schneeschäden 09-0473.

K ö p n i c k , W., Untersuchungsergebnisse zu Fragen d.Maschineneinsatzes u.zu Formen d. Arbeitsorganisation in LPG Typ III d.Bezirke Rostock, Schwerin u.Neubrandenburg aus d.Jahre 1963 09-0054.

K ö r b e r , F., Stromversorgung immer ein Problem 01-0417.

K ö r n e r , M., Baugruppensystematik Landmaschinen u.Traktoren 02-0039.

s.Mann, G.

K ö r n e r , W., Baul.Entwicklung d.Unterdachlagerung in Hannover 09-0598.

K ö s t e r , H. s.Olbertz, M.H.

K ö s t l i n , A., W a n d e r , J.F. u. B a l t z e r , K., Wirtschaftsgebäude in d.Landwirtsch. als Betriebsmittel /06-0539/.

K ö t t e r i t z s c h , H. s. Adams

K o g a n o v , A.B., Berechnungsmethoden v.Fließbändern bei d. Ernte 04-0239.

K o h l s t o c k , N. u. H e n k e l, W., Planung u.Ausführung eines Dickungsaufschlusses 08-0339.

K o h n , M., Strohbergung 06-0294.

K ó j č u , L.S. s.Rozental', Ju.G.

K o ł a k o w s k i , A., Entwicklungsrichtungen d.Technologie in d.Schlepper-u.Landmaschinenindustrie 06-0009.

K o l á ř , K. u. S o u h r a d a , J., Bewertung verschied.mechan. Melkverfahren 01-0367.

s.Velebil, M.

K o l á ř , Z., u. Ž á k , K., Funktionsgerechte Pflugeinstellung für d.Qualitätspflügen 1.Mitt. 08-0125.

K o l č i n , N.N., Maschinen für d.Aufbereitung v.geernteten Kartoffeln 02-0477.

K o l e g a , J.J., Fotografische Ausrüstung 03-0053.

K o l e s e n k o v , K.D., Arbeit d.erst rodenden u.dann köpfenden Rübenvollerntemaschinen bei erhöhten Geschwindigkeiten 08-0191.

K o l e s o v , L.V., Programmierungsgerät für elektrodynam.Modelluntersuchungen d.Regler v. Anbaumaschinen 07-0058.

K o l l , F., Stallbauten für Rinder, Schweine u.Geflügel /01-0601/.

Schweinestallausbauten in alten Gebäuden 02-0753.

Rinderställe, Anhängesysteme f.Kurzstandaufstallungen 04-0352.

Außenputz 04-0604.

Praxis d.Außenverputzes. Arten u.Technik d.Außenverputzes 04-0615.

Rinderställe - Kurzstandaufstallungen 04-0651.

Rinderställe - Mittellangstand-Aufstallungen 08-0486.

K o l l m a n n , K. u. R a d e r m a c h e r , K., Instationär belastete zylindr.Gleitlager 06-0096.

K o l o b o v , E. s.Nekrasov, R.

K o l o s k o v , V.P. u. S o k o l o v , L.V., Flößholz-Bindeaggregat 08-0390.

K o l o t u š i n , A.S. u. S i n j a g o v s k i j , I.S., Tragfähigkeit dünnwandiger Druck- u. Biegungselemente am Rahmen landwirtsch.Maschinen 02-0040.

K o l p a k o v , V.V., Methodik d.Wasserbilanzierung zur Regulierung d.Wasservorräte im Boden u.zur Festsetzung d.Bewässerungstermine u.-normen für landwirtschaftl.Kulturpflanzen 04-0157.

K o l p i n , Tandem-Schlepper 05-0110.

K o l t a y , I. s.Lehoczky, L.

K o l t a y , J. s.Lehoczky, L.

K o l y s c h e w , P., Aufbereitung v.Körnerfrüchten nach d.Ernte u. zur Lagerung 07-0325.

K o l y š e v , P.P., Reinigung u. Trocknung v.Bohnen /09-0326/.

K o m a n o v , L.I. s.Preobraženskij, N.I.

K o m a r o v , L.I., Hauptdaten d. Häckslerschlegels 08-0163.

K o m i s s a r č u k , A.M. s. Jarmaševič, Ju.I.

K o m i s s a r o v , P.M., B a r l a m o v , G.P., F i l i m o n o v , S.I. u. S t r o ž e v s k i j , V.I., Mechanisierung d. Pflaumenernte 05-0488.

K o m i s s a r o v a , V.A., Stabilisierung v.Holzabfuhrstraßen 08-0407.

K o n o z a k o w s k i , T.u. S t u s , S., Stationäre Grünfuttertrocknungsanlagen 03-0250.

K o n d r i t z , A. s.Plaetschke, J.

K o n i n g , K. de, Ernten v.Erbsen für d.Konservenindustrie 02-0412.

Vermischung v. Saatgut 03-0218.

Die maschinelle Ernte v. Bohnen für d. Konservenindustrie 03-0241.

Mäh- u.Aufsammeldrusch v.Grünerbsen für d.Konservenindustrie in England 09-0433.

- u. H o o g e n d o o r n , N., Ernten v.Grünerbsen für d.Konservenindustrie 04-0285.

- u. W e s t e i n d e, R.L. van 't, Schwaddreschen v. Erbsen 03-0213.

Aufsammeldrusch v.Erbsen /04-0292/.

K o n j u c h o v , R.N., Saat- u. Düngemaschine 02-0250.

K o n j u s k o v , E.N. s.Ul'rich, N.N.

K o n o n o v , B.V. u. U l ' j a n o v , Ju.A., Vibrations-Futterverteiler 06-0354.

K o n o w r o c k i , A., Technolog. Karten in d.Landwirtsch.05-0044.

Maschinen u. Werkzeuge für d. Ackerbau /02-0174/.

K o n t a f , V.A., Erzwungener Niederschlag d.Bekämpfungsmittel bei Flugzeugeinsatz 03-0486.

K o o m a n s , P., Neues automat. Fütterungssystem für Schweine 03-0293.

K o o y , J.G.v.,Grundlegende Aspekte d.Konservierung durch ionisierende Strahlen 03-0340.

K o p e v , E., Maschinen für d. Entwässerung v.Moorböden 05-0191.

K o p e v , I.P., Trocknen v.Leinsamenkapseln mit Warmluft 04-0342.

K o p p , D., Arbeitsverfahren d. forstlichen Standorterkundung im Nordostdeutschen Tiefland /04-0489/.

K o p y l e v i č , A.I., Halbautomat.Ausform-Taktstraßen in d. Betrieben d.Bezirkes Krasnojarsk 07-0470.

K o p y l o v , M.K., Fangkabine für Traktoren in England 01-0113.

s.Jasenevič, V.E.;

Mičkin, I.A.

K o r b k i n , I., Planung u.Bau v.Kolchosen u.Sowchosen Belorußlands 05-0642.

K o r d í k , E., Nachbehandlung u. komplexmechanisierte Anwendung v.mineral.Düngemitteln 06-0236.

K o r e l l a , K., Waschmaschinen für jeden Haushalt 02-0569.

Bügelmaschinen für d.Haushalt 05-0448.

Geschirrspülmaschinen für d. Haushalt 06-0381.

K o r e n e n k o , E.S., Kraftfahrzeuge mit erhöhter Geländegängigkeit für d.Durchführung landwirtschaftl.Arbeiten 03-0081.

K o r e ň k o v , V.A., Tendenzen bei d.Entwicklung v.Rübenvollerntemaschinen 02-0402.

K o r o b e j n i k o v , A. u. L o k t e v , L., Erfahrungen bei d.Verwendung d.Kartoffelvollerntemaschine "KGP-2" für d.Zuckerrübenreinigung 03-0271.

Kartoffelvollerntemaschine "KGP-2" bei d.Nachreinigung d. Zuckerrüben 05-0294.

K o r o b o č k i n , I.V. u. R a j c h l i n , C.M., Digitale Rechenautomaten u.Elektronenrechentechnik für d.Entwickl. landwirtsch.Meßgeräte 01-0028.

Automat.Registrierung d.Schleppermotor-Arbeit 04-0095.

K o r o l e w , W.F., Melkmaschinen u.deren Anwendungsverfahren 09-0362.

K o r o t k o v , V.P., Einführung d.Internationalen Systems d.Maßeinheiten in d.UdSSR 03-0020.

K o r s a k o v , A.A., Komplexeinrichtungen für d.Geflügelzucht 02-0506.

K o r·y c k i , T., Möglichkeiten für gesundheitl.Schäden beim Um- u.Verladen v.Düngekalk 08-0144.

K o s a r č u k , A.N., Reibungskoeffizienten zwischen Boden u. Stahl 02-0211.

K o s e k u.a., Steigerung d. Arbeitsgeschwindigkeit v. Traktoren-Aggregaten /03-0108/.

K o š e k , V., Mechanisier.d. Auf- u.Abladens landwirtsch. Güter 02-0157.

K o s h e w n i k o w , J., Internat.Vergleichsprüf.v. Rübendrillmaschinen 01-0187.

K o š k i n , L.K. s.Volkov, B.G.

K o s k u b a , K., Kornaufschüttdichte 04-0325.

K o s t a d i n o v , G., Verbindung d.landwirtschaftl.Produktion mit d.industriellen Verarbeitung eines Teiles ihrer Erzeugnisse 04-0005.

s.Rančev, I.

K o s t e l i j k , S., Zentrale Heizung im Gartenbau - ökon. gesehen 07-0424.

K o s t o v , N., Ergebnisse d. Pflegehiebe in d.jungen Eichenwäldern im Strandsha-Gebirge 09-0471.

K o s t o v e c k i j , I.M., Mähdruschernte mit Häckseln d.Strohes 05-0263.

K o s t r o v , P., s.Mokšin, P.

K o s t y á l , M., Körnerreinigungswerk d.Mähdrescher /08-0177/.

K o s w i g , M., Ährenmähdrusch - ein neues Verfahren z.Rationalisier.d.Getreideernte 01-0233.

K o s w i g , N., Prüfungsberichte aus d.Inst.für Landtechnik, Abt. Maschinen d.Forstwirtsch. Potsdam-Bornim 06-0470.

K o t e l j a n e c , V.I., Ökonomik d.Transportes in d.Landw. /07-0153/.

K o t i k , M.G., Engl.-russ.aerodynam.Wörterbuch /05-0158/.

K o t o v , P.S. s.Nikolaev, Ju.A.

K o t o v i č , O.E., Stand u.Perspektiven d.Einführung v.gebogenen Profilen im Landmaschinenbau 01-0014.

Ernte- u.Dreschmaschinen für Gemüseerbsen. Konstruktion, Theorie u.Berechnung /07-0437/.

K o t u l á k , V., Mechanisier.d. Materialtransportes b.Aufbau d. forsttechn.Meliorationen 01-0473.

K o u k a l , Komplexmech.Bau eines Bewässerungskanals 02-0199.

Neuzeitl. Technologie beim Bau v. Bewässerungsgräben 08-0117.

K o v a č e v , S., Schneidepresse "VRP-1,25" zur Herstellung v. Erdwürfeln in Frühbeeten 08-0296.

K o v á c s , A., Wirkung d.period. /Rotations-/ Mähens auf d.Menge u.Qualität d.Luzerneheus sowie auf d.Arbeitsorganisation bei d. Ernte 09-0255.

K o v a l ' , I.A., E r e m e n k o , B.S. u. D i d e n k o , A.M., Dieselmotor "SMD-14" 01-0084.

K o v a l e n k o , G.G. u. G a l a j , E.G., Mechanisier. d. Vermehrungsmaisernte 07-0288.

K o v a l e v s k i j , V., Biogasanlagen 02-0097.

K o v a l i n , D.T., Führende Technik u.Technologie d.Aufforstung u.d.Holzeinschlages als themat. Ausstellung auf d.Unionsausstellung in Moskau 02-0686.

K o v č i n , S.A., L u f e , A.B., P r o z o r o v , V.A. u. R u d a k o v , V.V., Automation landwirtschaftl.Maschinen u.Anlagen /06-0011/.

K o v l e r , B., Melkkarusselle 02-0548.

Fächerförmiger Melkstand 02-0549.

Karussellmelkstand /02-0560/.

K o v r i g i n , V.D., Besonderheiten d.Industrietraktorenentwicklung im Ausland 05-0082.

- L e v i k o v , G.A. u. M o k š a n c e v , F.P., Traktoren d.kapitalist.Länder /05-0151/.

K o w a l d , R., Stoßfugen normaler Tondränrohre 04-0144.

Dränrohrfilterverfahren 05-0190.

K o z a l i e v , G. s.Teocharov, V.

K o z e l , P. s.Kukta, G.

K o z e r a , S., Sortiment d. Landmaschinenindustrie 1963 04-0592.

K o z e r l o , S.D., Schweinestall mit rundem Freßraum 06-0587.

K o ž e v n i k o v , P.A. u. M e l ' n i k o v , S.S., Zangenlader in d.Wäldern d. Gebietes Krasnorjarsk 03-0448.

K o ž e v n i k o v a , N.F. s. Smirnova, I.S.;

s.Vodjanickaja, Ž.

K o z i n e c , M. s.Kirtbaja, Ju.

K o z l i k o v , M.F., S m i r n o v , A.L. u. A r b u z o v , I.P., Mechan.Antriebe d.Schubstangen-Transportanlagen 07-0361.

K r a b b e , W., Elektr.Haushalt wandelt alte hauswirtschaftl. Begriffe 08-0266.

K r ä g e l o h , H. u. J o r d a n , D., Trocknung u.Belüftung v.Erntegütern 04-0673.

K r ä m e r , K. u. S c h m i d b a u r , A., Elektrische Bodenheizung im Freien 04-0422.

K r ä n t z e r , K.R., Einordnung v.Küche, Hausarbeitsraum u. Eßplatz in d.Wohnungsgrundriß 03-0527.

K r a g g e r u d , H., Schweinsställe. Anleitung für d.Bau u. die Einrichtung gesunder Zucht- u.Mastställe /05-0694/.

Einfluß d.Schweinestalles auf d.Wirtschaftlichkeit d.Schweinemast 07-0577.

- u. G j e r d e , I., Kosten für d.Bau v.Ställen für Legehennen 07-0588.

K r a g t w i j k , C. u. K r o o n , H.de, Spatenmaschine auch im Zierpflanzenbau brauchbar 01-0424.

K r a h n s t ö v e r , K., Brennstoffeinsatzkosten in Abhängigkeit v.Standort u.d.Brennstoffart bei Verwendung gußeiserner Gliederkessel 05-0482.

K r a m e r , Chem.Böschungspflege 08-0115.

K r a m e r , D., Techn.Durchführung d.chem.Entkrautung 06-0201.

K r a s n i k o v , I.I., Zusatzvorrichtung zum Mähhäcksler "SK-2,6" für d.Beimischung v.Karbamid zum Silofutter 05-0246.

K r a s n o b r y ž , S.M., Maschinelles Verhacken u.Zwischenreihenbearbeitung mit großer Geschwindigkeit 08-0156.

K r a s n o v , V.S. u. S y r o v a t k a , V.I., Veränderung d.Getreides in d.Hammermühle 05-0388.

K r á t k ý , A., Kornbearbeitung bei Mähdrescherernte 09-0311.

K r a u p n e r , Z., Flachsraufmaschinen mit Bindevorrichtung "TLZ-V-4" 07-0289.

K r a u s , R., Wirtschaftl. Maschinenverwendung im Weinbau. Flurbereinigung ist d. Grundlage 04-0457.

Moderne Maschinentechnik im Wein-, Obst- u. Gartenbau 01-0461.

Moderne Maschinentechnik im Wein-, Obst- u.Gartenbau. Veitshöchheimer Maschinentag 05-0502.

K r a u s , W. u. G i e r s i e p e n , G., Zerkleinern 01-0031.

K r a u s e , H., Entwicklungs- u. Produktionsprogramm d.Landmaschinen- u.Traktorenbaues u.Maßnahmen zur Steigerung d.Bodenfruchtbarkeit in d.Landwirtsch.05-0005.

K r a u s e , V., Einsatzmöglichkeiten v.Straßentransportfahrzeugen in landwirtsch.Betrieben 02-0148.

Voraussetzungen u.Grenzen für d. Einsatz v.Lesepersonen an Kartoffelsammelrodern 02-0387.

K r a u s p , V.R., Nachttarif für Elektroenergie in d.Landwirtsch. 02-0077.

s.Berliner, M.A.;

Budzko, I.A.;

Ul'rich, N.N.

K r a v č e n k o , V., Spaltenböden in Stallbauten 08-0475.

K r e c k , H.-J., Das elektr. Kochen im Haushalt 05-0438.

Zeitgemäße Küchen u.Bäder im Altbau 07-0374.

K r e h l , H., Dokumentation u. Reprographie 05-0022.

K r e i n e r , H., Tankabholung d.Milch v.Sammelstellen 06-0363.

K r e i t m e i e r L.J., s. Meincke, K.

K r e j n d l i n , L.M. s. Begidžanova, A.P.

K r e j s l e r , A.A. u. P l u ž n i k o v , A.I., Entwicklungsstand u. -perspektiven v.hydraul. Traktorgetrieben 05-0121.

K r e l l , A., Falsche Arbeitstechnik beim Baumfällen 09-0480.

K r e l l , K.-H., Notwendigkeit v. Blitzschutzanlagen auf Hochbauten 04-0617.

K r e m e r , F.W. s.Platter, T.,

K r e m p , H.-J. s.Ihle, G.

K r e m p , J., Zweites Internat. RGW-Seminar zu Fragen d.Instandhaltung 06-0032.

K r e p e l a , W., Brandentstehung durch landwirtschaftl.Maschinen 03-0040.

K r e s i n , K., Technolog.Studie zur Herstellung v.ringförmigen Elementen aus Plasten mit dünnen ferromagnet.Schichten zum Rechnen u.zum Speichern v.Informationen 09-0024.

K r i e n k e , C.F., Neuzeitliche Zentralheizungsanlagen mit Heizölfeuerung 03-0326.

Moderne Ölfeuerstätten 08-0268.

K r i e w s , J., Grundlagen d. Hühnerstallbaues 03-0544.

K r i j g s m a n , H.K. u. L o o k e r e n C a m p a g n e , P.van, Paletten für Obstbaubetriebe 04-0448.

K r i l , R., Mastenbauweise im Bezirk Neubrandenburg 04-0612.

Grobkeramik für landwirtschaftl. Bauten 08-0441.

K r i s c h e r , O., Wissenschaftl. Grundlagen d.Trocknungstechnik /05-0361/.

K r i s t i a n s e n , E.R., Wirtschaftsgebäude, wie sie gebaut werden, gebaut werden können u.was sie kosten 01-0575.

K r i v e n k o , P.M. u. G a l u š k o , F.L., Experimentelle Untersuchung d.Kinematik d.Einspritzventils v.Kraftstoff-Einspritzpumpen 03-0063.

K ř i v k a , K., Universalseilbahn v.Frýdlant 07-0476.

K r i v o g u b e c , A. u. P r o k o p č u k , I., Erfahrungen bei d.Aufforstung v.Steinfeldern in d.Karpaten 07-0458.

K r i v o š e e v , V.K. u. F o n i n , A.N., Geschwindigkeitserhöhung v.Mähaggregaten 05-0257.

K r i v o v j a z , S. u. M a t e v , C., Techn.Elemente für d.Furchenbewässerung 06-0207.

K r j u g e r , , Ju. s.Dil'din, M.

K r o c h m a n n , J., Vereinfachte Tageslichtberechnung /07-0517/.

K r o e s b e r g e n , E. u. J a n s e n , J.H., Fahrsiloprojekt im Gebiet d.Veluwe 02-0443.

K r o h n , H., Stallklima im Zusammenhang m.baul.Maßnahmen 02-0502.

K r o k o w s k i , A. s.Viscardi, K.

K r o l , B., Aspekte d.Konservierung v.Fleisch u.Fleischwaren 03-0341.

K r o l i s , K.E. u. G i l s t , W.J.van, Maschinen für kulturtechn.Arbeiten in d.Niederlanden 5.Mitt. 07-0197.

- u. O v i n g , R.K., Betriebsvergleich einer Anzahl landw. Lohnbetriebe u.Maschinengemeinschaften 03-0042.

Ergebnisse v.landwirtschaftl. Lohnbetrieben u.Maschinenkooperationen 09-0055.

K r o n e n b e r g , H.G., Maschinelle Ernte v.Schwarzen Johannisbeeren 01-0441.

Mechan.Obsternte mit Hilfe eines Schüttlers 07-0428.

Mechanisierung d.Obsternte 09-0435.

K r o o n , H.de s.Kragtwijk, C.

K r o p p , L.I., Serie d.Einheitsprojekte für Saatgut-Bereitungs- u.Trocknungsanlagen 05-0326.

K r š e m i n s k i j , V. s.Lun, L.

K r ü g e r , H. u. F r e i t a g , H., Entwicklung einer automat. arbeitenden Schleppschaufelentmistungsanlage u. deren Einsatz in einem Schweinestall 05-0398.

-u. T s c h i e r s c h k e , M., Mechanisierung d. Fütterungsarbeiten im Schweinemaststall 06-0358.

K r ü g e r , Horst, Stroh-Stallmistkette als aktuelle Aufgabe d. Betriebsplanung 06-0358.

K r ü g e r , R., Neuerungen auf d.4.Intern.Kunststoff-Fachmesse 1963 in Düsseldorf v.12.bis 20.Oktober 04-0028.

K r ü g e r , W., Programm zur Mechanisierung d.Milchgewinnung unter Berücksichtigung industriemäßiger Produktionsverfahren 07-0365.

Krüssmann, G., Neue Maschinen 09-0409.

Krug, H., Klimatisierung v.Gewächshäusern durch Verdunstungskühlung 01-0435.

Krugljakov, M.L. u. Antonenko, I.Ja., Zukünftige Entwicklung neuer Sä- u. Pflanzmaschinen 09-0221.

Kruglov, M.G., Egorov, Ja.A. u. Dmitriev, V.P., Vervollkommnung einer Motorprüfeinrichtung 05-0064.

Kruglov, N.S. s. Slavin, R.M.

Krummsdorf, A., Landwirtschaft u.Landschaftsgestaltung 05-0643.

Verstärkte Mechanisierung bei d. Anlage u.Pflege v.Schutzpflanzungen 07-0174.

Krupa, A., Verbreitung u.Popularisierung d.Technik in d.Landwirtschaft 05-0006.

Krupp, G., Industrialisierung d.landwirtsch.Produktion 01-0003.

Weiterentwicklung d.landwirtschaftl.Information u.Dokumentation in d.DDR 06-0015.

Krupp, K. s.Adams

Kruse, E.G., Schleusener, P.E., Selby, W.E. u. Somerhalder, B.R., Wirkungsgrade d.Beregnung u.d. Furchenbewässerung 01-0149.

Krusze, N., Transportmittelfrage in individuellen Gemüsebaubetrieben 04-0447.

Krut'kovskij, P., Lagerräume für Mineraldünger 09-0600.

Kruz, A., Berechnung d.Bedarfes an menschl.Arbeit u.Zugkraft in landwirtsch.Großbetrieben /02-0067/.

Krylov, Ju.u. Moiseenko, N., Anbau-Planiermaschine "PDN-10N" 08-0112.

Krysov, A.M., Šil'nikov, N.G. u. Zevachin, L.G., Unzulänglichkeiten an d. Konstruktionen neuer forstwirtschaftl.Maschinen u.Ausrüstungen 07-0451.

Kryštaleva, M.S., Maschinen für d.Selektion u.Saatzucht 07-0500.

Krzemiński, J., Quetschen d.Grünpflanzen 07-0269.

s.Goś, K.

Krzywonos, J., Zustand d. Ställe als Faktor in d.Entwicklung d.Tierzucht 08-0478.

Ksifilinov, C.A. s, Avanesov, J.B.

Kubáček, F., Technik d.Konservierung saftiger Grünfutterpflanzen für d.Winterperiode durch Silieren 03-0121.

Kubal'skij, V. u. Alechin, A., Beladegeräte mit Klauengreifern 01-0503.

Kubarev, A., Beziehungen zwischen d.Leistungsfähigkeit d.Beregnungsaggregates u.d. lichten Weite d.Verteilungsrohrleitung 07-0189.

Kubašák, E., Mechanisierung d.Manipulation v.schwachem Rundholz 07-0471.

Kubíček, J. s.Fic, V.

Kubina, L. s.Ducho, L.

Kučera, V., Technologie d. Strohbergung 09-0284.

Kudláček, A. u. Čermák, J., Nutzung traditioneller landwirtschaftl.Gebäude in Großbetrieben /02-0740/.

Kudrjašov s.Pikušov, A.N.

Kübler, H. u. Essigke, O., Mehrzweckgebäude für d. Landwirtsch., ja oder nein ? 07-0518.

Mehrzweckgebäude für d.Landwirtschaft - ja oder nein? 08-0459.

Kuehl, R.A. s.Graham, J.A.

Kühne, P. s.Adelhelm, R.

Külzow, W., Europäische Haushaltsgeräte 05-0451.

Kuenzi, E.W., Grundlagen einer Sandwich-Konstruktion 02-0719.

Kugel', R.V. s.Dmitričenko, S.S.

Kuhm, M., Problem d.Kolbenbolzens im Kurbeltriebwerk 06-0087.

Kuipers, H., Druckverteilung unter Landmaschinen 04-0131.

- u. Ouwerkerk, C.van, Einfluß v.frühem u.spätem Pflügen auf d.Boden 02-0215.

Kuipers, U., Zuviel schadet, auch bei d.Bodenbearbeitung 03-0144.

Kukta, G. u. Kozel, P., Mechanisier.d.Arbeiten in d. Milchviehwirtsch. 02-0515.

Kulebakin, P.G. u. Aržanych, A.I., Scheiben-Schälpflügen für d.Einsatz bei erhöhten Geschwindigkeiten 05-0202.

- u. Kazakova, I.P., Vergleichende Bewertung v.Grubbern u.Scheibeneggen 06-0229.

Kulebjakin, A.M., Spannbetonplatten als Belag f.Holzabfuhrstraßen 02-0682.

Kulhánek, J., Instandsetzung d.Traktoren /09-0046/.

Kulke, E., Nutzbare u.nicht nutzbare Dächer für Wohnhäuser landwirtschaftl.Betriebe 02-0731.

Neuzeitl.Baugestaltung in d. Landwirtsch. /07-0506/+.

Wohnhygiene im Bauernhaus 08-0471.

Kulow, Kaltbelüftung verhindert Brandgefahren 08-0197.

Kumanov, P., Getreidesilowände v.Gesichtspunkt ihrer Wärme- u.Feuchtigkeitsisolierung 05-0697.

Kunath, L., Trennelemente mit Borstenwerkzeugen 01-0270.

Mechanisierung d.Kartoffellegens im Blickwinkel d.Prüfungen v. 1963 09-0227.

s.Baganz, K.

Kunczyński, Z., Mechanisier.u.Rationalisier.d.Transportes in d.Landwirtsch. /02-0151/.

Kunczyński, Z., Technolog. Karten in d.Landwirtsch.09-0051.

Kundzič, M.M., Automat. Wasserversorgungsanlagen 04-0626.

Kuner u. Heilig, Verfahren zum Rücken v.Schicht- u. schwachen Langhölzern 09-0486.

Kunkel, R., Vereinfachtes Anbaudüngerförderband für d. "Iron Age"-Kartoffellegemaschine 07-0237.

Kuntze, H., Erfahrungen in d. Verwendung v.Kunststoffdränrohren 02-0186.

Verfahren z.Säuberung verockerter Dränanlagen 02-0190.

Kunststoffe in d.Dräntechnik 04-0143.

Einsatz d.Spatenpfluges zur Herbstfurche auf schwierigen Böden 06-0222.

Kunze, P., Müller, W. u. Schmidt, F., Traktoren u.Landmaschinen auf d.IV.Internat.Messe in Brno 08-0428.

Kuonen, V., Bodenstabilisierung mit Kalk im schweizerischen Waldstraßenbau 01-0517.

Ausbau u.Unterhalt v.Waldstraßen 03-0460.

Kupatz, B., Einsatz d.Elektrozaunes in d.Schafhaltung 04-0362.

Kupferschmid, G., Fällen im Starkholz mit Wagenheber 03-0431.

Kupke, R., Elektrosicherheit in d.Landwirtschaft 07-0068.

s.Masche, W.

Kuppelmayr, E., Vereinheitlichung d.Ställe u.d.Haltungssystems bei d.Kontrolle d.Leistung u.Qualität d.Schweine 06-0591.

Kuprianoff, J., Lebensmitteltechnik 08-0275.

Kurbatskij, N.P., Technik u.Taktik d.Löschens v. Waldbränden /01-0515/.

Kurbet, S.A. s.Galkin, M.A.

Kurilov, A.A. s.Lisunov, V.I.

Kurkov, S., Maschinen für d. Zubereitung v.Silagefutter für Schweine 07-0352.

- Ibragimov, N., Syrovatkin, A. u. Zinin, V., Futterzechen mit pneumat.Futtertransport 03-0540.

Kušavin, M.P., Hauptaufgaben bei d.Vereinheitlichung d. Konstruktion d.im Traktorenbau hergestellten Erzeugnisse /05-0148/.

Kušč, L. s.Levitskij, I.

Kusse, A.D., Berechnen d. Röhrendurchmessers für wasserabführende Dränröhren 07-0181.

Kutergin, V.A., Anforderungen an d.Berechnung d.Wasserverbrauchs v.Berieselungssystemen d.hochmechanisierten Feldwirtschaft 06-0209.

Kuthan, J. s.Blažek, J.

K u v š i n o v , J.I., S r e b r - j a n s k i j , A.V. u. G r e b - n e v , V.P., Erfahrungen vom Einsatz d.Traktors "T-40" mit luftgekühltem Motor 05-0095.

K u z , I.V., Erprobung v.Pfropfmaschinen 1962 05-0475.

K u ž , V.I. s.Chmelev, P.P.

K u ž m e n k o , V.A. s.Guškov, V.V.

K u ž m i n , M.V., s.Černyšev, I.N.

K u ž m i n , V.M., So deckt man Reserven auf 04-0519.

K u z n e c o v , B. s.Aleksandrov, V.I.

- u. S l u c k e r , J., Einzelkorndrillmaschinen "2 STSN-6" u. "STSP-6" für Rüben 02-0259.

K u z n e c o v , Ju.A. s.Peskov, V.G.

K u z n e c o v , N.G. s.Ševcov, P.P.

K u z n e c o v , S.V., Bauwesen u.Mechanisierung. Spaltenböden im Kuhstall /02-0758/.

K u z n e c o v , V.I., Bewässerungsnetz für d.Bewässerung mit d.Aggregat "DDA-100 M" 01-0151.

K u z n e c o v a , E., Mechanisierung d.Strohbergung 05-0275.

K u z n e c o v a , M.V., Spaltenfußböden in Schweineställen 07-0574.

-u. C h l e b n i k o v , I.K., Bau u.Rekonstruktion v.Schweinemastfarmen in Westsibirien 07-0579.

K u z n i k , I.A., Agroforstmeliorative Maßnahmen. Frühjahrsabfluß u.Bodenerosion /04-0576/.

K w i e c i ń s k i , A., Bemerkungen zur Frage d.mechan.Melkens 08-0253.

K y č e v , V.N. s.Charitončik, E.M.

K y l e , J.T., Prüfen landwirtschaftl.Maschinen durch staatl. Dienststellen 06-0053.

Landmaschinenprüfung durch öffentl. Institutionen /08-0033/.

K y n a s t , H., Was müssen die MTS u.RTS tun, um d.Ersatzteilversorgung d.LPG zu verbessern 05-0039.

Ersatzteilversorgung - mögliche perspektivische Entwicklung 06-0037.

s.Müller, L.

K y n e v , S., 13.Tagung d.Ständigen Arbeitsgruppe für Mechanisierung u.Elektrifizierung d.Landwirtsch. 03-0497.

L a B e l l e , R.L. s.Markwardt, E.D.

L a b e r , B., Mulchierfolien oder Torfmulche im Pflanzgarten? 09-0463.

L a b r o u s s e , G.Le , 34.Landmaschinen-Salon zur Landwirtschaftswoche in Paris 09-0518.

Ł a b u s , S. s.Loewel, E.L.

L a c h m a n n , R. s.Teipel, R.

L a c h n o , R.P., Einheitliche relative Innengeschwindigkeits- u.Teilcharakteristiken v.Viertakt-Otto-Motoren 03-0065.

L a c o u r l i e , R., Entstaubung v.Getreide in Lagereinrichtungen 06-0321.

Ł a d a , T., Rückewagen mit Pferdezug 01-0500.

Einrichtung z.Binden v.Nichtderbholz 01-0511.

L a d a n , P. s.Belous, D.

L a d o n i n , V.F. u. V o j - t o v , P.I., Herbizide u.ihre mechanisierte Ausbringung, Lehrbuch für agrochem.allg.Ausbildung /09-0244/.

L a i b l e , H., Lebensdauerprüfung v.Fahrzeugbauteilen 09-0061.

L a l e v , S., Vereinzeln d.Hackfrüchte mit gleichzeitiger Bodenlockerung 07-0239.

L a l o r , W.F. u. B u c h e l e , W.F., Theorie z.Entwurf einer Kegel-(Konus) Dreschmaschine 05-0236.

L a m b e r t u s , L., Heißwasserbereiter - servicegerecht gebaut 02-0562.

Teppichpflege ohne Schwerarbeit 05-0449.

L a m m , R. u. A v a l l , H., Feldkartierung als Voraussetzung für d.Feldgemüseanbau 02-0582.

L a m m e l , K., Pflug u.Pflügen /09-0237/+.

L a m m e r t , T., Industrialisierung d.Baues landwirtschaftl. Produktionsgebäude 04-0594.

Großflächige Wandelemente für Warmbauten in d.Mastenbauweise 04-0611.

Industrielles Bauen in d.Landwirtschaft - einige Voraussetzungen, Gegebenheiten u. Möglichkeiten 07-0501.

L a m o n o v , G., O l e n e v , V. u. B e l j a e v s k i j , Ju., Technologie d.Kuhfütterung 05-0391.

L a m o u r i a , L.H., B r e w e r , H.L. u. S t u d e r , H.E., Biolog.-techn.Lösung für d.Anbau v. Wein 08-0294.

L a m p e , Verbreitung, Aufwand u. Entwicklungstendenzen verschied. Arbeitsverfahren in d.Feldwirtschaft 01-0137.

L a n d a , M., Stand d.forsttechn. Meliorationen in d.Welt 02-0640.

L a n e , D. s.Ashburn, C.

L a n d z e t t e l , W., Wohnbereich d.bäuerl.Familie 03-0523.

L a n g e , B. s.Zacher, F.

L a n g e , E., Vollmech.Grüngutbeschickung in d.LPG-Gemeinschaftseinrichtung Sandau/Elbe 06-0317.

- u. S c h a d e r e i t , G., Betrachtungen zu ökonom. Vergleichen zwischen Trommeltrockner u.Schnellumlauftrockner 09-0319.

L a n g e , O.C., Mechanisierung d. Milchviehhaltung eine Notwendigkeit 03-0535.

L a n g e , S., Sechs Jahrzehnte Feuerwachttürme 02-0679.

Vorschlag zu einer einheitl.Auswertung v.Waldbränden 04-0564.

L a n g e , W., Grassamenreiniger "Petkus-Selektra" K 218/1, eine neue Saatgutaufbereitungsmaschine 05-0329.

L a n g e l ü d d e c k e , H. u. F i n s t e r b u s c h , H., Zwingt Strohmangel z.Anbindehaltung d.Milchkühe 02-0491.

Hinweise zur Laufstallhaltung bei Strohknappheit. Diskussionsbeitrag 03-0531.

- u. G r o s s , G., Techn.Fortschritt b.Milchtransport 01-0387.

L a n t z s c h , M., Ausbildung an Kammenmelkanlagen im Bez.Leipzig 04-0402.

L a n z , H., Einfluß d.Gebäudeform auf d.Gestaltung v.Heubelüftungsanlagen 07-0598.

L a p o t n i k o v , D.V. s.Licman, E.P.

L a r č i n , V., Arbeitsversuche mit d.Fischgrätenmelkstand 09-0366.

L a r s s o n , G., Planung d.Waldautostraßennetzes 05-0588.

L a s á k , J. s.Tollinger, V.

L a s k o w s k i , S., Mängel in d.Getreidelagerung 04-0327.

L a s s e n , H., Mechanisierung d. Getreideernte 04-0234.

L a s s e r s.Spindler

- F ö l l , O. u. W a x e n e g g e r , Mehrzweckgerät zum Druckkochen u.Sterilisieren, Prüfbericht Wieselburg, N.Ö., 07-0385.

L a s t , U. s.Adams

L á s z l ó , L., Pflanzenbaul. u. betriebl.Probleme bei d.Komplexmechanisierung d.Getreideernte 05-0253.

L a u b e , W., Silopapier u.chem. Sicherungszusätze helfen Silierung verbessern 05-0323.

L a u e n s t e i n , A. u. W a a g e , K., Spezialisierung auf Großflächen. Wirtschaftlichkeit d.Maschineneinsatzes im Feldgemüsebau 04-0449.

L a v e r d a , P., Ital.Mähdrescher Laverda "M 120" z.Ernte 1964 06-0288.

L a v r o v , A.A. u. P u g a č e v , A.N., Schwadmäher Typ "ŽRS-4,5" mit dachförmiger Schwadablage 01-0228.

L a w r e n c e , D.C. s.Phillipson, A.

L a z a r o v , L., Automat.Regulierung d.Beleuchtung in H-förmigen Hühnerställen 08-0228.

L a z o v s k i j , V.V., s.Pavlov, B.V.

L e a , J.D. u. J o y , J.L., Entwicklung einer modernen Landwirtsch. in Uganda 06-0049.

L e b e d ' , O. s. Golovyč, M.

L e b e d e v , A.T. u. K o d e n k o , M.N., Vorrichtung z.Untersuchung d.Systems d.automat. Lenkung v.Schleppern mit hydrostat.Kraftübertragung 08-0063.

L e b e d e v , B.M., Bewässerungsmaschinen 09-0189.

L e b e d e v , V.N. s. Bogdanova, L.I.

L e b e d i k , A., Svetličnyj's Gesetz: geringer Arbeitsaufwand, hohe Erträge 05-0172.

L e b e d i k , A.I. s.Svetličnyj, V.A.;
Roginskij, G.I.

L e b e d i n s k i j , G.V. u. B a r a n n i k o v , L.F., Kleiner forstlicher Radschlepper 05-0520.

L e b i d ' , O. s.Filatova, O.

L e c h n e r , W., Erfahrungen mit d.Baumrodung 01-0476.

L e c k e r , F. s.Hößlin, R.v.

L e d á c s - K i s s , A., Nutzbarmachung d.Windenenergie /05-0073/.

Nutzung d.Windenenergie /07-0085/.

L e e , C.W., s.Wallis, J.A.N.

L e e n d e r t z , B. s.O'Daniel, W.

L e e u w e r k e , H.B. s.Terpstra, J.

L e f a r o v , A.C Verwendung v. selbstsperrenden Differentialen 01-0093.

L e h m a n n , G., Techn.u.baul. Gestaltung d.Hauses in ihrer Bedeutung für d.Arbeitsbelastung 03-0521.

L e h m a n n , T., Technisierung d.Dränung in steinigen Böden 06-0194.

L e h n e r , Beregnung d.Knoblauchlandes bei Nürnberg 03-0137.

L e h n e r t , W. s.Schleicher, H.

L e h o c z k y , L., Erhöhung d. Produktivität d.landwirtschaftl. Arbeit durch d.Steigerung d.Arbeitsgeschwindigkeit 08-0007.

- u. K o l t a y , J., Automatisierung in d.Landwirtsch. /07-0016/.

Automatisierung in d.Landwirtsch. /09-0010/.

L e i d l , E., Heutürme m.Gebläseschallschutz u.Luftanwärmung 03-0247.

Schwemmentmistung, fahrbarer Futtertisch u.Heuturm 04-0381.

L e i n , M., Mähdrescher für d. Feldversuchswesen 08-0179.

L e m a n , P.P. u. Z a j c e v , V.P., Meßgeber-Düse u.ihre Anwendungsbereiche 07-0083.

L e m e š k o , V.V. s.Kapusta, I.Ja.

L e n i g e r , H.A., Physiolog.u. technolog.Aspekte d.Hitzekonservierung 03-0330.

Technologie d.Trocknung 03-0332.

L e n k , E. s.Dohms, W.

L e n k , H., Komplexe Planung d. Mechanisierung d.Landwirtsch. 03-0003.

L e n n i n g e r , G. s.Haensch, G.

L e n s c h o w , J., Übergang zu industriemäßigen Produktionsmethoden in d.Rinderhaltung 04-0348.

L e n s k i j , A.V. u. P a s e č n i k o v , N.S., Vorgang d.Anhäufung v.Beimengungen im Motorenoel d.Traktors 06-0132.

L e n t z n e r , H.J., Front- oder Heckrodung, ein aktuelles Thema d.Staatl.Forstwirtschaftsbetriebe 09-0466.

L e o n h a r d , G., Lagerung v. Getreide 04-0674.

L e o n i , s.Goidánich, G.

L e p a s a l u , P., Halbautomat. Schleppschaufelentmistung d. Schweineställe 07-0580.

L e R a y , J., Forstwege in Tropen. 1.Mitt.Allg.Charakteristik, Straßen auf verdichteten Böden u.Planung d.Trasse 06-0515.

Forstwege in d.Tropen.2.Mitt. 08-0408.

Handelsnetz für d.Aufkauf v. Stammholz zur Herstellung v. Furnieren u.Sperrholz 09-0454.

L e r n a c i ń s k i , Z. s. Niezborała, H.

L e s k i n e n , U. s.Bergman, F.

L e s s e n , F.v., Offenstall mit Selbstfütterung 03-0534.

L e s t e r , R., Einige biologische Aspekte v.gefrorenen Lebensmitteln 03-0336.

L e t o š n e v , M.N. s.Želigovskij, V.A.

L e u s c h n e r , E. u. L e u s c h n e r , J., Ermittlung d.optimalen Geschwindigkeit 01-0163.

L e u s c h n e r , J. s. L e u s c h n e r , E.

L e v č e n k o , N. u. M i r o n j u k , S., Pflugkörper mit schraubenförmigen Streichblechen 04-0181.

L e v e c k , H.H., 75.Jahresbericht d.Landwirtsch.Versuchsstation Mississippi 01-0007.

L e v i , S.A., Befestigung d. Stützrades am Rahmen d.Anbaupfluges beim Pflügen quer zum Hang 04-0185.

L e v i k o v , G.A. s.Kovrigin, V.D.

L e v i n , M.S., Statist.Charakteristik d.Elektroenergieversorgung in d.Landwirtsch. 01-0037.

L e v i n s k i j , N., M i r o v , B., P l e s u m s , A., K a c i n , V. u. Č e č i k , Z., Komplexserie v.Typenprojekten ländl.Wohn- u.Gesellschaftsbauten. 1.Mitt. 08-0466.

L e v i t a n u s , A.D., K a r m a z i n , È.I. u. R o m e n , A.A., Prüfstanduntersuchungen v.Kettentraktor-Rahmen auf Ermüdungsfestigkeit 01-0078.

L e v i t a s , J.B. u. B o g o v y k , L.I., Typenprojekt v. Futterhäusern für Schweinefarmen 08-0501.

L e v i t s k i j , G.I., Einstellung d.Anbaupfluges in d.Horizontalebene 06-0221.

L e v i t s k i j , I., M i c h l i n , V., K u š č , L. u. G u t o r o v i č , M., Bedarf an spezialisierten Reparaturbetrieben 02-0049.

L e y h , H., Drehmomentübertragung in geklebten Wellen-Nabenverbindungen 07-0037.

L h o t s k ý , J., Meliorationskultivierung degradierter Waldböden 02-0636.

L i b c i s , S.E. u. V a s e r n i s , A.I., Erhöhung d.Leistung d.Geräteträgers "T-16" 01-0081.

L i b i c h , V., Arbeitsorganisation u.Leitung d.Hopfenerzeugung 09-0169.

L i č a k , S.K., Deutsch-russ.Wörterbuch f.Verbrennungsmotoren u. Garturbinenanlagen /02-0108/.

L i c m a n , È.P. u. L a p o t n i k o v , D.V., Hackmaschine mit verbessertem Schneidkopf 09-0485.

L i d l , K., Diehl-Co-Pilot, ein neuer Fahrtschreiber mit sichtbarem Aufschrieb 01-0120.

L i d t v e i t , A., Landwirtschaftsschulwesen in Norwegen 05-0017.

L i e b e n b e r g , C.R. u. E r a s m u s , J.E., Gründe für u.gegen d.Legebatterien 08-0226.

L i e b e n e i n e r , E., Zur Weiterentwicklung d.Kultur-Technik. Rome-Scheibenpflug u. Akkord-Pflanzmaschine 03-0408.

L i e b i s c h , H. s.Maltry, W.

L i e b s t e r , G., S c h i m m e l p f e n g , H. u. B ö h m , G., Erfahrungen mit d.maschinellen Ernte v.Schwarzen Johannisbeeren u.Kulturheidelbeeren 08-0320.

L i k e n , I. s.Balasa, M.

L i l j e d a h l , J.B. s.Barger, E.L.;

Waelti, H.

L i l l e n g , H., Wirtschaftl. Wärmedämmung d.Schweinestalls 04-0661.

Stall-Luft am Fußboden oder unter d.Decke absaugen? 08-0453.

L i l o v , C., Druckverluste im Ansaugsystem d.Dieselmotoren 02-0096.

L i n d e m a n , C.F., Rückekran aus Südnorwegen 04-0541.

Wahl maschineller Transportmethoden 08-0396.

L i n d e m a n n , G., Kosten u. Aufwand verschied.Verfahren d. Bodenstabilisierung beim landwirtschaftl.Wegebau 09-0548.

L i n d e m a n n , H., Kosten d. Maschineneinsatzes im Feldbau, Methode d.Ermittlung, Höhe u. einige Möglichkeiten d.Beeinflussung, dargest.a.Beispiel d. MTS Rositz für d.Jahr 1957 /09-0172/.

L i n d n e r , H., Republiksausscheid im Leistungspflügen 05-0200.

L i n d n e r , M. s.Matthes, E.

L i n d s a y , R.T. u. H a l e , O.D., Geräte zur Ausbringung insektizider u.herbizider Granulate 07-0493.

L i n d s a y , W.H., Vollmechanisierte Tränkkälberanlage 07-0561.

L i n d s t r ö m , R.S. s.Teubner, F.G.

L i n n e n k o h l , H., Baureihe luft- u.wassergekühlter MWM-Dieselmotoren 06-0095.

L i n n e r t , A., Geschirrspülen jetzt leicht gemacht 04-0433.

L i p i n s k i , H., J a k u b o w s k i , R. u. S t a n k i e w i c z , Z., Einfluß d. verschied.Kartoffelrodeverfahren auf Arbeitsproduktivität u. Energieaufwand 05-0283.

L i p k i n , P., Landbaumeister erörtern Qualitätsfragen 09-0612.

L i p n i c k i j , M. s.Januškevič, B.

L i s i a k , A., Maschinen für d. Kartoffelernte 04-0258.

Maschinentypen für d.Kartoffelernte 07-0291.

L i s l a n d , T., Fahrzeug d.Zukunft? 04-0497.

L i s t , J., Schlegelernter oder Mähhäcksler ? 09-0260.

L i s t n e r , G., Zeitl.Verlauf d.Instandsetzungskosten bei Schleppern u.Erntemaschinen 01-0021.

Mechanisier.d.Getreideernte im hängigen Gelände 01-0242.

Versuchsergebnisse v.Einsatz d. Schlegelernters "E 068" in d. Getreideernte 01-0244.

Körnerverluste beim Einsatz d. Trommelfeldhäcksler "E 065" u. "E 066" in d.Getreideernte 05-0270.

L i s t o v , P.N. u. K a l u g i n a , Ju.P., Automat.Steuerung d.Belüftung in Gemüselagerräumen 05-0492.

L i s u n o v , V.I. u. K u r i l o v , A.A., Zugkraftrichtung bei Anbaupflügen 07-0207.

L i t t l e , T.M. s.Sims, W.L.

L i t v i n e n k o , I.T. u. S t a r y c h , V.N., Verbesserung d.Rinderställe für d.Laufstallhaltung in Westsibirien 01-0582.

L i t v i n o v , M.A., Mechanisierung d.Mineraldüngerausbringung 08-0135.

L i t z e n b e r g e r , F., Trockner f.rieselfähiges Gut 02-0467.

L i v a n o v , A.P., s.Ščiglovskij, B.M.

L i v š i c , D.I., Beschleunigte Methode für d.Prüfung v.Reaktions-Ölzentrifugen (RMZ) 05-0066.

L j a b a c h , B.V. s.Ciciv, M.V.

- u. C i c i v , M.V., Pneumat. Zerstäuber m.filmbildender Vorrichtung 06-0527.

Niederdruck-Zerstäuber für Giftflüssigkeiten mit einer Vorrichtung zur Bildung eines Flüssigkeitsfilms 09-0513.

L j a c h , V.M. u. G a l k i n , V.I., Maschinen für d.Zuckerrübenanbau 04-0129.

-u. P i v o v a r, S.G., Technologie d. Maisanbaues 02-0162.

L j a c h o v i č , V.B., Erfahrungen bei d.Mechanisierung v. Pflegehieben in Schutzwaldbeständen 03-0405.

L j a š č , V.I., Maschine "AVT-500" z.Transport im Weinbau 06-0395.

L j u b i m o w , B., Abstimmung d.Abmessungen v.Kopplungsbauteilen am Anbausystem v.Traktoren u.Antrieben v.Landmaschinen 04-0110.

L j u d s k a n o v , K. s.Dobrev, D.

L j u l j a , Ž., Siedlung neuen Typs 08-0463.

L j u n g g r e n , K. s.Gustafsson, Y.

L j u t i n , M.P. u. N a z a r o v , A.V., Pflanzmaschine "SKS-1" für großes Pflanzgut 02-0642.

L l o y d , A.H. s.Cermak, F.I.

L l o y d , J.H., Anwendung v. Spritz- u.Stäubemitteln bei ausgewachsenen "Hevea"-Gummibäumen auf Ceylon 07-0492.

L o b b , W.R. u. H a l l , A.D., Automat.Bewässerung 07-0192.

L o b o t k a , J. s.Ducho, L.

L ö f f e l b e i n H., s.Ostermaier, R.

L ö f f l e r , H., Zeitstudien auf d.Rundholzplatz v.Nadelholzsägewerken 08-0341.

L ö f g r e n , L., Holztransport mittels Eisenbahn 05-0584.

L ö h n e, H. s.Tritt, H.-G.

L ö n n e r , G., FAO-Konferenz über d.Planung v.forstl.Transportstraßennetzen 06-0516.

L ö ö w , H., Auswahl u.Verwendung v.Kartoffelerntemaschinen 03-0229.

L ö r c h e r , H., Ölverbrauchsmessung an laufenden Motoren 01-0053.

L o e w e l , E.L., G o o s , U., G o t t w a l d , A., L a b u s , S. u. S c h r o e d e r , W., Für d.Obstbau zur Verfügung stehende Maschinen u.Geräte 08-0331.

- u. S c h r o e d e r , W., Vorführung v.Bodenbearbeitungsgeräten am 15.Mai 1963 in Jork 03-0390.

- u. S i e g , H., Einsatz d. "Platz"-Wirbelmolekulators AX 640/1000 im Jahre 1962 in d. Versuchsbetrieb Ottensen d.Obstbauversuchsanstalt Jork 01-0450.

L o g i n o v , V.E. s.Egorova, A.V.

L o g u t e n o k , E.P., Dynamik d.Schlegeltrommel 07-0264.

L o g v i n o v i č , I. s. Životko, B.

L o k t a r e v , A.M. s.Syčev, L.A.

L o k t e v , L. s.Korobejnikov, A.

L o n g , D., Spaltenbodenställe u. Boxenlaufställe in England 09-0577.

L o n g , M.E., Trockene Luftfilter für Traktoren 01-0057.

Durch Kraft einstellbare Hinterräder 07-0120.

Dreipunktanbau an Traktoren 08-0070.

Regler an Traktoren 09-0117.

L o n g b o t h a m , M.W. u. B a i l e y , K.B., Plane deine Küche: Auswahl u.Anordnung v. Einbaueinheiten u.Kochherden 03-0322.

L o n g h o u s e , H. s.Markwardt, E.D.

L o n g h u r s t , W.M., J o n e s , M.B., P a r k s , R.R., N e u b a u e r , L.W. u. C u m m i n g s , M.W., Einzäunung z.Kontrolle v.Rotwildschäden 03-0471.

L o n g i n o v , N., Mechanisierte Wanne für ein prophylaktisches Bad d.Schafe 07-0360.

L o n g r é e , K. s.Moragne, L.

L o o k e r e n C a m p a g n e , P.van, Stapelkarren u.Hecklift 07-0404.

s.Krijgsmann, H.K.

L o o s j e s , T.P., Dokumentation wissenschaftl.Literatur /02-0033/.

L o r e n c , W., Organisation v. Werkstätten /05-0040/.

s.Gruchalski, W.

- u. P o k r z y w a , B., Instandsetzung d.landwirtschaftl. Schlepper /07-0050/.

Instandsetzung v.landwirtsch. Traktoren /02-0055/.

L o r e n z , F., Düngerstreuerprüfung 02-0242.

L o r e n z , H., Zeitl.Möglichkeiten für eine Ausbildung d. Traktoristen in einem zweiten Beruf 05-0018.

L o š, M., M a s l o v i č , K. u. V y d r j a k o v , V., Prüfung d.Spritzgerätes "OSS" 08-0423.

L o s c h e r , J., Gefährdung d. Lebensmittel durch radioaktive Substanzen u.ionisierende Strahlung v.Standpunkt d.Hygienikers 06-0386.

Gefährdung d.Lebensmittel durch radioaktive Substanzen u.ionisierende Strahlung v.Standpunkt d.Hygienikers 07-0390.

L o u b r i a t , C., Lüftung u. Klima in Gewächshäusern 05-0480.

L o w e s , J.J., Untersuchungen an Maiserntemaschinen 03-0227.

L o w i g , E., Bestimmung d. Wasserdampfdurchlässigkeit v. Gebäudeteilen 06-0542.

L o y c k e , H.J., Lärmbelastung d.Waldarbeiters als Maschinenführer 05-0515.

Unfallverhütung bei d.Arbeit mit Forstschleppern 08-0353.

Kulturtechnik in England 09-0460.

L o ž b e n i d z e , S.P., Holztrift im Amurbecken 04-0557.

L u c a s , N.G., Futtertisch für d.Rindermast mit Gerste 06-0576.

L u c a s , W., Studienordnung für Diplomlandwirte in Deutschland 02-0019.

L ü d e m a n n , H. u. B o t h e , W., Legehennenhaltung - arbeitswirtsch. gesehen 06-0595.

Arbeitsaufwand bei d.Käfighaltung v.Legehennen 09-0339.

L ü p f e r t , U. s.Gemeinhardt, G.

L u i s o n i , E. s.Ghisleni, P.

L u k i n , V.V. s.Demin, K.A.

L u k ' j a n č u k , A. s.Bojarčuk, I.

L u k ' j a n e n k o v , I.I., Notstromaggregate für Melkanlagen 03-0316.

L u k o v , I. s.Maslinkov, I.

L u n , L., K r š e m i n s k i j , V., B l o c h i n , P., D u n d u k , I. u. T u l e r , A., Rücklaufender Getreide-Schachttrockner bei d.Getreideannahme in Kotschenew 04-0317.

L u n a t i , U. s.Goidánich, G.

L u f e , A.B. s.Kovčin, S.A.

L u š č i c k i j , Ju.V. u. D i d e n k o , A.M., Verbesserung d.Temperaturverhältnisse bei d. Arbeit v.Zerstäuberdüsen d.Dieselmotors 01-0060.

L u s i s , A.Ju.,Bevorratung d. Holzlagerplätze 05-0574.

L u x , G. s.Mende, G.

L u ž n i k o v , V.N., Arbeitsaufwand in d.forstl.Produktion /08-0342/.

L y č a g i n a , L. s.Basov, A.

Ł y s a k , J., Poln.Getreidesilo mit aktiver Belüftung 04-0320.

Poln.Untersuchungen d.Getreidetrocknung u.Lagerung 05-0337.

- u. S t r u t y n s k a , K., Getreidesilos 05-0696.

L y s ý , M. s.Diviš, J.

M a a z , E. s.Garbe, P.

M c C l e a n , S.P., Arbeiten mit Heuballen bis z.Einbringung in d.Scheune 06-0276.

M a c C o l l y , H.F. s.Buttler, J.L.

M c C o l l y , H.F. s.Bellinger, P.L.

M c D o n a l d , J., Flugzeugeinsatz bei d.Reisaussaat 05-0215.

M a c d o n a l d , L., Bestimmung d.Traktorleistung 04-0085.

Wieviel Maschinen? 05-0169.

M a c e p u r o , V.M., Metallaufwand bei Pflügen 03-0150.

M c F a r l a n e , J.S. u. S k o y e n , I.O., Gewächshauskammern zur Samenvermehrung geringer Bestände 02-0602.

M c F a t e , K.L., Einfache Systeme sparen Wege u.Zeit 03-0291.

M c G l a d e , W.H., Antrieb v. Traktorrädern 03-0512.

M a c h a č , L., Abscherkupplungen für Anhänger "Pz 35 RM" 08-0146.

M a c h a č e v a , G.A., Normen d. Nutzflächen im Schweinestall 05-0684.

Kanalisation einer Schweinemästerei 06-0586.

M a c h a n i č e k , J., Elektr. Labortrocken- u.Klenggerät für Zapfen u.Zäpfchen v.Waldholzarten 05-0539.

M a c h k a m o v , A., Bau ländl. Wohnhäuser in Usbekistan 05-0655.

M a c h l i n , E.A., Arbeitsweise v.Traktoren mit Landmaschinen bei erhöhten Geschwindigkeiten 01-0072.

s.Orechov, N.I.

M c K e n z i e , B.A., Trocknen v.Getreide in Silos 03-0265.

M c K i b b e n , E.G. s.Barger, E.L.

M a c L a u r y , D.W. s.Byers, G.B.

M a c L e o d , A., Überwinterung v.Mutterlämmern im Stalle 03-0279.

M a c n a i r , A.S., Transport v. Zaunmaterial durch Hubschrauber im Rowardennan Forst 03-0455.

M a c s k á s y , Á., Wärmeabgabe v.hochangebrachten Strahlplatten 09-0387.

M a d d e x , R.L., Liegeboxen - Offenstall für 104 Kühe 07-0554.

Auf welche Art soll ein technisierter Bauernhof d.Eigentümer oder d.Leiter angepriesen werden? 09-0023.

M ä r t i n , B., Erhöhung d.Arbeitsproduktivität in d.Feldwirtschaft 06-0040.

M a e ß , W., Baukastensystem u. Standardisierung im landwirtsch. Bauwesen 01-0563.

M ä t z o l d , G., Technolog.Analyse d.Arbeiten mit d.Mineraldünger 02-0236.

s.Gätke, R.

M a g a r i l l o , B. s.Egorov, Ju.

- u. E g o r o v , J., Anbausysteme für Traktoren d.6-Mp-Klasse 01-0111.

M a i n z , H., Dienstreise zur Teilnahme an d.Konferenz zum Thema "Ausarbeitung v.Funktions- u.Einsatzkennwerten d.Maschinen für d.Mechanisierung v.Körner- u.Silomais ohne Anwendung v. Handarbeit". Reisebericht /07-0168/.

- u. W i n z l e r , M., Leistungsbeeinflussende Faktoren beim Einsatz d.Mähhäckslers "E 065" in d.Silomaisernte 03-0180.

M a i w a l d , P., Neuzeitl.Gasheizung 08-0271.

M a j b o r o d a , I. s.Sergijenko, K.

M a j e w s k i , J., Bauwesen auf d.Lande bei Verwendung v.vorfabrizierten Bauteilen 04-0608.

M a j k e , P.M., Waldentwässerung u.Waldwegebau 04-0567.

M a j k u t h , J., Internat.Vergleichsprüfungen v.Saatgutreinigungsmaschinen 06-0322.

Vorrichtung "OA-2" für d.Zerkleinern v.Silomais mittels Schlegelerntern 07-0263.

- u. S z a b ó , L., Untersuchungen an Sieben u.Trieuren 05-0060.

M a j o r o s , J., Mechanisier.d. Zugarbeiten in d.LPG /01-0122/.

Nutzungsdauer d.Schlepper beeinflußt d.Kostengestaltung 08-0046.

M a j o r o v , G.V., Stärke d. Luftstroms in d.Körnerreinigung 08-0205.

M a k a r o v , N.N. s.Dmitričenko, S.S.

M a k a r o v , O.V., Ermittlung d. Abmessungen d.Ausgleichsschnecke in d.Rüben-Vollerntemaschine 09-0294.

M a k a r o v , P.M., Untersuchung v.Systemen mit nichtlinearen Elementen in d.Landwirtschaftsmechanik am Beispiel d.hydraul. Zugkraftmessers 03-0021.

M a k a r o w , M.A., Hackfruchtschneider v.Typ "IKS-5,0" 01-0345.

M a k a r u k , I.F. s.Zima, I.M.

M a k s i m e n k o , E.I. s.Sofijan, A.P.

M a k s i m e n k o , V., Maschinen für d.Dung- u.Mineraldüngerstreuen u.d.Düngerstreuerbeladung 02-0234.

M a k s i m o v , B.I. u. A m e l i e v , V.T., Maschinen für Zweiphasen-Kartoffelernte u.einige Fragen d.technolog.Ablaufes 01-0263.

M a k s i m o v a , T.T. s.Puškareva, P.V.

M a k u s , A., Fahrsilo oder Hochsilo? 01-0304.

M a l a k a u s k a s , M., Mehrzweck-Streugerät v.Typ "RTU-4" 01-0126.

Fördergebläse /01-0128/.

M a l a š e n k o , N.P., Aggregat z.Herstellung v.Eiweiß-Vitamin-Grasmehl 06-0345.

M a l e r , J., Technologien d. Getreideernte 01-0245.

M a l e ř, J., Dreiphasen-Getreideernte 09-0282.

- u. Z á r u b a, J., Komplexmechanisier. d. Getreideanbaues 06-0171.

M a l i k, M., Triebachsanhänger u. einige damit verbunde Probleme 02-0156.

M a l j u k o v, A.A. s. Bucharin,N.A.

M a l m b e r g , C.E., Fällung u. Geländetransport 05-0568.

Aufarbeitungs- u.Transportmethoden 05-0569.

M a l m q u i s t , O., Ansicht d. Viehpfleger 02-0488.

M a l ' n e v , P.P., Hohlschutzscheiben u.Scheibenhäufeler für d.Hackarbeiten 02-0278.

- u. F e d o r e n k o , F.G., Maiskolben-Entlieschmaschine "OPP-5" 08-0184.

M a l t r y , W., Trocknungsversuche an Weizen 01-0311.

Möglichkeiten d.Getreidetrocknung im landwirtschaftl.Betrieb /05-0359/+.

Ergebnisse d.Messungen 1963 am Schnellumlauftrockner "Sandau" u.am Schrägrosttrockner "Groß Stove" 09-0318.

- P ö t k e , E., D o l z m a n n , H., F r i t z s c h e , J., F r a n k e , E.-R., G ö r n e r , A., H l a w i t s c h k a , E., K e i n e r , E., K l i n k a u , G., L i e b i s c h , H., R i n k e , W., S a u e r , H., S c h w e n k e r , G., T r a p p u. T r o i t z s c h , R., Landwirtschaftl.Trocknungstechnik /05-0358/+.

M a l y š e v , Ju.F., Automat. Tanken v.Schleppern 01-0087.

Zugeigenschaften d.Radtraktoren "T-40" u. "T-40A" im Winter 01-0105.

M a n c z a k , M., Interessanter Rückenspritzentyp 03-0377.

M ă n e s c u , B., Anwendung v.Plasten im Gemüsebau /03-0364/.

M a n g o l d , M., Das rechte Maß 06-0017.

M a n i e c k i , F., Berechnung d. Arbeitsbedarfs u.d.Zugkräfte in d.Landwirtschaft 06-0041.

M a n n , E.J. s.Casalis, J.

M a n n , F.-K., Künstl.Beleuchtung in landwirtschaftl.Produktionsbauten u.Anlagen /06-0552/.

Anforderungen an d.künstl.Beleuchtung in landwirtschaftl.Produktionsbauten u.Anlagen 08-0458.

M a n n , G., K ö r n e r , M., M ü l l e r , W. u. Z e i t - l e r , M., Umbau d.Siloschnecke als transportable Kotschnecke z.mechan.Entleerung v.Dunggruben (Schweineställe) 02-0529.

M a n o v , L. s.Tomova, A.

- u. P e t r a k i e v , A., Ermittlung d.günstigsten Kinematik beid.Bearbeitung v.enggezeilten, terrassierten Weinbergsflächen mit d.zum Traktor "TL-30 Bolgar" vorhandenen Bodenbearbeitungsmaschinen 04-0460.

M a n u j l e n k o , G. s.Golovyč, M.

M a r a c h t a n o v , K.P. s. Galdin, M.V.

M a r č e n k o , N.M., Einfluß polymerer Deckschichten v. Scharen auf d.Arbeit d.Kartoffelroder 02-0383.

M a r č e v , B. u. J o r d a - n o v , J., Fragen d.mechan. Erntebergung b.Körnermais 01-0251.

M a r c h a n t , W.T.B., Hydraul. Würfel- bzw.Pelletpreßmaschine für d.Landwirtsch. /02-0430/.

M a r k , A.H., G o d l e w s - k i , K.J.M. u. C o l e m a n , J.L., Schätzung d.Kombine-Leistung: Eine globale Annäherung 03-0211.

M a r k a r j a n , S.E. u. M k r t č j a n , L.A., Kapronzugseil für Schlepp- Schaufelanlagen 05-0399.

M a r k o , A. u. M o r h á č , J., Ökonom.Nutzeffekt d.Maschineninvestitionen in d.Rinderhaltung 05-0371.

M a r k o v , A., Arbeitsaufwand beim Tabakanbau u.d.Arbeitsvergütung im Plowdiwer Tabakanbaugebiet 09-0170.

M a r k o v s k a j a , E.V. s. Rozental', Ju.G.

M a r k s , K., Mineraldungstreuer - Bauarten u.Arbeitsweise 08-0137.

M a r k v a r t d e , V.M. s. Cicišvili, T.Z.

M a r k w a r d t , E.D., G u e s t , R.W. u. L a B e l l e , R.L., Bericht 1960 über maschinelle Kirschenernte 05-0486.

- u. L o n g h o u s e , H., Geräte zur mechan. Ernte von Baumobst 06-0435.

M a r m o r i n e , M.D., Was wird vom Traktor im Jahre 1970 verlangt? 04-0082.

M a r o n d e , E., Futterbergeräume u.Laufstallhaltung im Futterbaubetrieb 06-0601.

M a r s d e n , R.H. s.Nowson, D.F.

M a r s z a ł e k , T. u. R o s z - k o w s k i , A., Mechanisierung d.Ernte v.Faser- u.Oelpflanzen /08-0195/.

M a r t e l l i , M. s.Goidánich, G.

M a r t e n s , K. s.Corstiaensen, W.P.M.

M a r t e n s , M., Mechanisier. d.Frühjahrsarbeiten zu Zuckerrüben u.d.Entwicklung d.sich daraus ableitenden Kulturmaßnahmen 01-0136.

Studie über 1962 in Belgien mechan.vereinzelten Zuckerrüben 06-0252.

Ernteprobleme b.mechanisch vereinzelten Rüben 06-0303.

M a r t i n , H., Boxen-Laufstall mit Futterschnecke 07-0558.

Schall- u.Wellengeschwindigkeiten in Abgasleitungen bei verschied.Spiegelung 04-0073.

M a r t i n , K., Herstellung v. Beton 03-0384.

M a r t i n , M., Technologieplanung - eine wichtige Voraussetzung zur durchgängigen Einführung v.Fließarbeitsverfahren 05-0365.

M a r t i n e c , J. s.Pachl, J.

M a r t i n o t , R., Milchproduktion u.ihre Organisation 06-0568.

Einfluß d.Größe d.Betriebszweiges Milchviehhaltung auf ihren Ertrag 09-0574.

M a r t y n i c h i n , V., s. Apanovič, A.

M a r x , F. s.Adams

M a r z e c , K., Staubsauger für Getreidespeicher 04-0330.

M a s c h e , W., B e l a s c h k , C., G n i z a , E., K u p k e , R., T e t z n e r , H., U l l - r i c h , G., W a g n e r , R. u. W u n d e r l i c h , H., Arbeitsschutz in d.Landwirtsch. /06-0050/+.

M a š e k , J. s.Čižek, K.

M a s l i n k o v , I., L u k o v , I.u. K a m d z e l i s , N., Mechanisierung d.Gemüseernte 03-0366.

M a s l o v i č , K. s.Loš, M.

M a s t e r , W.R., Gebrauchsfähige Fernsteuerungen für Traktoren u.Baufahrzeuge 05-0125.

M a s t i h u b a , T. u. M a š u - r a , D., Ökonomik d.Entenproduktion in einigen LPG d.westslowakischen Bezirks 05-0385.

M a s u k o w i t z , H., Wirtschaftlichkeitsfragen d.elektr. Raumheizung 01-0399.

M a š u r a , D. s.Mastihuba, T.

M a t e e v , A., V a s i l e v , V. u. V a s i l e v , V., Mechanisierung d.Prozesse bei d.Waldpflege u.Waldexploitation in Eichenwäldern 09-0472.

M a t e e v a , L. s.Christov, S.

M a t ě j k a , B., Mechanisierte Fließstrecke für Reinigung, Trocknung u.Lagerung v.Getreide auf d.Staatsgut Chocovice 07-0326.

M a t ě j k a , V., Leichtfrostschutz in Forstbaumschulen 01-0483.

M a t e s o v a , G.J. s.Juchnevič, L.A.

M a t e v , C. s.Krivovjaz, S.

M a t h e r , J.C., Welche Verdienstmöglichkeiten gibt es bei d.Blumenzwiebelkultur? 08-0299.

M a t h e r , J.M., Allis-Chalmer erhöht d.Leistung d.Dieseltraktors durch Turbolader 05-0118.

M a t h e s , A. s.Hollmann, W.

M a t h e s , K., Plastikmaterial zum Anbinden d.Stämme u.Tragruten im Weinbau 04-0459.

M a t o n , A. s.Vantilborgh, L.

M a t t a r e l l i , D. s.Goidánich, G.

M a t t e j a t , B., Normung für Mähmaschinen-Schneidwerke 03-0172.

Normung d.Messerführungsplatte 06-0260.

Arbeitsbreiten für Mähdrescher 06-0293.

Maschinen zur Bergung v.Erntegut 08-0158.

M a t t h e e , J.F.G. s.Fourie, K.J.

M a t t h e s , E. u. L i n d n e r , M., Dungstätte für stroharmen Rinderdung 05-0699.

Zum Kuhstall gehört ein Abkalbestall 07-0560.

M a t t h e w s , J., Automat.Feuchtigkeitsregler für Getreidetrockner 05-0341.

Entwurf eines kapazitiven, elektr. Feuchtemessers für d.Landwirtsch. 06-0064.

M a t t h i e s , H.-J., Entwicklung u.Forschung auf d.Gebiete d.Verdichtens v.Halmgut 07-0270.

M a t t i n g , A. u. U l m e r , K., Spannungsverteilung in Metallklebverbindungen 06-0030.

M a t t k e , K.-H. u. V o g l e r , M., Montiertes mehrgeschossiges Wohnhaus auf d.Lande 04-0634.

M a t v e e v , A. s.Basnak'jan, G.

M a t v e e v , A.S., Abmessungen eines Prüfsteigsichters 08-0206.

s.Ul'rich, N.N.

M a t y á š , K., Technik d.Baumfällens 05-0545.

Technisier.d.Forstwirtsch.als Mittel zu deren neuzeitl.Vervollkommnung 06-0448.

M a t z , C. s.Adams

M a u c h , A., Schlepper in Sonderkulturen 05-0459.

Stapler u.Lader als Schlepperanbaugeräte, speziell für d. Obstbaubetrieb 05-0461.

Bedeutung u.heutige techn.Möglichkeiten d.Schmalspur-Schlepper im Obstbau 08-0291.

M a u e r , G. s.Uhlmann, S.

M a u g h a n , G.L. s.Wayman, J.A.

M a w b y , M.E., Silage aus Zuckerrübenkraut 04-0303.

M a x a , R., Arbeitswirtsch.Untersuchungen in Ackergrünlandbetrieben d.nordwestl.Innviertels. Aufwand für verschied.landwirtschaftl.Arbeiten an Hand v.Arbeitstagebucherhebungen an einigen bäuerl.Betrieben 01-0024.

Arbeitsaufwand in Acker-Grünlandwirtschaften d.Alpenvorlandes 02-0060.

Arbeitstechn.Betrachtungen über d.Milchgewinnung in verschied.Arten v.Melkständen 07-0566.

M a x w e l l , R.L., Verträglichkeit v.Ausgangsprodukten in Mischdüngemitteln. Düngemittel-Verteilung auf d.Land 03-0154.

M a z á č , Internat.Prüf.v.Anlagen für d.Broileraufzucht 06-0600.

M a z á č , J., Melkanlage "DA-100" 02-0550.

- Č e r n á , E. u. S v o b o d a , M., Melkautomaten - Bedienung u.Wartung /03-0318/.

M a z a r a k i , J., Gebäude u. Ställe für Schweine /09-0592/+.

M a z u r e n k o , A.P., Selbstgesteuerter Rundholzabwerfer 09-0482.

s.Vorob'ev, K.N.

M e d e k , K., Perspektiven d. komplexmechanisierten Zuckerrübenproduktion 09-0168.

M e d o v a j a , A. u. M e d v e d e v , I., Selbsttätige Stammwaschanlage 09-0481.

M e d v e d e v , I. s.Medovaja, A.

M e h l e r , A. u. H e i n i g , W., Standardisierung v.Ausbauteilen für Milchviehanbindeställe 05-0667.

Entwicklung u.Bau v.großflächigen Anbindeställen für Kühe 07-0548.

M e i e r , B., Z e h l e , E. u. U r b a n , H., Kalkstreuen mit Silowagen in d.Kreisen Seelow u.Straußberg 08-0142.

M e i e r , B. s.Böhl, K.;

Irrgang,

M e i e r , E. u. B l u m e , Futterverteilungswagen 02-0516.

M e i e r , K.-E., Verarbeitung v. Beeren - Probleme u.Fortschritte 01-0447.

M e i e r i n g , A., Möglichkeiten zur Senkung d.Kapitalaufwandes bei d.innerbetriebl.Belüftungstrocknung v.Getreide im kleineren Betrieb /08-0216/.

M e i j e r m a n , G.C., Flächengröße v.Ackerbaubetrieben in d.Veenkolonien bei hoher Mechanisierung 01-0027.

M e i n c k e , K. s.Eichhorn, H.

- u. K r e i t m e i e r , L.J., Technik in d.Stallentmistung 01-0361.

M e i n c k e , Klaus, Techn.Grundlagen d.Zusammenspiels v.Schlepper u.Frontlader 05-0138.

M e i n h o l d , K. u. K o c h , R., Arbeitsbedarf u.Mechanisier. bäuerl.Betriebe Süd- u.Norddeutschlands /02-0070/.

M e i n t - U d e n , A., Luftanwärmung. Unter welchen Voraussetzungen erscheint sie für d. Unterdachtrocknung v.Heu lohnend 03-0245.

M e i s s n e r , F., Reifenfragen in d.Landwirtschaft 05-0126.

M e i ß n e r , W. u. Z i e s l e r , H., Projektierung v. feldschützenden Gehölzstreifen 05-0644.

M e j k a l , Č. s.Vortel, J.

M e j s a c h o v i č , J.A. s.Degtjareva, A.S.

M e j x n e r , M. s.Pachl, G.

- u. P a c h l , J., Erfahrungen mit fortschrittl.Getreideernteverfahren in d.ČSSR 05-0271.

M e l , I. s.Haugen, O.

M e l a m e d , M. u. Š i š k i n , G., Verlängerung d.Nutzungsdauer v.Motoren 07-0077.

M e l a m e d , M.N., Einstellung v.Maschinen u.ihre Lebensdauer 03-0032.

M e l c h e r , K., Elektron.Berechnung d.Vorgänge in Einspritzsystemen v.Dieselmotoren 02-0095.

M e l e c h o v , I.S., Hauptrichtungen d.techn.Fortschritts in d.Forstwirtschaft 02-0626.

M e l i k j a n , G., Wasserverbrauchsnormen in Viehzuchtbetrieben 08-0218.

M e l ' n i k , D.K., Neigung d. Rübenförderers "SNT-2,1A" 02-0408.

M e l ' n i k o v , Š.S., s.Koževnikov, P.A.

M e n d e , G. u. L u x , G., Käfigintensivhaltung v.Legehennen unter bes. Berücksichtigung d.Technologie in d.LPG "Einheit", Kötzschau 02-0521.

M e n d e l e v i č , J.A., Methodik für d.Berechnung d.Widerstandsmomente u.d.erforderl. Leistung d.Elektrostarter-Auflaufsystems 01-0054.

M e n n e l , R.M. u. R e e c e , A.R., Theorie d.Schleuderstreuers. 3.Mitt.Flugbahnen d.Teilchen 07-0219.

M e n s c h , R.L. u. N e l s o n , G.L., Berechnung v.Betonbogenschalen für Leichtbauten 08-0446.

M e n z e l , G., Mineraldüngerlager für landwirtschaftl.Großbetriebe 08-0519.

M e n z e l , W., Gitterrostaufstallung im Kuhstall "System Stichelsdorf" 02-0745.

M e r b i t z , H., Beseitigung v. Bodenverdichtungen 09-0212.

M e r c e d i n , R.N. s.Michajlenko, E.A.

M e r f o r t h , M., Planung d. Dorferneuerung 05-0641.

M e r i l o v , A.J Bemerkungen zu d.Projekt für d.künftige Typenreihe d.Traktoren 05-0083.

M e r r y w e a t h e r , G.T., Einfluß d.Pfluggeschwindigkeit auf d.Arbeitsleistung d.Traktors u.d.Leistungsfähigkeit d.Reifen 01-0164.

M e r s c h r o t h , H., Sicherheitsverdeck am Schlepper 05-0146.

M e r v a r t , J., Kapazitätsplanung u. -analysen d.Mechanisierungsmittel 05-0509.

M e r ž v i n s k a j a , E.P., Landwirtschaftliche Lader /03-0111/.

s.Borisov, A.M.

u.K o č e r y g i n , A.I. u. G o c h t e l ' , A.C., Typenreihe landwirtsch.Ladegeräte m. period.Wirkung 02-0135.

M e š č e r j a k o v , V.A., Lage d.Stützräder seitl.Anbaumaschinen 09-0130.

M e s k ó , J., Schutz d."K-1A" 06-0466.

M e s s n e r , K., Winkelpflanzhaue 01-0481.

M e t z e n t h i n , W., Arbeitstechn.Beurteilung d.Einmannarbeit beim Wechseln d.Schlepperanbaugeräte 09-0146.

- u. R i l l i n g , K.E., Praktische Prüfarbeit vor d.DLG-Anerkennung 04-0048.

M e y e r , Ausbringung v.Handelsdünger 04-0191.

Maschinen u.Geräte zur Kartoffelsortierung ~~04-0338.~~

M e y e r , E., Zentralrohrsiloanlagen m.Heidenia-Öfen 02-0463.

M e y e r , F., Maschinen f. Getreideernte 1963 01-0226.

M e y e r , Franz, Mein Landmaschinenbuch /07-0013/*,

Neues aus d. Landtechnik für d. Frühjahrsbestellung 1964 08-0147.

M e y e r , Friedhelm, Die Bundesrepublik auf d. europäischen Landmaschinenmarkt 02-0005.

M e y e r,, H., Entwicklungen im Schlepperbau 03-0068.

- , S c h ü n k e , U. u. S k a l w e i t , H., Ein-Mann-Arbeit mit d. Schlepper u. ihre Grenzen am Hang 07-0088.

- u. S k a l w e i t , H., Was darf d. Landwirt v. regelnden Krafthebern erwarten? 01-0109.

M e y e r , Helmut, Nachruf für Geheimrat Gustav Fischer 06-0012.

- u. S k a l w e i t , H., Schlepperentwicklung u. Normung 06-0110.

M e y e r , Hermann s. Eichler, N.

M e y e r , V.M. s.Horn, H.H.

M e y r , R., Verwendung u.Wirkung v.Luftflügelbremsen bei forstl. Seilanlagen 04-0556.

M i a z g a , J., Zugmaschine "Ursus C-325" zu waldbaul.Arbeiten 01-0470.

M i c e n k o , A., Aggregat aus drei Drillmaschinen 06-0247.

M i č e v , M. u. S t a n e v , I., Lage d. Wirtschaftshöfe u.Ställe in d.LPGs u.auf d.Staatsgütern nach analyt.Methode 06-0563.

M i c h a j l e n k o , E.A. u. M e r c e d i n , R.N., Einsatz d.Drillmaschine "SUB-48" b.Leindrillen 02-0265.

M i c h a j l o v , A., Bau v.Sowchos-Ansiedlungen im Gruppensystem 07-0521.

M i c h a j l o v , D.M. s.Piskun, L.F.

M i c h a j l o v , M. u. R a j k o v , R., Automatische Regulierung d.Anbaupfluges hinsichtlich d.Pflugqualität 09-0206;

s. Dobrev, D.

M i c h a j l o v , M.V., Wirksamkeit d.automat.regulierten Arbeit bewegl.Landmaschinen 06-0290.

M i c h a j l o v , N.A. s.Pimenov, A.M.

M i c h a j l o v , S., V a s i l e v , V. u. P e j č i n o v , G., Hängebahn mit unbeweglicher Befestigung d.Tragseile 08-0399.

M i c h a l , J. u. S o u č e k , K., Offenstall für 384 Milchkühe auf d.Farm Dobřen d.landwirtsch.Produktionsgenossenschaft Družba 08-0492.

M i c h a l č e n k o v , M., B u k r e e v, P. u. A j z e n b e r g , G., Kuhstall mit einer Stützweite v.18 m ohne Innenpfeiler 01-0586.

M i c h á l e k , K. s.Šima, F.

M i c h l i n , V. s.Levitskij, I.

M i c h l i n , V.M., Bewertung d. Eignung v.Maschinenteilen für d. Instandsetzung - Instandsetzungseignung 02-0053.

M i c h n a , W. u. S z y n k a r c z u k , A., Landwirtsch. in Volkspolen /09-0013/.

M i c h n a y , S., Dynam.Untersuchung am Allradschlepper "UE 28" 05-0096.

M i č k i n , I.A. u. K o p y l o v , M.K., Zuverlässigkeit d.Einspritzventile 08-0042.

M i e c z n i k o w s k i , K., Eindringen v.Regenwasser in unverputzte Wände 04-0618.

M i e r s w a , D., "LPW 19", Kleinpumpe z.Verwendung im Gewächshaus 02-0580.

Selbstbau v.Gewächshäusern 02-0599.

Erdaufbereitungsmaschine RAPIDO 04-0452.

M i e l k e , H. u. T r ö g e r , F., Laktationsphysiologie u. maschinelles Melken 04-0392.

M i f l e , P., Neuer Futterhäcksler 08-0230.

M i h a l a c h e , V. s.Petrescu, L.

M i k e c z , I. s.Bocsor, G.

M i k e s , F., Elektrifizierung landwirtschaftl.Betriebe /03-0067/.

M i k e š , K., Chemisierung. Technik d.Anwendung flüssiger Düngemittel 06-0231.

s.Zach, M.

M i k l a š e v s k i j , N.I. s.Kapusta, I.Ja.

M i k u l i k , J., Mechanisier. d.Futterernte in d.ČSSR 01-0209.

Komplexe Mechanisier.d.Futterernte /02-0416/.

Grundprobleme u.Perspektiven d. Komplexmechanisierung d.Futterpflanzenernte 09-0246.

-, S t r o u h a l , E. u. V e l e b i l , M., Neuheiten d. Landtechnik auf d.Internat. Landmaschinensalon Paris 04-0590.

M i l l a r , R., Kuhstall wird Boxenliegestall 01-0584.

M i l l e r , F., Holder Cultitrac A 20. Diesel-Allradschlepper für d.Forstwirtsch. 09-0459.

M i l l e r , J.H., F o y , C.L., K e m p e n , H.M., C a r t e r , L.M. u. H o o v e r , M., Unkrautbekämpfung in Baumwollkulturen 05-0601.

M i l l e r , M.H. s.King, K.M.

M i l l e r , M.S., P o p o v i č , P.V. u. D i t r i c h , V.I., Tragbare Montagewinde 05-0571.

M i l n e , D.L., Pflügen u.Bekämpfung d.Nematoden 08-0426.

M i l t o n , G.A., Geräte u. Methoden in d.Milchwirtsch. 02-0541.

M i n d e l ' , E.M., Einfluß d. Geschwindigkeitserhöhung auf Wirkungsgrad u.Leistungsparameter künftiger landwirtsch. Traktoren 04-0083.

-, B a r a s t o v , L.P. u. C h o l i n , A.I., Verbesserung d.Arbeitsbedingungen auf Traktoren 05-0143.

- u. K a l ' j a n o v , F.P., Zugeigenschaften eines Radtraktors d.3-Mp-Klasse 08-0059.

M i n e v a , P. s.Penev, P.

M i n i n , N., Erzeugnisse d. Bauindustrie für ländl.Bauten 03-0509.

M i n i n z o n , V.I. s.Frumkis, I.V.

M i n s o n , D.J., Siloabdeckung mit Plastikfolie 04-0305.

M i o t l a , D., Einheitl.Traktoren-Reihe d.ČSSR 05-0087.

Feldhäckseldrusch in d.ČSSR 05-0272.

Erfahrungen mit d.techn.Wartung d.Traktoren in d.ČSSR 03-0034.

M i r o n j u k , S. s.Levčenko, N.

M i r o n o v , A.A., Messungen an Erbsenschwaden während d. Trocknung 07-0306.

M i r o n o v , A.P. u. A l f e - f e v , V.P., Arbeitsablauf eines luftgekühlten Dieselmotors f.Traktoren 01-0083.

M i r o š n i č e n k o , I., Wie man Milchviehfarmen zu Laufställen umbauen kann 05-0674.

M i r o s n i č e n k o , I.K., Farm für d.ganzjährige Rindermast 01-0592.

M i r o š n i k o v , A.A., Vorrichtung für d.Ernte v.Leguminosen 05-0301.

M i r o v , B. s.Levinskij, N.

M i r ü m j a n , G.N., Hanf-Vollerntemaschine "KKP-1,8" 04-0251.

M i s i n , I.A., Techn.u.wirtschaftl. Kennwerte d.Landmaschinen 08-0029.

M i s s u t h , J., Sprengen im Wald u.in d.Landwirtsch. /03-0394/.

M i t e v , M., Maschinelle Grünlandmeliorationen 01-0140;

s. Ivanov , M.

M i t j a e v , I.D., s.Juchnevič, L.A.

M i t s c h k e , M., Theoretische u.experimentelle Schwingungsuntersuchungen am Kraftfahrzeug 04-0087.

M i t t a g , U., Perspektivplanung für ein volkseigenes Gut 04-0642.

Diplomentwürfe v.landwirtschaftl. Produktionsbauten im Baukastensystem 08-0435.

- u. R u d o l p h , C., Universalkonstruktionen für landwirtschaftl.Produktionsgebäude 05-0616.

M i t t e r e r , J., Erfahrungen mit d.Spaten-Egge 02-0231.

Erfahrungen mit einem Abladegetriebe 03-0197.

Laden v.Gerstengarben u.Lihoraps 05-0276.

Erfahrungen mit einem Kunststoff-Jauchefaß 07-0364.

Erfahrungen mit d.Spatenegge 07-0211.

Die Küche sollte praktisch sein 08-0262.

M i z e , J.J. s.Hinson, T.L.

M j a g i , K.A., Feldmethoden zur Bestimmung d.Koeffizienten d. Filtration beim Bau v.Dränen 04-0147.

M j a g k o v , G.T., Aufsattel-Kopplungsbalken "SN-75" 02-0172.

Schälpflüge Typ "LDP-10" u. "LOD-10" mit großer Arbeitsbreite 02-0220.

M o b e r g , H.A., Traktorbetrieb bei Ausfall v.Kraftstoffen 06-0111.

M o d i g a , V. u. N i c h i t a , C., Mechanisierung d.Arbeiten in d.Rinderhaltung /08-0239/.

M o e , D.L. s.Winterfeld, H.

M ö l l e r , H., Hebegerät für d. Lüfter "SK 8" 05-0317.

M ö l l e r , T., Traktorenbetriebenes Kleinkraftwerk als Ersatz bei Stromausfall in Landwirtschaftsbetrieben 06-0074.

- u. W i l h e l m s o n , R., Elektromotoren für Landwirtschaftsbetriebe 02-0083.

M ö s e r , H., Hochraine u.Hohlwege in d.Flurbereinigung 06-0211.

M o h s e n i n , N.N. u. G ö h - l i c h , H., Verfahren zur Bestimmung d.mechan.Eigenschaften v.Obst u.Gemüse im Hinblick auf die Konstruktion u.Entwicklung v.Ernte- u.Aufbereitungsmaschinen 02-0615.

s.Finney, E.E.

M o i s e e n k o , N. s.Krylov, Ju.

M o i s e e v , E.M., Gerät zur Bestimmung d.Reibungskoeffizienten d.Halme 01-0029.

M o i s e e v , N.F., Maschinen zur Düngung u.Schädlingsbekämpfung im Weinbau 09-0408.

M o i s e e v , P.I. s.Sverdlov, M.S.

M o i s e e v a , S., Neue Typen gesellschaftl.Gebäude für Sowchossiedlungen 05-0652.

M o j s j e j e n k o , Z. u. C h o c h o l , Ju., Neues im Wohnungsbau d.Republik 08-0470.

M o k š a n c e v , F.P. s.Kovrigin, V.D.

M o k š i n , P., S i l ' č e n - k o , N. u. K o s t r o v , P., Vollmechanisier.d.Futterbohnen-Anbaues 02-0169.

M o l č a n o v , A.L. u. G u - b e n k o , G.V., Aggregat z. Bodenbearbeitung zwischen den Weinstöcken 06-0407.

M o l č a n o v , D.N. s.Derevenko, V.V.

M o l č a n o v , V.P., Hubschrauber "MI-4" bei d.Bekämpfung v. Waldbränden 02-0680.

M o l d e n h a w e r , K., Verkauf v.Laubfaserholz nach Gewicht 09-0455.

M o l d o v a n , P., N e c s u l e s c u , E. u. T o m e s c u , D., Mechanisierung d.Erbsenanbaus 06-0179.

M o l l y , H., Schlepperhydraulik u.d.Wechselbeziehungen zwischen Schlepper u.Pflug bei d.Regelung d.Arbeitstiefe 07-0135.

M ø l n å , B., Unfälle mit Traktoren u.die Faktoren, die d.Gefahr erhöhen oder verringern 04-0088.

M o l n á r , L., Moderne Methoden in d.Tierzucht in Großbetrieben /08-0238/.

M o m b ä c h e r , R. s.Willeitner, H.

M o n a s t y r n y j , V. s.Orešin, M.

M o n č e n k o , V.P. s.Terlikova, T.F.

M o n k e , E.J. s.Waelti, H.

M o n o v , I. s.Iliev, B.

M o n t c h a n i n , P.R., Frostschutz im Garten durch Plastikfolien 05-0498.

M o o r e , R.A., Hubschrauber m. Starrflüglern in d.Landwirtsch. 02-0146.

M o r a g n e , L., L o n g r é e , K. u. W h i t e , J.C., Einfluß eines Schneckenförderers auf d. Kühlzeit v.Nahrungsmitteln 04-0437.

M o r á v e k , Z., Geflügelfuttermischmaschine "KDSK-5000" 09-0348.

M o r d a s e w i c z , J. u. G e p p e r t , W., Ländl.Kulturhäuser 07-0534.

M o r h á č , J. s.Marko, A.

M o r i t , Ju. u. Z a k s , M., Getreide-Reinigungs-u.Trocknungsanlage 01-0310.

M o r i t z , D. s.Feiffer, P.

M ø r k v e d , K., Brikettierung u.Plattenherstellung aus Rinde 07-0468.

M o r o z o v , K.G. s.Skundin, G.I.

M o r o z o v , V.K., Bau einer Untergrundbewässerungsanlage 05-0464.

Grabenloses Verlegen v.unterirdischen Bewässerungsröhren 07-0194.

M o r r i s , W.H.M., Arbeitsablauf bei Melkständen 07-0565.

M o r r o w , J., "Bifluß-Spritz-System" bietet erhöhte Abdriftkontrolle 03-0482.

M o r t a s a w i , M., Schnittlänge v.Halmguthäcksel /05-0304/+.

Schnittlänge v.Halmguthäcksel 07-0248.

M o r t i m e r , R.G., Mechanisier. in d.Viehwirtschaft. l.Mitt. Das maschinelle Arbeiten m.Silage u.Konzentraten in landwirtschaftl.Betrieben 03-0289.

M o r z y c k a , A. s.Bojanczyk, J.

M o s e r , E., Elektrizität im Gartenbau 05-0458.

M o s i c h i n , E.P. u. R y b a k o v , K.V., Gesetzmäßigkeiten d.Verschmutzungsprozesses v. Motorenoel 06-0083.

M o s i g , E., Kurzzeitmelken mit d."Impulsa"-Zentralpulsator 01-0375.

M o s l é , H.-G., Werkstoffprobleme unter bes.Berücksichtigung d.Kunststoffe u.d.Korrosionsschutzes an Haushaltsgeräten am Beispiel d.Kühl- u.Waschgeräte 04-0438.

M o š o n k i n, N.P., Automobil-Aggregate 04-0494.

M o s s e l , D.A.A., Grundlagen d.Konservierung v.Lebensmitteln durch Erhitzung 03-0329.

Grundlagen d.Konservierung v. Nahrungsmitteln durch Trocknen 03-0331.

Mikrobiologische Grundlagen für d.Konservieren v.Lebensmitteln durch niedrige Temperaturen 03-0333.

M o t h e s , E., Mechanisierung v.Obstlagerhäusern 07-0596.

- u. B e r g n e r , H., Wärmeproduktion landwirtschaftl. Nutztiere in geschlossenen Ställen 02-0723.

- u. K a s p e r s , P., Ventilatorenlüftung v.Ställen 03-0516.

M o ž a e v , D., Rückung mit Seilbahnen 06-0504.

M o ž n ý , F., Einführung industrieller Elemente bei d.Stalldungwirtschaft 03-0304.

M u c h a m e d ž a n o v , F.S., Berechnung d.Absetzens v.Klärschlamm in Absetzbecken 07-0196.

M u c h a m e t o v , R.G., Anbautechnik bei Zuckerrüben in Baschkirien 05-0291.

M u d r a , S., Größen- u.Maßeinheiten d.wichtigsten Parameter landwirtschaftl.Maschinen u. Traktoren /07-0020/.

M ü g g e , H. u. S e i z , J., Verhalten v.Bügelsägeblättern bei Dauerbeanspruchung 08-0380.

M ü h l h a u s , P., Mehr Beachtung dem Unfallschutz im Fuhrpark 08-0347.

M ü h l n e r , E., Heckanbau-Vielfachgerät "P 433", 5 m Arbeitsbreite 09-0231.

M ü h r e l , K., Landwirtschaftl. Transportwesen in d.DDR u.anderen Ländern unter besonderer Berücksichtigung d.Länder mit sozialist.Produktionsverhältnissen in d.Landwirtschaft 05-0159.

Probleme d.außerbetriebl.Güterumschlages in d.Landwirtsch. 05-0160.

- u. K a t z e r , F., Bericht über eine Studienreise in d. VR Ungarn 09-0519.

- u. M ü l l e r , W., Hat d. Lastkraftwagen im landwirtschaftl. Transportwesen d.DDR eine Perspektive? 06-0164.

M ü l l e r , K., Mechanisierungsplan für einen Futterbaubetrieb 04-0126.

M ü l l e r , K., Glasversorgung wird erweitert 08-0442.

M ü l l e r , L. u. K y n a s t , H., Vereinheitl. v.Baugruppen u. Einzelteilen im Landmaschinen- u. Traktorenbau, ein Beitrag zur bedarfsgerechten Ersatzteilversorgung in d.Landwirtsch. 09-0044.

M ü l l e r , M. s.Beer, M.; Klug, A.

M ü l l e r , W. s.Kunze, P.; Mührel, K.

M ü l l e r , Werner s. Mann, G.

M ü l l e r , Wolfgang, Automotive engineering /09-0152/.

M ü n c h i n g e r , R., Lastentransport v.Hand 06-0016.

M u g a n c e v , K.E., T u r o v , E.A. u. A b r a m o v , A.M., Erste halbautomat.Ausform-Taktstraße im Gebiet Krasnojarsk 02-0663.

M u i j z e n b e r g , E.W.B. van d., s.Renard, W.

M u n z , A. s.Bischoff, T.

M u r a t o v , R.B. s.Aksent'jan, K.B.

M u r t a s o v , T., W y l t s c h e v , W. u. T o p a l o v , I., Foliengewächshäuser 06-0421.

M u r t a z a e v , A.O. s.Kalšin, V.E.

M u s c h o l d , H., Wenn d.Fensterlüftung nicht ausreicht 03-0344.

M k r t č j a n , L.A. s.Markarjan, S.E.

M k r t č j a n , R., Bauwesen in Sowchosansiedlungen Aserbaidshans u.Armeniens 06-0560.

M k r t u m j a n , V.S., P e t u c h o v , N.A. u. I l ' i n , J.P., Untersuchung v.Fischgräten-Melkständen 07-0567.

M r a z e k , F., Mechanisierung d.Kulturpflege mit d.Einradmotorhacke 02-0641.

M r o z e w s k i , S. s. Pijanowski, E.

M y š á k , F. s.Dias, R.

M y s z k o w i e c , S. s.Szemiot, H.

N a č e v , N., Verbesserungsvorschlag 06-0502.

N a c h t w e y , H., Planung u. Wirtschaftlichkeit v.Elektro-Großküchen 05-0439.

N a g e l , B., Klare Konzeption für LPG-Bauorganisationen 08-0447.

N a g y , J., Prakt.Gesichtspunkte für d.Anwendung v.Entlüftungsschächten 09-0540.

N a j d e n o v , V. s.Plaksin, V.

N a j o r k , H., Untersuchungen an selbsttätigen Kälteverdichterventilen 02-0103.

N a r k s w a s d i , U., Bewirtschaftungsprobleme in Thailand 06-0007.

N a s t e n k o , N. u. B o r o š o k , L., Automat.Lenkung d. Traktoren 01-0096.

- u. V a s i l e n k o , I., Vorrichtung z.automat.Lenkung d.Rüben-Vollerntemaschine 02-0406.

N a s t e n k o , N.N. u. B o r o š o k , L.A., Automat.Höhenverstellung d.Arbeitsteile v.Landmaschinen 02-0298.

Automation d.Produktionsprozesse in d.Landwirtsch. /07-0012/⁺.

Nastenko, P., Neues bei d. Mechanisierung d.Kartoffelbaues /09-0171/.

Natarajan, M., Kältemaschinenöl 51KM45 gegen das Kältemittel R 142 02-0105.

Nation, H.J., Vorläufige Feldvergleiche zwischen Traktoren mit hydrostat.u. mechan.Getriebe 07-0111.

Natterodt, M., Umrechnung engl.-amerikan.Maßeinheiten /09-0012/⁺.

Nauck, A.K., Behandlung u.Schonung d.Reifen 01-0100.

Naujok, H., Junghennenaufzucht mit Warmluftwerfern in d.LPG "Arthur Hertz", Vogelsdorf 08-0224.

Nazarevskij, P.P., Rodegerät "RKŠ-4" mit umlaufenden Werkzeugen 01-0141.

Nazarov, A.V. s.Ljutin, M.P.

Nazarov, G.I. u. Simonenko, A.S., Berechnung d. Schwungmassen v.Diesel-Elektro-Aggregaten bei stark schwankender Belastung 06-0075.

Necsulescu, E. s.Moldovan, P.

Needham, K. s.Scott, G.W.R.

Nefedov, S., Wichtigste Fragen bei d.Entwicklung d.ländl. Bauwesens 02-0714.

Nehls, H., Belüftete Großmieten für Kartoffeln in d.LPG Goßmar 01-0334.

Nehlsen, E., Ent- u.Vernieten v.Motorsägenketten 01-0492.

Nietarbeit an Einmann-Motorsägenketten mit Handnietgeräten 03-0432.

Nejčenko, V.G. s. Dmitričenko, S.S.

Nejez, M., Ländl.Hauswirtschaftsberatung in Österreich 08-0263.

Nekipelov, J. s.Basnak'jan, G.

Nekrasov, R. u. Grubov, S., Seilriesen vom Typ "TPU-7" im Gebirgswalde 04-0538.

- u. Kolobov, E. Montage v. Rücke- u. Beladesystemen 06-0505.

Großbündelweises Holzverladen 07-0479.

Nekrasov, S.S., Kinematische Vorgänge beim Oberflächenverfestigen von Wellen durch Abwälzen v.Stahlzylindern 09-0038.

Nellbeck, R., Kaingaroa-Forest - ein typisches Beispiel neuseeländischer Forstwirtsch. 04-0488.

Nelson, G.L. s.Mensch, R.L.

Nelson, G.S., Aerial application of granular fertilizer and rice and lespedeza seed /05-0231/.

Németh, F., Untersuchung d. Kräfte, die d.Automaten "ET" beim Scheibenschälpflug belasten 09-0205.

Nemvalts, A., Projekte v. Stallgebäuden aus Fertigteilen 05-0620.

Nestler, W., Bericht über d.Mechanisierung d.Maisanbaues im Institut KNIITIM (UdSSR) 03-0123.

Neubacher, F., Zentralforstgärten in d.Forstwirtschaft 03-0402.

Neubauer, K., Landmaschinen.Fachschullehrbuch /03-0014/.

Neubauer, L.W. s.Longhurst, W.M.

Neuber, B., Stahlwasserspulen im Waldwegebau 03-0469.

Neubert, E. s.Schmidt, G.

Neubert, S. s.Cersovsky, H.

Neuteboom, D.I., Einmalige Verpackung in England 02-0618.

Neveux, M., Committee on electric power. Working party for the study of rural electrification. - IV. Economic, administrative and financial problems. Point 11. /05-0076/.

Newcomb, T.P., Arbeitsleistung d.Bremsen 08-0064.

Temperaturen in d.Kupplung 09-0123.

Nezlobin, M., Weg d.techn. Fortschritts 06-0323.

Neznamov, L. s.Jankov, P.

Nice, P. s.Bimbulov, N.

Nichita, C. s.Modiga, V.

Nichols, B., Schweineställe mit Spaltenböden 07-0576.

Niedermeier, R.P. s. Bruhn, H.D.

Nielsen, V., Planung v.Gewächshausanlagen 07-0420.

s.Renard, W.

Niemczyk, H.D. u. Prins, G., Dibbelmaschine zur gleichzeit. Ausbringung v.Saatgut u.granulierten Insektiziden 04-0579.

Niemiec, J., Lagerhäuser für 200 t Obst 04-0684.

Nieminen, L., Düngerstreuer für d.Ausbringen v.mineral.Dünger 08-0138.

Niemke, W., Siedlungsprobleme d.sozialist.Landwirtsch.04-0620.

- u. Picht, K., Standortfestlegung landwirtsch.Bauten 01-0569.

Standortfestlegung landwirtsch. Bauten. Teil 2 05-0638.

Nierich, H. s.Schneider, B.

Nieter, H., Bodenbearbeitung mit Hilfe v.Leistungsvergleichen im Pflügen 09-0198.

Niewiadomski, W., Versuchsanstalten d.landwirtschaftl. Hochschulen in d.Zukunft 04-0014.

Niezborała, H., Getreidesilobau aus Holzfaserplatten 04-0679.

- u. Lernaciński, Z., Zylindr.Getreidebehälter aus Beton 04-0678.

Nikandrov, B.I., Landwirtschaftl.Bauten /03-0506/.

Nikiforov, P.E., Verteilung d.Bodenbearbeitungsmaschinen auf hinsichtlich Klima u. Boden verschied.Gebiete 02-0208.

- u. Ivanov, A.N., Schnellpflüge f.Geschwindigkeiten über 9 km/h 02-0219.

Nikl, L., Angewandte Hydraulik in d.Landwirtsch. /07-0041/.

Nikolaev, G.S. s.Fedoseev, B.V.

Nikolaev, Ju.A. u. Kotov, P.S., Maschinen für d.fließende Weißkohlernte 09-0432.

Nikolaeva, N. u. Dragileva, E., Projektierung u.Bau v.Viehställen in d.ČSSR 05-0673.

Nikolai, Schnell-Lader "T 176" 06-0166.

Nikolajew, G., Einheitl. Mähdrescher-Typen-Programm 03-0210.

Nikolov, N., Maschine f. Bewässerung v.Rebanlagen 06-0400.

Nikul'šin, V.M. s.Burgučev, S.A.

Nischwitz, J. u. Bennewitz, H., Mech.Grassilagegewinnung v.Grünland 02-0310.

Nisen, A., Tendenzen beim Bau v.Gewächshäusern 05-0477.

Niskanen, M., Traktorbaggeraggregate als Grabenbagger 09-0465.

Nisevič, A.I. s.Veličkin, I.N.

Nitsche, K., Einführung d. Progressiven Pflegeordnung f. Traktoren 02-0054.

Kampagnefest-Überholung oder Generalreparatur d.Landmaschinen? 05-0034.

Noack, K., Anhänge-Forstdrillmaschine "A 534", VEB Landmaschinenbau, Bernburg - Prüfbericht Potsdam-Bornim 08-0358.

Wurzelschnitt- u.Pflanzenaushebepflug, Typ B 180, VEB Bodenbearbeitungsgeräte Leipzig, Prüfbericht Potsdam-Bornim 09-0464.

Nöring, L. u. Himmel, U., Kotrostaufstallung d.Rinder im Offenstall 08-0489.

Noordzij, P., Wechselwirkung zwischen Produkten u. Klima in gekühlten Lagerräumen 03-0334.

Nord, O., Geräte u.Verfahren z.Stöckeputzen 06-0409.

Nordmann, K., Wege in d. landwirtschaftl.Fördertechnik 06-0165.

Nordström, L., Forstpflege u.Technik 05-0511.

North, J.J., Kosten d.Bewässerung 05-0195.

Nosov, M.S., Maschinensätze für d.Schweinehaltung 06-0343.

Nosov, S.K., Gerät zur Messung d.Radialdrücke v.Kolbenringen 09-0075.

Novobrancev, F.K., Komplexmechanisier.d.Schweinefleischproduktion 02-0494.

Nowacki, T., Landschlepper u.Kraftfahrzeuge /02-0140/.

Landtechnik als Schwerpunkt im Unterricht an d.landwirtschaftl. Hochschulen 04-0012.

Mechanisierung d.Landwirtsch Bd. 1 /05-0011/.

N o w a k , H., Kartoffeln u.d.Mechanisierung d.Legens 08-0153.

N o w a k o w s k i , J. s.Proś, J.

N o w i k o w , A., Fischgrätenmelkstand "Impuls" 01-0373.

N o w o w i e j s k i , M., Wirtschaftlichkeit d.Heubelüftung 07-0315.

N o w s o n , D.F., C h a l m e r s , R.G. u. M a r s d e n , R.H., Projekte z.Unterstützung d.Mechanisierung d.Landwirtsch.in Entwicklungsländern 01-0557.

N o v á k , V., Ernte mit d.Mähdrescher "ZM-330" mit eingebautem Häcksler /07-0312/.

N o v i k o v , Ju.F., Elektronenrechenmaschine bei Untersuchung u. Projektierung d.Arbeitsflächen v.Bodenbearbeitungsmaschinen 06-0226.

N o v o b r a n c e v , F.K., Mechanisier.auf d.Schweinezuchtfarmen /08-0241/.

N o v o k š č e n o v , A.V. s. Zabaluev, I.T.

N o v o s e l o v , S.V., Trocknung v.Körnerleguminosensaatgut durch d.aktive Belüftung mit erwärmter Luft 08-0210.

N o v o t n ý , E., Dreiphasenernte v.Samenrotklee 06-0311.

N o v o t n ý , V., Verdünnung v. Sämlingen u.Saatpflanzen in Forstbaumschulen 08-0360.

N o ž k i n , M.I., Traktoren für d. Landwirtsch. 02-0109.

Neue Maschinen 03-0501.

N ü s k e , W. s.Basedow, L.

O b e r , J., Planungsfaktoren für d.Bau u.d.Einrichtung v.Ställen für Legehennen 09-0589; s. Otto, J.

O b e r , Josef, Bau u. Einrichtung v. Hühnerställen unter bes. Berücksichtigung d. Raumklimas /04-0672/.

Stalltüren mit neuen Baustoffen in alter Konstruktion 09-0566.

O b e r t y š e v , A.I., Länge d. Beschickungsluke d.Schneckenförderers 07-0159.

O b r a c z k a , R., Mechan.Einlöffel-Universalbagger "KM-251" 06-0200.

O b s t , H. s.Adams

O ' C a l l a g h a n , J.R., O ' H a g a n , M.E. u. R i c e , B.G., Leistung v.Hammermühlen 04-0370.

O ' D a n i e l , W., Baumzeilenbearbeitung in Rechteckverbandpflanzungen 05-0470.

-, B e r g , F. u. S e i d e l , S., Pflanzenschutz mit Beregnungsanlagen 01-0449.

- u. L e e n d e r t z , B., Beitrag zum Bau v.Beregnungsanlagen aus Kunststoffrohren in Niederstammanlagen 07-0407.

O d d e n , N.T., E s m a y , M.L. u. Z i n d e l , H.C., Temperaturveränderungen d.Ventilationsluft innerhalb d.Dachraumes v. Geflügelställen 04-0669.

O e h m e , H., Einfluß d.Mechanisier.auf d.Zuckerrübenerträge u.daraus resultierende Forderungen an d.Landtechnik 02-0165.

O e h r i n g , J., Kraftheber-Regelungen 01-0110.

Regelhydraulik, praktisch betrachtet 02-0131.

Wie genau düngerstreuen? 02-0246.

Frontanbau u.Kombinationseinsatz bei d.Erntebergung 03-0194.

Bequemer Geräteanbau 08-0071.

O e r t e l , E. s.Seidel, E.

O e r t l i , W. s.Schilling, K.

O e r t z e n , W.v., Kunststoff-Gewächshaus in freitragender Bauweise 03-0359.

O e t e r e n , K.A.v., Schutz f. feuerverzinkte Stahlkonstruktionen durch Anstrich 06-0416.

O g l e s b y , N.P., Drahtlose Fernsteuerung d.Traktors auf d. Straße 06-0149.

O g n e v , G.M. u. C h o d y r e v , P.I., Konstruktion u. Untersuchung d.Scheiben-Krauträumgerätes "BD-1" als Geräteträger-Anbaugerät 02-0382.

O ' H a g a n , M.E. s.O'Callaghan, J.R.

O k o ł o - K u ł a k , S., Rentabilität d.Milchproduktion 04-0391.

Grünfuttertrocknung als selbständige Richtung in d.landwirtsch.Produktion 07-0317.

O k o n s k a , A., Landwirtschaftl. Technika für d.Fernstudium 04-0013.

O k o r o v , I.F., P e r s t n e v , S.N. u. T a r t a k o v s k i j , I.I., Aufnahmetrommel 06-0261.

O k s a n e n , E.H., Auswirkungen d.Mechanisierung auf d.Arbeitsaufwand u.d.Betriebsorganisation in buchführenden Betrieben in Südfinnland 07-0052.

O k u l o v a , Z.N., Automat.Regner mit stoßweiser Wasserabgabe 04-0158.

O k u ň , G.S., Berechnung d.Trocknungsdauer v.Getreide 04-0314.

O k u n i e w s k i , J., Techn.Revolution in d.Landwirtsch.u.ihre Entwicklungstendenz 07-0001.

O l b e r t z , M.H., Stand u.Weiterentwicklung d.Dräntechnik 06-0184.

Rostocker Dränspül- u.Ortungsgerät "RSO II" 06-0202.

Techn.Verfahren d.Plastrohrdränung 07-0177.

- T i t z e , E. u. K l i e t z , H., Entwicklung u.versuchsmäßige Erprobung d.Rostocker Plasterohrdränpflüge 03-0132.

- W e r t z , G. u. K ö s t e r , H., Verfahren z.Rekonstruktion v.Dränanlagen 02-0189.

Rekonstruktion v.Dränanlagen 04-0138.

O l ' c h o v , O.A., Anwendung d. Atomenergie in d.Landwirtsch. /03-0066/.

O l e a r s k i , E., Modell eines Feldhäckslers 07-0284.

O l e n e v , V. s.Lamonov, G.

O l e n e v , V.A. u. C h a l e n e v , A.P., Lüftungssystem für Viehställe 01-0564.

O l i v e c r o n a , C.M.B., Schlepperreifen, d.vollständig mit Wasser gefüllt sind, haben eine kürzere Lebensdauer u.verschleißen schneller 07-0122.

O l l i e r u. C a l e s , Planung eines Groß-Umschlagplatzes für Nahrungsmittel 02-0762.

O l n e y , G.R. s.Whittlestone, W.G.

O l s c h o w y , G., Bauernhöfe im Grünen 06-0562.

O l s z e w s k i , T., Technik d.Grünfutterernte 07-0249.

s.Kijowska-Kuske, W.

O l v e r , E.F., Jugend u.d. Zukunft d.Technik 01-0006.

O m e l ' j a n , F.E., Zweiachsige Anhänge-Planiergeräte mit weitem Achsabstand 05-0185.

O m u t o v , A., Maschinenkette für d.Getreideernte nach d. Fließverfahren 07-0278.

O n d ř e j , L., Festlegung v. optimalen Konstruktionsparametern d.Maschinen u.v.Betriebsparametern d.Aggregate, welche d.technolog.Bedienung bezügl. d.maximal.Leistung erfordern 02-0038.

Arbeitsorganisation beim Pflügen 09-0202.

O n u f r i e n k o , J.F., T a r a n , F.I. u. T o n j u k , N.I., Spritzgerät "Chmel" 01-0536.

O r c h a r d , B., Bewässerungssystem für kleine Parzellen 05-0484.

O r d i s h , G., Pflanzenschutz im Wandel d.Zeit 02-0687.

O r e c h o v , N.I., M a c h l i n , E.A. u. T a r a s e n k o , A.P., Arbeitsweise v. Schwadmähern bei erhöhten Geschwindigkeiten 07-0280.

O r e l , M. u. P o p o v , V., Zuckerrübendrillmaschine Typ "STSN-6" 2-0260.

O r e š i n , M. u. M o n a s t y r n y j , V., Stallgebäude nach technolog.Karten 07-0512.

O r i p o v , M., Anbau-Aerosolgenerator 02-0698.

O r l o v , A., Anlauf d.3-Mp-Landwirtschaftsschleppers 04-0102.

O r l o v , A.I. s.Paškov, V.E.

O r l o v , N.K., Neu konstruierte Samendarre 02-0648.

O r l o v , V., Heizung u.Lüftung v.Ställen 05-0627.

O r l o v s k i j , G.F., Zukünftiges Maschinensystem für d. Baumwollanbau 08-0192.

O r l o v s k i j , I.F. s.Chodyrev, P.I.

O r l o w s k i , S. u. W o l f , D., Bestimmung d.beim Dreipunktanbau wirkenden Kräfte 06-0158.

O s b o r n e , L.E., Vierradantrieb kontra Kette 08-0061.

s.Smith, D.W.

O s e č i n s k a j a , N.E. s. Egorova, A.V.

O s i n g a , A., Messung d.Dämmwertes v.Stallböden u.d.Wärmeabgabe v.Ferkeln an d.Liegeplatz 04-0660.

Wärmebilanz im Rinderstall 06-0569.

- u. S t e g e n g a , Th., Wärmebilanz eines Schweinemaststalles im Winter 04-0665.

O š k i n , A., Technologie u.Mechanisierung beim Maisanbau 02-0161.

O s m o l o v s k i j , M., Wichtigste architekton.Fragen im ländl.Bauwesen 08-0434.

O s o b o v , V.I., Zusammenhalt feinstengligen Materials beim Brikettieren 01-0030.

O ß w a l d , G. s.Hutschenreuther, G.

O s t a r h i l d , H., Ausbringverfahren u.Arbeitsverfahren im Pflanzenschutz 01-0522.

Moderne Geräte für neue Verfahren 09-0508.

O s t e r l o h s.Kloss

O s t e r m a i e r , R., Mäh- u. Schwadhäckseldrusch, das modernste Verfahren in d.Getreideernte 01-0241.

Strohhäckselverfahren bei d.Mäh-u.Schwaddruschernte 01-0243.

- u. L ö f f e l b e i n , H., Naturhafte Haltung v.Rindern, Boxenlaufställe 01-0588.

O s t r o g l a z o v , V.A., Forstl.Bodenlockerungsgerät "RLN-50" 07-0455.

O s t r o v s k a , J.A., Deutsch-russ. mech.-mathemat.Wörterbuch /02-0045/.

O s t r o w s k i , J. u. Š n i a d o w s k i , Z., Versuchsweise Anwendung v.Kunststoffen bei Dränarbeiten 09-0187.

O t t , J., Entrindung m.Schäleisen 03-0434.

Maschinelle Entrindung v.Tannen-Stämmen 05-0563.

Ladekräne beim Holzrücken 05-0565.

s.Grammel, R.

O t t o u. R u c k , R., Kaltbelüftungsanlagen für d.Getreidetrocknung 01-0314.

O t t o , F.-C., Elektroenergiebedarf d.KTL-Versuchsbetriebes Sandhof 01-0043.

Mechan.Entmistung - Festmistverfahren 03-0300.

O t t o , G., Anbau-Einfachscheibenegge mit Grubbereinsatz für Plantagen "B 490", VEB Bodenbearbeitungsgeräte, Leipzig, Prüfbericht Potsdam-Bornim 01-0173.

Mechanisierung d.Bodenpflege in Obstanlagen am Hang 08-0293.

O t t o , H.J., Milchabsaugemelkanlagen 01-0376.

O t t o , J. u. O b e r , J., Oberflächentemperaturen an Bauteilen eines Hühnerstalles u.Berechnungen d.Wärmeabstrahlung 08-0503.

O u j e z d s k ý , J. s.Šálek, J.

O u w e r k e r k , C.van s.Kuipers, H.

O v č a r o v , E.E., Selbsttätige Wehre in Bewässerungssystemen 07-0193.

O v č i n n i k o v , N.N., K i r i č e n k o , G.S. u. D m u c h o v s k i j , A.N., Dreirad-Kleinstschlepper 06-0121.

O v i n g , R.K. s.Krolis, K.E.

O v o d o v , V.S., Automat.langsamer Filter für landwirtschaftl. Wasserversorgung /04-0630/.

O v s j a n n i k o v , B.P., Untersuchungen d.Leistungsbedarfs v.Mähhäckslern 09-0259;

s.Sergeev, M.P.

O w , R.v., Kunststoffe in Landmaschinen 03-0027.

Prüfstandversuche mit Kunststoffgleitlagern 09-0032.

O w t r a m , I.H., Grundsätze für d.Bau v.Schweineställen 07-0572.

Ø y f o r d , E., Universal-Parzellendrillmaschine 02-0269.

P a a s c h , W., 380 V oder 220 V? Welche Betriebsspannung soll für Elektrowärmegeräte gewählt werden? 01-0397.

P a b i s , J., Nutzung einer Getreidetrockenanlage 07-0337.

P a b i s , S., Ergebnisse d.internat. Vergleichsprüfung verschied.Getreidetrockner im Jahre 1961 in d.VR Polen 03-0261.

P a b l o , Forsttraktor "Nalle" 06-0458.

P a b s t , H., Ein- oder zweischienige Versorgung? 06-0370.

P a c h l , G. u. M e j x n e r , M., Vollmechanisierte Zuckerrübenernte in d.ČSSR 05-0297.

P a c h l , J. s.Mejxner, M.

- u. M a r t i n e c , J., Futterzubereitungsräume für Milchviehställe 01-0580.

P a c h o m o v , B.P. s.Tichonovič, V.I.

P a c k e r , P.D.H., Getreidetrocknung auf Lagerböden 02-0460.

P a d a l k o , F.T., Mech.Beschikkung v.Pflanzmaschinen 02-0270.

P a d u c h a , A., Spezialisierung d.Instandsetzungswesens bei Traktoren u.Landmaschinen 04-0033.

P ä t s c h k e , H., Lagerproblem bei Reparaturwerkstätten 04-0035.

P ä t z o l d , C. u. D a m - b r o t h , M., Reihenabstand im Kartoffelbau 08-0102.

P a g e l , H. s.Buchholz, H.

P a i n e , M.D., Plan eines Kontrollsystems für d.Viehfütterung 09-0350.

P a i r a u d e a u , G., Verpakkungsmöglichkeiten für Fleischprodukte 08-0276.

P a j z s , A. s.Kégl, J.

P a k k a n e n , M., Zusammenarbeit d.Forstindustrie in Finnland 02-0654.

P a l i š k i n , D. u. G a l a - o v , K., Produktive Anwendung v.Melkständen 08-0247.

P a ž k a , S., Zusammenlegbare Rampe auf Rädern 08-0089.

P a l m e r , J.E.S. s.Hearle, W.L.

P a n a s e n k o , F.D., Breite Ställe ohne Bedienungsgang 06-0566.

P a n a s e n k o , P.D., Herstellung u.Verwendung v.Spannbeton-Fertigteilen für d.Bau v.Bewässerungskanälen 05-0197.

P a n e r a i , L., Bewässerung in Israel 05-0192.

P a n e š , V., Körnerbeschädigung durch Erntemaschinen bei verschied. Getreidetechnologien 09-0279.

P a ñ k i n , V.V. s.Andrianov, V.N.

P a n k i n a , L.S. u. V o r o b ' - e v , V.M., Aufnahmeeigenschaften v.Förderelementen 02-0299.

P a n k o t a i , G. s.Herpay, I.

P a n k o w s k i , Z., Trocknen v. Getreide mittels erwärmter Luft im Betrieb d.Instituts für Mechanisierung u.Elektrifizierung d. Landwirtschaft in Strzeszyn 03-0266.

P a n k r a t o v , S.A., Näherungslösungen einiger Fragen d.Dynamik v.Bandförderern 08-0090.

P a n t e l e e v a , N.N., Untersuchung zu bewässernder Flächen 04-0166.

P a p e n d i c k , K., Silos aus Kunststoff 04-0686.

P a p e s c h , E., Grünverbauung im Forstwegebau 03-0458.

P a p p , A., Reibung d.Pfluges 05-0204.

P a p p , I., Einsatz d."Unimog-Zelop" bei d.Holzbringung 09-0487.

P a p p r i t z , v., Gutes Licht im Stall 01-0567.

Unterdachtrocknung v.Heu 02-0437.

Lüftung v.Hühnerställen 08-0502.

P a p p r i t z , C.-L.v., Bedeutung d.Elektrizität für d.Rationalisierung d.Landwirtsch. 01-0038.

Elektro-Weidezaun 01-0341.

Techn.Hilfsmittel bei d.Hochsilo-Entnahme 02-0513.

Klimaregelung in Mast-Schweineställen 04-0358.

Beleuchtungsprogramm in d.Hühnerhaltung 04-0367.

Lüftung v.Hühnerställen 06-0592.

Heuturm im Einsatz 07-0318.

Herstellung v.Gärheu 07-0319.

Wirtschaftlichkeit d.Elektrizitätsanwendung in d.Landwirtsch. /08-0044/.

P a r a d e ž e n k o , K.D. s. Bogdanova, L.I.

P a r a š k e v o v , I., Trocknungsverfahren f.Luzerneheu 02-0340.

P a r a u , D., Durchführung u.Hygiene d.Maschinenmelkens 02-0544.

P a r c h o m e n k o , E.S., Hühnereier-Waschmaschine 09-0371.

P a r f e n o v , A.P., s.Paškov, V.E.

P a r i s , A., Einsatzmöglichkeiten vollmechanisierter Hochsilos 01-0615.

P a r k a m o w , D. s.Jordanow, D.

P a r k e , D., Widerstandsfähigkeit v.Kartoffeln gegen mechan. Beschädigung durch Stoßlasten 03-0231.

P a r k s , R.R. s.Longhurst, W.M.

P a r m a k o v , D., Elektr.Speicherofen für d.Trocknen landwirtschaftl.Erzeugnisse 04-0341.

Selbsterregung d.Synchrongenerators "SG-15/4N" 06-0139.

s.Jordanov, D.

- u. Pŭrvanov, P., Voraussetzungen für eine gefahrlose Elektrifizier.d.Drusches 02-0373.

Parnack, M. s.Gabler, E.

Parsons, L.M., Weniger Arbeit im Kuhstall 01-0355.

Parsons, P.S. s.Dobie, J.B.

Pasák, V., Land- u.forstwirtschaftl.Meliorationen in d.ČSSR 01-0206.

Pascal, J.A., Leistung von einfachen und "Doppelschnitt"-Schlegelerntern 01-0215.

Leistungsvergleich d.Schlegelernter mit einfachem u.doppeltem Häckseleffekt /02-0426/.

- Bull, K.G., Hepherd, R.Q. u. Phillipson, A., Gehl-Feldhäcksler "Chop-all" mit Zusatzeinrichtungen : Fahrwerk /"FH 83"/, Aufnahmevorrichtung /"HA 83"/, Mähwerk /"MA 96"/, Häckselvorrichtung /"CA 87"/, Anhänger für Häckselgut /"BÜ 84"/, Futtergebläse mit Auswurfrohr /"FB 86"/ - N.I.A.E.-Test 02-0329.

Gloster-Schlegelernter "MK II" mit 1,01 m Schnittbreite u.Ausführung mit drehbarem Schachtoberteil, N.I.A.E.-Test 07-0262.

- Hepherd, R.Q. u. Phillipson, A., Massey-Ferguson "500-7" Mähdrescher, N.I.A.E.-Test 06-0286.

- u. Phillipson, A., "Chafer"-Injektor-Einrichtung z. Flüssigdüngung - N.I.A.E.-Test 01-0179.

Pasečnikov, N.S. s.Lenskij, A.V.

Paškov, V.E., Parfenov, A.P., Solovev, V.A. u. Orlov, A.I., Optimale Größe d.Druckfläche in Zahnradpumpen "NŠ-32" u. "NŠ-46" 05-0141.

Paškovskij, V.G., Maschinen für d.Unterkrumenbewässerung 08-0116.

Pataky, E., Industrialisierung d.Landwirtschaft 09-0007.

Patalas, Z., Forstwirtschaft in d.DBR 01-0471.

Mechanisierung d.Waldarbeiten in Schweden 02-0627.

Patel, S. u. Jordan, W.K., Abspülen v.Milchrückständen v. nichtrostenden Stahl-, Glas- u. Tygon-Milchrohren mit kaltem u. warmem Wasser 08-0255.

Paterson, C.R. u. Bennett, A.W., Bekämpfung d. Wachsmotte mit Methylbromid in Bienenwaben 01-0545.

- u. Toleman, E.E., Hydraul.Lift f.Großkisteneinsatz b.Kernobst 06-0396.

Pat6, I., Fragen d.Getreidetrocknung u.deren Lösungen in Ungarn 09-0314.

Patterson, D.E., Düngemittelverteilung b.Feldversuchen 07-0220.

- u. Reece, A.R., Theorie d.Zentrifugalverteilers. 1.Mitt. Bewegung auf d.Scheibe b.Beschickung in d.Nähe d.Mittelpunktes 01-0177.

Pa?zelt, O., Gewächshaus in Stabnetzwerkbauweise 06-0424.

Patzschke, D., Broilerkombinat Xaverov, ČSSR 08-0505.

- u. Kaufmann, G., Bewährte Inneneinrichtung für Legehennenintensivhaltungen 06-0596.

Paul, H., Rationalisierung d. Jungbestandspflege 05-0535.

Pauli, H.-J., Untersuchungen an stationären Saftfutterzerkleinerungsmaschinen /05-0411/.

Stationäre Saftfutterzerkleinerungsmaschinen 08-0232.

Pauliny, J., Doppeltwirkender selbstsperrender Hülsenhebel 06-0472.

Paulus, Pflugpflanzung 01-0482.

Pause, J., Richtige Felderente d.Chicorée vermindert Aufwand in d.Treiberei 03-0367.

Einfluß d.Brennstoffes auf Kosten d.Heizung 06-0428.

Pavel, J. s.Šebela, F.

Pavelis, G.A., Entwicklung d.Landwirtschaft durch Bewässerung 04-0154.

Pavlenko, V.A., Elektroakust.Bestimmung physikal. u. mechan.Stoffeigenschaften 07-0059.

Pavlov, B.V., Kybernetik im Dienste d. Landwirtschaft 02-0037.

- u. Lazovskij, V.V., Zuverlässigkeit d.Schlepper u. Landmaschinen 08-0008.

- u. Zmanovskij, V.A., Korrelationsverfahren z.Aufdeckung v.Maschinenschäden 02-0052.

P a v l o v , K.A. s.Verbickij, I.L.

P a v l o v s k i j , E.S., Erfahrungen bei d.Anlage v.feldschützenden Waldstreifen im diagonalen Gruppenverfahren 03-0403.

P a v l ů , J., Landwirtschaftl. Wohnungsbau 07-0532.

P a v l y k , V., Stationärer Mehrzweck-Trockner 06-0331.

P a w l i k , K., Bedeutung d. Schichtdicke bei Korrosionsschutzanstrichen 06-0025.

P a y o t , M., Gésagarde 10, ein neues Unkrautbekämpfungsmittel für d.Gemüsebau 06-0405.

P á z r a l , E., Nachtstromabnahme in landwirtschaftl.Betrieben 08-0038.

P a z z i , J.J.O. s.Sim, J.T.R.

P e a r s o n , J. u. H a y e s , G.A., Merkmale u.Fähigkeiten d. Explosionsschweißens 02-0046.

P e a r t , R.M. s.Dale, A.G.

P e č e n k i n , V.E., K o d o - č i g o v , D.I. u. K i r - k i n , S.F., Vorrichtung zum Eingeben d.Stämme in d.Entastungsmaschine 09-0484.

P e c h , M. s.Douda, M.

P e e v , B., Terrassierung d. Hangflächen mit d.Planiermaschine 06-0182.

Methoden d.Anlage v.Terrassen 06-0183.

P e i n e , J., Schleppereinsatz im Forstbetrieb 05-0519.

Augenschutzscheibe am Schutzhelm für Waldarbeiter 05-0546.

P e i p p , L. s.Hensel, H.

P e j č i n o v , G., s.Michajlov, S.

P e k , K., Mechanisierung d.Getreide- u.Futterpflanzenernte 03-0200.

P e k n ý , A., Allg.Maschinenkunde in d.Landwirtsch. /07-0018/.

P e l l i z z i , G., Rotierende Hackgeräte für d.Arbeit in Baumkulturen 09-0412.

s.Scapaccino, O.

P e n e v , P., M i n e v a , P. u. G e o r g i e v , I., Milchwirtschaft /02-0558/.

P e n n e r , D., Kartoffeln belüften u.vorkeimen 07-0343.

P e n n o c k , J.L.u.J a e g e r , C.M., Nutzungsdauer v.Haushaltsgeräten 06-0369.

P e n r o d , E.B., Thermoelektr. Kälteerzeugung 02-0566.

P e n t z o l d , H., Festpreise für d.kampagnefeste Überholung v.Landmaschinen 01-0022.

Maschinentechn.Ausrüstung einer LPG-Werkstatt 02-0051.

Festpreise für kampagnefeste Überholung v.Landmaschinen, Mittel zur Steigerung d.Arbeitsproduktivität 05-0031.

P e n z i g , H., Gedanken über industriemäßige Produktionsmethoden in d.Viehwirtschaft 08-0217.

P e p e r , H., Probleme d.Arbeitswirtschaft 09-0401.

P e r č i c h i n , A.V. u. P e r - f i l o v , V.A., Maschinenschur d.Schafe /09-0377/.

P e r e g u d o v a , T.A. s.Basov, A.M.

P e r e s s o n , O., Taktstraßen für d.industriellen Wohnungsbau auf d.Lande 01-0562.

Erfahrungen beim industriellen Wohnungsbau auf d.Lande 08-0468.

P e r f i l o v , M., S t a r - k o v , G., G r e č i š n i - k o v , V. u. C h a j k i - l e v i č , I., Stammholzsammel- u. -rückmaschine 06-0474.

P e r f i l o v , V.A. s.Perčichin, A.V.

P e r l w i t z , W., Zwei Geräte für indirekte Höhenzuwachsmessung 06-0449.

P e r r o t , H., Arbeitsvereinfachung bei Beregnungsanlagen 03-0140.

P e r s t n e v , S.N., Arbeitsweise d.Haspel b.erhöhten Geschwindigkeiten 02-0300.

Arbeit d.Mähmaschinenhaspel 08-0172;

s.Okorokov, I.F.

P e s c h e l , E. s.Seifert, M

P e s k o v , V.G., Sumpftraktor 01-0079.

-, K u z n e c o v , Ju.A. u. B a r i n o v a , Z.G., Maschinen für d.Entfernung v.Feldsteinen 07-0176.

P e s t a l o z z i , H., Rationalisierung auch im Bauernhaushalt /07-0373/.

P e ś t e r j a n , P.G. s.Chmelev, P.P.

P e t e r , W., Haltung v.Mastschweinen auf Spaltenböden 09-0585.

P e t e r m a n n , H., Erfahrungen bei d.Lagerung v.Spätkohl auf Kaltbelüftungsanlagen 04-0479.

P e t e r - N i l s , E., Überlegungen u.Versuche z.zweckmäßigen Bodenvorbereitung, Saateinbringung u.Bodenpflege im Zuckerrübenbau 02-0167.

P e t e r s , J., ATE 10, ein schulterguttragbares Mehrzweck-Motorgerät für d.Dünnholzfällung 08-0376.

P e t e r s e n , W.H., Hofeigene Getreidetrockner 07-0338.

P e t k o v , A., Mähdreschereinsatz in MTS, nach Materialien d.MTS im Bezirk Plowdiw 02-0350.

P e t k o v a , N., Mechanisierung d. Geflügelfarmen. Themendokumentation /03-0306./

P e t k o v a , T. s.Spasov, S.

P e t r , J., Typen d.Trassen u.örtl. Verteilung d.Hauptbestandteile d. Bringungsseilbahnen 07-0475.

P e t r a k i e v , A. s.Manov, L.; Tomova, A.

P e t r a š k e v i č , V.P. s. Pljaščenko, S.I.

P e t r e s c u , L., C i u m a c , G. u. M i h a l a c h e , V., Technik d.Pflegehiebe in d.Jungfichtenbeständen /04-0518/.

P e t r i , Erntemaschinen für schwarze Johannisbeeren 04-0475.

P e t ř i č e k , V., Mechanisierte Instandhaltung v.Hobelzahnketten für Motorsägen 04-0528.

P e t r o i a n u , R. s.Popescu, M.

P e t r o v , D. s.Ilčev, D.

P e t r o v , E., Ausarbeitung einer Methodik z.ökonom.Bewertung d. Typen-Projekte für landwirtsch. Bauten u.Anlagen 06-0538.

P e t r o v , G., Betriebsuntersuch. einiger Dosier- u.Verteileinrichtungen u.Bestimmung d.Grundabmessungen einer Maschine z.Ammoniakwassereinbringung in d.Boden 03-0156.

P e t r o v , G.D., Universelle Hackfruchterntemaschinen 01-0254.

P e t r o v , M.F. u. C e c h a n o v s k i j , A.I., Vorzüge d.stufenweisen Bearbeitung v. Hiebsflächen 04-0523.

P e t r o v , P., Fragen d.Standes d.Mechanisierung d.Produktionsprozesse im Pflanzenbau 08-0094.

P e t r o v , R., Auspflanzen v. Tabak-Setzlingen bei Anwendung v.Marker-Tankwagen zum Begießen 08-0154.

s.Christov, S.

P e t r o v , V.M. s.Smirnov, B.V.

P e t r o v i c i , V., Zweigeschossige Wohnbauten in Landgebieten 05-0654.

P e t r u č e n j a , S.I. u. V e r e s k u n , M.I., Feldversuche mit d.elektr.Mähwerk "ŽRB-4,9" 01-0214.

P e t s c h e , A., Schlegelernter in d.Silomaisernte 01-0217.

P e t t e , J.W., Konservierung v.Milch- u.Milchprodukten 02-0542.

P e t t e r s e n , C., Verladen v.Rundholz auf LKW mittels hydraul.Greiflader 09-0491.

Befestigungsketten für Holzfuhren auf LKW 09-0492.

P e t u c h o v , N.A. s.Mkrtumjan, V.S.

P e y e r , E., H u b e r , H., K o b l e t u. Z w i c k y , P., Drahtanlagen im Rebbau zur Einführung arbeitssparender Kultursysteme im Rebbau 07-0411.

P e z a c k i , W., Baconschweineschlachtung 06-0366.

P f a f f , Entlüftungswinde für Fenster u.Glasdächer 01-0434.

P f a f f , F., Geräte u.Gerätezusammenstellung 08-0334.

P f e i f f e r , A. s.Adams

P f i z e n m a y e r , W. u. S c h u r r , K., Erfahrungen beim Einsatz einer Großentrindungsmaschine im Bereich d. Forstdirektion Nordwürttemberg 05-0562.

P f l a u m , W. u. H a a s e , W., Allgemeines Verfahren zur Vorausberechnung v.Auflademaschinen mit Abgasturbolader 06-0081.

P f l ü g e r , W., Einführung einheitl.Dreipunkt-Anschlußmaße an allen Landmaschinen u.Traktoren 09-0134.

Höhere Flächenleistungen u.ökonom. Einsatz d.Traktoren durch richtige Verwendung v.Dreipunkt-Anbaupflügen 09-0201.

P f r e n g e r , O., Arbeitsbedarf u.Arbeitskalkulation in d.Schweinehaltung 03-0278.

P h e l p s , A., Ferngesteuerte Fütterung 01-0356.

Bessere Standmaße im Fischgrätenmelkstand 04-0398.

200 Schweine pro Stunde 06-0585.

Boxenliegestall in Großbritannien 07-0555.

P h i l i p p , F., Doppelmesser-Schneidwerk 02-0314.

Wildretteinrichtungen, notwendig u.möglich 02-0317.

Wo steht d.Dreipunkt-Mähwerk heute? 09-0248.

P h i l i p p , G. s.Berger, P.;

Jeske, A.

P h i l i p s e n , P.J.J., s.Benders, G.

- u. B e n d e r s , G.A., Mechanisierung d.Heuernte 06-0263.

P h i l l i p s , E., Letzte Neuheiten im Bewässerungswesen 03-0139.

Massey-Ferguson Traktor "Super 90" 04-0089.

P h i l l i p s , G.M., Zirkulationsspülung an einer Pipeline-Anlage 01-0386.

P h i l l i p s o n , A. s.Bull, K.G.;

Klinner, W.E.;

Pascal, J.A.

- u. L a w r e n c e , D.C., Kartoffelbeschädigungsbestimmungen zu verschied.Zeiten nach d.Ernte 06-0338.

P i a c e n t i n i , P., Mähdrescher Massey-Ferguson "500" mit Raupenketten für d.Reisernte 06-0287.

P i c h t , K. s.Niemke, W.

P i e s t , K.-H., Umlaufgeschwindigkeit v.Motorsägenketten 04-0529.

P i e t r o n i u k , K., Produktion u.Haltbarmachung v.Zuckerrübenschnitzeln 05-0357.

P i i r , A.I., Lastzugtypen 06-0507.

- u. K i s e l e v , JL.V., Bestimmung d.Höchstgewichtes d. Autolastzüge 01-0508.

- R e j n a s , P.D. u. Č i k o v , JA.I., Einfacher Seilkran zum Stapeln d.Langholzes 04-0537.

P i j a n o w s k i , E., M r o z e w s k i , S. u. H o r u b a l a , A., Theorie u.Übungen aus d.Technologie d.Obst- u. Gemüseprodukte /02-0620/.

P i k u š o v , A.N., K u d r j a š o v u. Ž i d k o v , V.G., Automobillastzüge für Gebirgsreviere 06-0512.

P i l a t , Z., Transport v.Mineraldünger 05-0211.

P i l l s b u r y , A.F. s.Johnston, W.R.

P i m e n o v , A.M. u. M i c h a j l o v , N.A., Grobreinigende Kraftstoff-Filter bei Schlepper-Dieselmotoren 04-0070.

P i n g e l , H., Industriemäßige Produktionsmethoden in d.Legehennenhaltung u.Broilermast d. Sowjetunion 08-0223.

P i p k o v á , G., Elektr.Temperaturmessung in Getreidesilos 06-0335.

P i r o g o v , A.M. u. T u z o v , L.V., Untersuchung d.Schwingungs- u.Lärmverhaltens d.Traktor-Dieselmotoren d.Tscheljabinsker Traktorenwerkes 05-0113.

P i š a , V. u. Č e r m á k , J., Anbindevorrichtungen u.Freßgitter in Rinderställen mit Großproduktionstechnologie 08-0494.

P i s a n i , P. s.Baldini, E.

P i s a n k o , S.P. u. V e r c h o v s k i j , M.I., Wasserstrahl-Erdbohrer beim Baumwollanbau 07-0195.

P i s k u n , L.F. u. M i c h a j l o v , D.M., Automobil-Sprühgerät "ONG" 01-0542.

P i s k u n e n k o , N., Komplex einer Geflügelfabrik neuen Typs 06-0594.

P i v o v a r , S.G. s.Ljach, V.M.

P i v o v a r o v , V.V. s.Stasenko, R.F.

P l a e t s c h k e , J., Umgang mit elektr.Anlagen in d.Landwirtsch. /07-0084/+.

- u. K o n d r i t z , A., Notwendigkeit u. die Art d.Ausbildung u.d.Einsatzes v.Elektrofacharbeitern in d.Landwirtsch. 02-0078.

P l a k s i n , V. u. N a j d e n o v , V., Mechanisierung d. Getreideaufbereitung 07-0324.

P l a s c h k e , E., Markkleeberg, Prüfstein d.ländl.Bauens 08-0522.

P l a t o n o v , P. u. A t a n a - z e v i č , V., Prakt.Untersuchungen d.Arbeit eines Getreidetrockners mit wechselnden Arbeitsbedingungen 06-0329.

P l a t o n o v a , N., Prinzipien d.Vereinigung verschied.gesellschaftl.Einrichtungen in einem Gebäude 05-0653.

P l a t t e r , T., Pflanzenschutzberegnung 05-0495.

- u. K r e m e r , F.W., Ausbringung v.Pflanzenschutzmitteln durch Beregnungsanlagen 01-0528.

P l a t z e r , H.B., Instandhaltung d.Einmann-Motorsägenschiene 03-0430.

Leistungsuntersuchungen mit sektionsweiser Messung v.Teilzeiten 06-0444.

Der Mensch im Forstberuf 07-0444.

- u. S i k o r a , H., Ketten in d.Forstwirtschaft 06-0500.

Drahtseil, Drahtseilverbindungen u.Zubehör 06-0506.

- u. S t a c k e l b e r g , S.v., Zum Schnitt- u.Schärfvorgang an d.Hobelzahnkette 03-0429.

P l e m j a n n i k o v , V. s. Chilov, Ju.

P l e š a k o v , G.F., Erntemaschinen für Kartoffeln u.Kartoffelkraut 03-0230.

s.Dorošev, V.N.

P l e s n i v ý s.Vokatý, P.

P l e s u m s , A. s.Levinskij, N.

P l e u ß , G., Mehrzweckgebäude für d.ländl.Wohnungsbau 01-0574.

P l e v i n , E., Fußbekleidung bei Holzwerbungsarbeiten 03-0397.

P l i š k i n , A.A. u. T r u f a - n o v , V.V., System v.Bodenbearbeitungsmaschinen u.-geräten für Gebiete, d.d.Winderosion ausgesetzt sind 04-0172.

P l j a š č e n k o , S.I., D u - d a r e v , M.A., P e t r a š - k e v i č , V.P. u. C h u - d o š č e v s k i j , V.Ja., Elektr.Zwangsbelüftung v.Schweineställen 04-0359.

P ł o c h a r s k i , W., Bau v. kleinen Wohnräumen für Agronomen 04-0637.

P l u ž n i k o v , A.I. s.Krejsler, A.A.

P n i e w s k i , B., Haus d.Bauern in Warschau 04-0638.

P o d g o r n y j , Ja.M., Klimaanlagen im Fahrerstand d.Mähdreschers "John Deere 95 RC" 06-0292.

P o d k a t i l o v , K., Selbstschärfende Kultivatorschare 02-0229.

P o d k o v y r i n , A., Zuggerät "T-210" 01-0507.

P o d l i p e n s k i j , S.Ja., Getreideernte mit stationärem Drusch 08-0173.

P o d o l j a k , Z.Ja. s.Vagner, E.N.

P o d w i ń s k a , Z., Technik d. Ackerbaus in Polen /07-0164/.

P o e l m a , H.R., Zuchtsauen an d.Kette 03-0537.

Schwemmentmistung ohne Wasser 08-0237.

P o e r s c h k e , Sprengungen im Obstbau 01-0423.

P o e s s e , G.J. s.Boer, J.

P ö t k e , E., Ausweitung d.Grünfutter- u. Hackfruchttrocknung u.ihre energet.Folgerungen 05-0319.

Zweckmäßige Lagerung v.Speise- u.Pflanzkartoffeln unter großbetriebl.Verhältnissen 05-0352.

Kartoffelüberwinterung 06-0339.

10 Jahre Heubelüftungstrocknung in d.DDR 09-0301.

s.Maltry, W.;

Schick, R.;

Schweiger, W.

P ö t s c h k e , L., Forderungen d.getreideverarbeitenden Industrie an d.Getreidetrocknung 02-0456.

P o e v e r l e i n , J., Arbeitspädagog.Grundbegriffe 02-0018.

P o g o r e l y j , L.V., Bewertung d.technolog.Kennwerte v.Rübenköpfvorrichtungen 08-0188.

P o g o s b e k o v , M.I., Ausnutzungsgrad v.Maschinenträgern mit aufgebauten Maschinen 04-0093.

P o h l , F., Einfluß d.Schars auf d.Erdbesatz gerodeter Rüben 01-0283.

P o h l m a n n , H. u. B e h - r e n d , F., Grundsätze für d. Bau d.Schweinestalles 04-0658.

P o h l m a n n , H., Für u.Wider sogenannter Mauertrocknungsverfahren 05-0624.

P o j a r k o v , K.M., Linearprogrammierung bei d.Untersuchung ländl.Energieversorgungsnetze mit digitalen Rechenmaschinen 01-0040.

Berechnung v.ländlichen Netzen mit Spannungsregelung nach d. Verfahren d.linearen Programmierung 03-0058.

P o k r z y w a , B. s.Lorenc, W.

P o l á č e k , R. s.Tollinger, Vl.

P o l a ń s k i , A., Transport u. d.Lagerhaltung v.Stallmist 08-0235.

P o ł c z y ń s k i , R., Erfahrungen bei unterschiedl.Kartoffellagerung 07-0342.

P o l e s , V., Kann d.Niveau d.maschinellen Melkens gehoben werden? 08-0254.

P o l e t a e v , A.F., Rollen d.angetriebenen Rades 01-0104.

Rollen d.Antriebsrades 07-0130.

P o l j a k , A.J. u. S o u p a k , A.D., Techn.Anforderungen an d. Versuchs-Radschnelltraktor d.Klasse 1,4-Mp für 9 bis 15 km/h 05-0094.

P o l j a k o v , M.L., Gewährleistung einer zuverlässigen Arbeit d.Einspritzdüsen v.Traktor-Dieselmotoren 06-0099.

P o l j a k o v a , A., Projektunterlagen für ländl.Bauten 08-0477.

P o l j a n s k i j , V.M., Vorrichtung für d.mechanisierte Entmistung v.Schafställen 03-0303.

P o l k a n o v , I.P., Automat.Kontrolle u.Erfassung d.Arbeit d. Maschinen-Traktoren-Aggregate /08-0081/.

P o l n j a k o v , M.I., Gleichmäßigkeit d.Aussaat mit Zähler u.Oszillograph 02-0258.

P o l t i e r , G., Vollumbruchpflug, Typ B 175, Prüfbericht Potsdam-Bornim 08-0127.

P o n g r á c z , K., Mechanisierung d.Entmistens in Rinder-Tieflaufställen 03-0298.

Moderne Mechanisierungs- u.Baulösungen in d.Geflügelhaltung /08-0242/.

Mechanisierung d.Entmistens v.Tiefställen für Rinder /08-0246/.

P o n i s , D. s.Goidánich, G.

P o ó r , G. s.Bálint, G.

P o p e s c u , M. u. P e t r o i a n u , R., Überprüfung u. Instandsetzung v.Traktoren /03-0036/.

P o p o v , G.F., Berechnung d. Arbeitsteile v.Bodenfräsen 01-0170.

P o p o v , K., Einige Probleme d.Heuwerbung in d.Gebirgsgegenden 03-0193.

P o p o v , S.N. s.Begidžanova, A.P.

P o p o v , T., Reserven z.Senkung d.Selbstkosten d.landwirtschaftl. Produktion in d.auf Wein- u. Obstbau spezialisierten Produktionsgenossenschaften 05-0457.

P o p o v , V., Maschine "LK-5M" auf d.Straßen 04-0545.

s.Orel, M.

P o p o v i č , P.V. s.Miller, M.S.

P o r e m b s k ý , J., Grundproduktions-Fließstraßen bei Geflügelhaltung auf Tiefstreu 08-0507.

P o s m i t n y j , M.P., Futterküche d.Sowchos "Tscherwony Perekop" 06-0590.

P o s p e l o v , D.R., Anlassen v. Traktormotoren 06-0130.

P o s t m a , G., Arbeitserwägungen bei d.Schaffung v.cooperativer Milchviehhaltung 01-0340.

Arbeitsphysiologie u.Arbeitspsychologie b.verschied.Melkmethoden 01-0369.

- u. E l d e r e n , E.van, Arbeitsvoranschlag mit Hilfe v. Kennziffern 03-0041.

System Gesamtarbeitszeiten für landwirtschaftl.Arbeiten 06-0042.

P o s t n i k o v , N.M. s.Torbeev, Z.S.

P o s t u m a , H.H. s.Coolman, F.

- u. C o o l m a n , F., Eindrücke v.d.Mechanisierung d.Landwirtsch. in d.Vereinigten Staaten v.Amerika. 1.Mitt. 09-0002.

P o t a p o v , F. s.Vinogorov, G.

P o z d e e v , V., Ratschläge für Sägenführer d.Motorsäge "Družba" 06-0479.

P o z i l o v , E.I. s.Klimov, G.B.

P o z i n , B.M. s.Egorov, Ju.D.

P r a n d o t a , W., Ökonom.Voraussetzungen für d.Anbau d.Kartoffel 04-0128.

P r e o b r a ž e n s k i j , N.I. u. K o m a n o v , L.I., Zuverlässigkeit d.Arbeit d.kontaktlosen Halbleiter-Positionsmeßgebers 06-0072.

P r e s n o v , G.V. s.Gorin, D.I.

P r e u s c h e n , G., Maschinen u. Gesundheit 02-0058.

Was u.wie kann man mechanisieren? 05-0473.

Weitere Technisierung im Weinbau 06-0399.

Anpassung v.Maschinenteilen an d. Menschen 07-0033.

Triumph d.Perfektion 08-0190.

Flugzeug zur Krankheitsbekämpfung im Weinbau 08-0325.

P r i e f e r , H.-G., Moderne Neusiedlungsgehöfte 04-0641.

P r i e h ä u ß e r , G., Standortbedingte Wasser- u.Frostschäden an Bauten im Bayer Wald 06-0541.

P r i e n , S., Anwendung d.Winkelpflanzverfahrens 04-0510.

P ř i h o d a , M. s.Vojtek, Z.

P r i n c e - S m i t h , W.R., Vorgefertigter Schweinestall aus Holz 01-0593.

P r i n s , G. s.Niemczyk, H.D.

P r o c h á z k a , B., Ursachen d. bei d.Getreideernte entstehenden Verluste u.Methoden zu ihrer Ausschaltung 07-0276.

P r o c h o r o v a , M., Kunststoffschichten an d.Sieben v.Kartoffelerntemaschinen 03-0235.

P r o c h o r o v a , M.F., Einfluß polymerer Deckschichten auf d. Haftung d.Bodens auf vibrierenden Flächen 02-0212.

P r o k e š , J., Grundeigenschaften v.Baureihen hydraul.Standardelemente 01-0013.

P r o k o p č u k , I., s.Krivogubec, A.

P r o k s c h , W., Fußbodenbeläge 01-0413.

Schleier gegen Vogelfraß 02-0623.

P r o š , J., J u s z c z a k , J. u. N o w a k o w s k i , J., Automatenfütterung in d.Schweinemast /02-0539/.

P r o s i c h i n , A.I. s.Kac, I.I.

P r o s k e , E., Gebiets-, Stadt- u. Dorfplanung, dargestellt an einigen Ergebnissen d.Gebietsentwicklungsplanung v.Wirtschaftsgebieten d.Bezirkes Halle 05-0634.

P r o z o r o v , V.A. s.Kovčin, S.A.

P r o z o r o v s k i j , G. u. V o s t o k o v , A., Planung v.landwirtschaftl.Gebieten 07-0519.

P r z y b y l s k i , M., Techn. Fortschritt im Bauwesen auf d. Lande 04-0600.

P š e č e n k o v , K., Fließbandkartoffelernte /02-0433/.

s.Vereščagin, N.I.

- u. V e r e š č a g i n , N., Kartoffelernte im Fließband 02-0381.

P t i c y n , S.D. u. F i l i n k o v , N.I., Feuchteaustausch zwischen d.Körnern 08-0211.

P u c h o v , G.E. s.Rjabcev, V.N.

P u c h s t e i n , R. s.Renard, W.

P u c k e t t , H.B., Energiesteuer- u.Kontrolleinrichtungen in d.landwirtschaftl.Produktion 03-0059.

P ü h r i n g e r , J., Chemie d. Waschvorgänge 05-0445.

P ü l z l , S., Darstellung d. Spannungsverlaufes durch Reißlack 06-0059.

P ü s c h e l , K., Probleme d. sowjet.Dorfplanung 08-0462.

P u g a č e v , A.N., Feuchtigkeit d.Körner auf ihre mechan.Beschädigung b.Mähdrusch 01-0235.

Maschinenträger "SŠ-45" mit d. zugehörigen Aufbaumaschinen 06-0122.

Hohlschwad-Mähmaschine "ŽRŠ-4,5" 07-0279.

s.Lavrov, A.A.;

Vereščagin, N.I.

- u. B y k o v , V.V., Vibrationsbunker d.Mähdreschers v. Typ "KPN-2" 02-0370.

- u. S e r g e e v , V.V., Doppelscheiben-Sävorrichtung "SKVD-6" f.Maisdibbelmaschinen 02-0264.

P u g a č e v a , K. s.Grakova, T.

P ŭ r v a n o v , P. s.Parmakov, D.

P u š k a r e v a , P.V., Š k r o d o v a , L.F. u. M a k s i m o v a , T.T., Rechenmaschinen für d.Berechnung d.Maschinenbedarfs d.Sowchosen u.Kolchosen 02-0063.

P u t t e r , P.de, Obligator.Prüfung v.Förderern 07-0157.

P u z y r , H. s.Hufnagl, H.

P y l a j k i n , S., Montage v. Halbrahmen mit Hilfe eines Hebezeuges am Traktor 05-0621.

Q u a g l i o t t i , L. s.Ghisleni, P.

Q u e r n e r , H., Neuzeitliche Hühnerfütterung. Futteranweisungen u. Fütterungstechnik /04-0388/.

R a b , G., Verstärkte Anwendung d. Mähdreschers bei d.Körnermaisernte 05-0279.

Mähdreschereinsatz bei d.Körnermaisernte 07-0287.

- u. B o d o l a i , I., Bergung d.Maises nach d.Rebblermethode 09-0287.

- J o v á n , D. u. D a r a b o n t , A., Anwendung d.Mähdreschers zum Ernten v.Körnermais 03-0228.

R a b i n o v i č , A.S. u. B u r e n k o , L.A., Selbstschleifende Trommelmesser d.Mähhäckslers "SK-2,6" 09-0263.

- u. V i n o k u r o v , V.N., Verschleiß v.Grubberzinken 08-0129.

R a b i n o v i č , N.I., Dieselpumpstationen 02-0200.

R a b i t s c h , J., Harvestore-System gewinnt weiter an Bedeutung 02-0770.

R a b š t e i n e k , O., Forstl. Bauten u.Reparaturarbeiten /04-0575/.

R a d a j , D., Unendl.ausgedehnte Scheibe mit stirnseitig angeschlossenen, beidseitigen Rechteckpflastern unter Zugbelastung 09-0028.

R a d ě j , J., Unsere mehrjährigen Erfahrungen mit d.3-Phasen-Getreideernte 03-0204.

R a d e r m a c h e r , K. s.Kollmann, K.

R a d o m s k i , C., Neuer Nachtfrostmelder 09-0444.

R a d o s , K., Gegenwart u.Zukunft d. landwirtschaftl.Bauwesens 04-0597.

R a h t u , H., Gründung bei landwirtschaftl.Gebäuden in Finnland 05-0617.

R a i s , I. u. Š u l c , L., Techn. u.mechanisierte Vorrichtungen für Großkapazitäts-Kälberställe 05-0677.

R a j c h l i n , C.M. s.Korobočkin, I.V.

R a j k o , V., Bau v.Schweinemastställen in d.ČSSR 05-0687.

R a j k o v , R. s.Michajlov, M.

R a k o w , A., Trockengemeinschaft, Weg zur Auslastung u. Rentabilität d.Grünfuttertrockenanlagen 05-0320.

- u. S c h r ö d e r , K., Trocknung landwirtsch.Erzeugnisse auf d.Schrägrosttrockner im Jahre 1962 06-0316.

R a k š a , E., Zweiphasen-Erbsenernte ohne Schwadbildung 02-0410.

R a n č e v , I. u. K o s t a d i n o v , G., Ökonom.Fragen d.Getreideanbaus in Bulgarien /07-0167/.

R a n g , W., Vorratshaltung durch Kälte 08-0278.

Brauchen wir einen Kühlraum? 04-0434.

R a n s o m , W.H., Getreidelager in d.Tropen 02-0764.

R a n t s u s , D.V., s.Gluškov, F.I.

R a s e n a c k , D., Kunststoff-Folien u.-Kombinationen als Verpackungsmaterial in d.Milchwirtschaft 02-0543.

R a s k a t o v a , E.A., Theoret. u.prakt.Bestimmung d.Daten v. Melkkarussellen 07-0370.

R a s s a d i n , A.A., Bewegung d.Körner über d.Oberfläche d. Zentrifugen, zylindr.Siebe u. Trommeltrieure 02-0453.

R a t a j , J., Erfahrungen mit d.maschinellen Kartoffellegen ohne Dammbildung 03-0162.

R a t u š , N.u. V y d r i n , A., Neuer fächerförmiger Melkstand 04-0397.

R a t z , Verfahren d.Reutertrocknung 01-0221.

R a u s c h e r , K., Untersuchung v.Lebensmitteln. Bd.II /07-0392/+.

R a z a k , K., Arbeitsanalyse u. Versuche mit einer Deflektor-Tragfläche 02-0690.

R á z s ó , I., Verfahren d.Getreideernte 05-0252.

R a z u m i c h i n a , T.V. s. Karadži, G.M.

Šapa, V.A.

Razumovskij, R.V., Selbstschließende Rungen 01-0509.

Reade, D., Sicherheit ist d. Schlüssel zu Gewinn u.Erfolg 03-0483.

Rech, G. s.Adams

Reczko, J., Landwirtschaftl. Industriebauten 07-0535.

Redabaugh, H.S. u. Doxtator, C.W., Aufbereitung u.Ausbringung v.Monogerm-Saatgut bei Rüben 03-0158.

Reece, A.R. s.Inns, F.M.;

Mennel, R.M.;

Patterson, D.E.

Reepmeier, G.-A., Wandel im Bau v.Rindviehställen 06-0574.

Reepmeyer, G.-A., Neubau einer Geflügelleistungs-Prüfungsanstalt 03-0551.

Regel, H., Berufl.Situation d. Jugendlichen in d.Landwirtsch. 02-0020.

Regenhardt, O., Gasbeton 05-0614.

Rehrl, K., Planmäßige Mechanisierung /04-0006/*.

Gleichmäßige Furchentiefe 04-0183.

Lärmschutz u.Schalldämmung 08-0017.

Reichelt, H. s.Berger, M.

Reichenheim, Welthöchststand in d.Zuckerrübenernte 01-0273.

Reichenheim, H., Zuckerrübenernte 05-0290.

s.Bachmann, L.

Reichert, W., Soziale u. wirtschaftl.Umstellung d.Bauerntums u.ihr Einfluß auf d.Gestaltung d.Bauernhauses 02-0732.

Reichmann, Heizungskessel "Hydromot 320 000 kcal/h" - Prüfbericht Wieselburg, N.Ö. 02-0606.

Reid, I.B., s.Finlayson, P.M.

Reiman, R.J., Fensterloser Melkstand mit Infrarotheizung 07-0568.

Reinboth, W., Mehrmaschinenverfahren in d.Zuckerrübenernte ist vorteilhaft 01-0277.

Reinsch, H.H., Auch auf d. Weide wird gemolken 02-0553.

Richtige Schmierung v.Landmaschinen 03-0035.

Installation v.Duschbädern in Landhaushalten 04-0442.

Mechanisierung oder nicht? Arbeitskette Futterbau 06-0265.

Reisch, F., Neuer Grünlandhof 02-0748.

Alte Stallgebäude werden wieder interessant 02-0751.

Grünlandhof mit Liegeboxen u. Laufhof 08-0219.

Reisegg, F., Programmplanung aus d.Sicht eines Experten 04-0042.

Reisner, W. s.Wöhlbier, H.

Reissinger, G., Sicherung d.Forstkulturen mit wenigen Arbeitskräften 05-0522.

Unfallverhütung auf d.Weg zur Arbeitsstätte 08-0352.

Erfahrungen bei d.Rationalisierung d.Kulturbetriebes 09-0461.

Reissmann, A., Kapazitive Aufladung v.landwirtschaftl. Geräten u.Maschinen unter Hochspannungsleitungen 07-0067.

Reither, A. u. Waxenegger, Allrad-Dieselschlepper Typ "D 4 K" (Techn.Prüfung), Prüfbericht Wieselburg, N.Ö. 04-0090.

Reitmeier, W., Aufsammelpressen 01-0219.

Rejnas, P.D. s.Piir, A.I.

Rekubrackij, G.M., Komplexe Mechanisierung, wichtige Quelle für hohe Rebenerträge 07-0412.

Renard, W., Moderner Gartenbau unter Glas. Lehrschau d. Zentralverbandes auf d.IGA Hamburg 1963 03-0387.

- Nielsen, V., Muijzenberg, E.W.B.van den, Wells, D.A., Winspear, K.W. u. Puchstein, R., Techn.Entwicklungen im internat.Gartenbau 01-0460.

Renaud, J., Nach d.34.Internat.Landmaschinensalon 05-0606.

Mechanisier.d.Stalldungverteilung 06-0536.

Zusammenfassung über d.Ausbringung flüssiger Düngemittel 07-0217.

R e n z , G., Foliensohneidwerk u. -profiliergerät z.Vorbereitung d.PVC-Bahnen für d.Rostocker Plastrohrdränung 02-0191.

R e p i n a , E., Mais auf d.Unionsausstellung d.Errungenschaften d.Volkswirtschaft d.UdSSR 05-0608.

R e u l e i n , H. s.Zinner, K.

R e u m s c h ü s s e l , G., Trocknung v.Getreide mit Hilfe v.Sorbenten 04-0315.

R e u t e r , H., Fehlentwicklung b.Lufterhitzern? 02-0509.

Hühnerställe, wie sie sein sollen 03-0546.

- u. P r a ß e , K., Batterien 02-0508.

R e v k o v s k i j , Ju., Versuchs-Schweinefarm d.Sowchos "Frjanowo" 01-0594.

R e y t , J., Obstlager "Les Vergers de Prentygarde" in Velines/Dordognes/ 01-0608.

Ř e z n i č e k , R., Exper. Untersuchungen d.Prozesse in d.Einspritzdüse v.Dieselmotoren 02-0093.

R e z n i k o v i č , M., Futterverteilung durch Rohre 07-0359.

R h i n e r , A. s.Grandjean, E.

R h y s , I.W., Unterbringung d. modernen Legehennen, eine gewisse Kontrolle d.Umgebung ist notwendig /09-0595/.

R i c c i , A. s.Goidánich, G.

R i c e ,B.G. s.O'Callaghan, J.R.

R i c h a r d s , E.G., Bericht über d.Holzernte u.Verwertung in Polen 03-0438.

R i c h a r d s o n , P. u. S h i p w a y , G.P., Spritzgeräte für d. Feldbau 08-0422.

R i c h a r d s o n , R.D., Verschluß bei landwirtschaftl.Maschinen - d.Bedeutung einer Studie über d. Materialverschleiß durch Schmirgelmittel 04-0025.

R i c h e r t , H., Hygien.Gesichtspunkte d.Raumheizung 01-0398.

R i c h t e r , J., Scharbehandlung, Schartypenauswahl u.Scharaufbereitung 06-0224.

R i c k e r t , M., Landhaushalt, Lehr- u.Handbuch für d.Hausfrau u.Landfrau, für landwirtschaftl. Schulen u.Lehrlinge /07-0376/.

R i d , H., Rübenmieten mit Plastikfolie abgedeckt 04-0339.

Gerät zur Messung d.Trockenbruchfestigkeit v.Böden 09-0068.

Arbeitsergebnisse mit einem Apparat zur Messung d.Scherfestigkeit u.Zerreißfestigkeit d.Bodens 09-0069.

- u. S c h i e c k e , I., Versuche mit Verfahren d.mechan. Auslichtens v.Zuckerrüben 02-0287.

R i e b e , K., Rindviehhaltung in d.Vereinigten Staaten v. Amerika, Systeme, Standortsorientierung, Entwicklung. Teil I 08-0220.

R i e h s , J. u. T e j c , J., Errichtung landwirtschaftl. Wirtschaftsgebäude aus Fertigbauteilen 04-0609.

R i e m a n n , U., Getreidelagerung mit weniger Handarbeit 02-0476.

Der "Traktor" d.Farmers v.heute 05-0109.

R i e s , S.K. s.Stout, B.A.

R i f f e l , B., Erdbeerernte im Sitzen 09-0436.

R i j k e n b a r g , G.J.H., Bietet d.Anwendung fabrikmäßig vorgefertigter Bauelemente Perspektiven für d.landwirtschaftl.Bauen? 03-0510.

R i l l i n g , K.E., Feldhäcksler in d.DLG-Prüfung 04-0219.

s.Metzenthin, W.

Ř i m a l , V. s.Fiedler, J.

R i m p l e r , R., Motorisiertes Erdsieb B 904, VEB Bodenbearbeitungsgeräte Leipzig, Prüfbericht Potsdam-Bornim 07-0410.

R i n k e , W. s.Maltry, W.

R i s t , M., Bauweise u.Kosten v.Anlagen zur Belüftungstrocknung u.Lagerung v.Getreide im landwirtschaftl.Betrieb 07-0592.

R i t t e r , W., Ecepolen-Rohr, Plastrohr v.vielversprechender Bedeutung 05-0463.

R i t z m a n n , F., Entwicklung u.Einsatz v.Meßmitteln am Institut für Landmaschinentechnik d.Techn.Universität Dresden 05-0055.

R j a b c e v , V.N. u. P u c h o v , G.E., Universal-Trocknungsanlage "SSL-A" für Flachs 04-0343.

R j a b i c h i n , E., Quadratnest-Sämaschinen für verschied. Säschemata d.Baumwollsaat 07-023

R j a b k o v , I., Häufelgerät 02-0282.

R o b e r t s , A.W., Einfluß einer d.Umfang d.Förderrohres vollkommen umschließenden Abwurfrutsche auf d.Leistungsfähigkeit eines Modells d.Getreide-Schneckenförderers 04-0333.

R o b e r t s o n , J.C., B a r n h a r t , C.E. u. C h a n e y , C.H., Swine feeding and management from weaning to market /09-0359/.

R o b i n s o n , F.E., Ergebnisse, d.bei Verwendung eines leicht transportierbaren Taxometers für Neutronen-Bodenfeuchtemessungen erzielt wurden 07-0062.

R o c h a i x , M., Planung eines neuzeitl.Bauernhofes 06-0561.

R o d e r i c h , L., Vom glühenden Eisen zum Dampf-Bügelautomaten 02-0572.

R o d e y n s , A., Verwendbare Plaststoffe im Gartenbau 03-0346.

R ö b e n , Beobachtungen aus d. Praxis zur Melkmaschinen-Anwendung 03-0313.

R ö b e n , K., Neuzeitl.Maschinenmelken während d.Weidezeit 03-0315.

R o e g e r , W., Neuzeitliche Broilermast /04-0385/.

R ö h r l e , M., Kamera für d.photograph.Abwicklung v.Kolben 04-0076.

Ermittlung d.Ausdehnungszahl v. Kolben bei Vorhandensein eines Temperaturgefälles zwischen Kolbenboden u.offenem Schaftende 06-0086.

R ö h r s , F., Maschinelles Krautrupfen im Kartoffelbau 09-0290.

R ö m e r , H.-J., Gerüstsysteme 07-0303.

R ö m m e r m a n n , K., Einrohrpumpen-Warmwasserheizung. Industrialisierung im Bauwesen 04-0629.

Ökonom.Auswirkungen beim Übergang zur Ventilatorlüftung in Gewächshäusern 08-0308.

R ö s e l , W., Steinentfernung im Hinblick auf d.Kartoffelernte u. erste Untersuchungsergebnisse 01-0261.

Absiebwirkungsgrad v.Siebrost u. Siebkette in Kartoffelerntemaschinen 01-0268.

Trenneinrichtungen zu Maschinensystemen für d.Kartoffelanbau auf gut siebfähigen Böden mit mittlerem bis hohem Steinbesatz 01-0269.

Anbau-Mietenzudeckmaschine Typ "T 956", VEB Landmaschinenbau Torgau/Elbe, Prüfbericht Potsdam-Bornim 01-0335.

Anbau-Schleuderradroder, Typ "E 655/3", VEB Landmaschinenbau "Rotes Banner", Döbeln/Sa., Prüfbericht Potsdam-Bornim 08-0186.

s.Adams

R ö s s n e r , H. s.Fitzthum, H.

- u. F i t z t h u m , H., Richtiger Elektroenergieeinsatz bei d.Getreidekaltbelüftung 05-0336.

Die Auslastung v.Elektromotoren an landwirtschaftl.Maschinen 07-0071.

R o g i e , D. s.Aspinwall, J.S.

R o g i n s k i j , G.I., B u d k o , A.I. u. L e b e d i k , A.I., Mit möglichst geringem Handarbeitsaufwand 08-0106.

R o h d e , Kartoffelpflege 01-0202.

R o j b u l , N. s.Bovin, L.

R o j k o w s k i , A. s.Grzegorzak, A.

R o l b i e c k i, M. u. F r a c k o w i a k, J., Wirtschaftlichkeit d. Folienabdeckung bei d. Grünfuttersilage 09-309.

R o l l e r , W.L., Staub stellt ein Lüftungsproblem dar 05-0629.

R o m a n , M. s.Glinicki, R.

R o m a n e n k o , V.P., Über d. Arbeit v.Moorfräsen u.d.Wege zu ihrer Verbesserung 03-0151.

R o m e i c k , G., Schrotsilo für schwerfließende Produkte 06-0336.

R o m e n , A.A. s.Levitanus, A.D.

R o m e o , F. s.Engstrom, A.H.

R ó n a i , F., Fragen d.Verkehrsverhältnisse an Waldstraßen mit Makadamfahrbahn 02-0683.

R o p a , G. s.Casini

R o s c h a n o w s k i , D.J., Dränmaschinen für schwere Meliorationsarbeiten 06-0187.

R o s e n b e r g , J., Trift in Brandenberg im Wandel d.Zeit 04-0560.

R o s e n k r a n z , J., Bestimmung d.Grades d.Technisierung in d.Feldwirtschaft 08-0028.

R o s e n k r a n z , O., Einführung industriemäßiger Produktionsmethoden in d.Landwirtsch. (Diskussionsbeitrag auf d.VIII. Deutschen Bauernkongreß) 09-0004.

R o s i n s k i , J., Elektr.Dämpfer "PGE-100" 07-0354.

R o š k o , F. u. H a b o v š t i a k , J., Landwirtschaftl. Transporte in Berggebieten 09-0154.

R o š k o , P., Zweiwagen-Holzbringungsseilbahnen im Betrieb 05-0581.

Bestandeserschließung durch Zweikarrenseilbahn "DPL-2-2000" 07-0477.

Anwendungsmöglichkeiten d.Zweiwagenseilbahnen im Betrieb 09-0496.

s.Schlaghamerský, A.

R o s l j a k o v , V.P., Statist.Bestimmung d.Zugkräfte am Landwirtschaftsschlepper 06-0134.

R o s o w s k i , S., Wirtschaftlichkeit d.Anwendung v.Pflanzenschutzmitteln 05-0597.

R o s s d e u t s c h e r , H., Komplexeinsatz einer Spezialbrigade beim meliorativen Pflügen 09-0197.

R o s s e l e t , J., Wirtschaftlichkeit d.Viehhaltung 07-0541.

R o s s e n b e c k , M., Siedekennwerte v.Ottokraftstoffen u.ihr Einfluß auf d.Motor 04-0069.

R o s s i , L. s.Goidánich, G.

R o s s r u c k e r , H., Probleme d.Körnertrocknung 05-0334.

R o s z k o w s k i , A., Getreidereinigung 07-0330.

Elektron.Reinigungs- u.Sortiermaschinen 07-0333.

s.Marszałek, T.

R o t h , F.W., Spaltenfußböden für Schweine: Entwürfe u.Bauweise 04-0663.

s.Beer, C.E.

- u. H u l l , D.O., Entwicklung v.Stallbauten 07-0538.

R o t h e n b a c h , E., Wechselwirkung zwischen Außen- u.Innenklima in Abhängigkeit v.d.Baukonstruktion 05-0631.

R o t z l e r , E., Seilzugentmistung, eine wirtschaftl.Entmistungsart 09-0351.

R o u b i n e t , M., Obstlager in Castelnau-d'Estrefonds (Haute-Garonne) 01-0602.

R o v n y j , G.A., Petroleum u.Petroleum-Motorkraftstoff-Gemische für d.Luftheizofen "VPT-400" 04-0587.

Wärmetauschende Einrichtung u. Ventilatoranlage für d.Trocknen landwirtschaftl.Produkte 06-0334.

R o w e , A.L., Isolation v.Stahlträgern in Kühlräumen 04-0485.

R o w l a n d , D.R., Anpassung v. Keilwellen mit Kugelführung an d.bezügl.Drehmoment, Radiallast u.Lebensdauer gestellten Anforderungen /08-0021/.

R o z e n , È.A. s.Dagis, Z.S.

R o z e n t a l ' , Ju.G., M a r k o v s k a j a , E.V. u. K o j č u , L.S., Bestimmung d.Belastung d.Abstützungen v.landw. Ladegeräten mit schwenkbarem Ausleger 03-0118.

R o z è s , G., Kampf gegen Mehltau 06-0441.

R o ž n o v , S., Jät- u.Sämaschine 04-0503.

R o z u m , V. s.Januškevič, B.

R o z y c k i , K. s.Dembiński, W.

R u b i n š t e j n , A.L. u. R u b i n š t e j n , V.A., Prüfung weicher Böden auf Druck 04-0058.

R u b i n š t e j n , V.A. s. R u b i n š t e j n , A.L.

R u b l e v , V.S. s.Strokov, S.A.

R u c k , R. s.Otto

R u d a k o v , V.V. s.Kovčin, S.A.

R u d a š o v , V.V. s.Belych, P.F.

R u d e , M., Studienreise d.ECE-Kommission Rural Electrification durch Finnland u.Schweden im Herbst 1962 01-0042.

R u d e l ' s o n , V.G. s.Gorin, D.I.

R u d o l p h , C. s.Mittag, U.

R u d o l p h , W. s.Hänske, L.

R ü b , F., Automat.Regelung in d.Heizungstechnik 04-0423.

R u e b , H.P., Elektrizität in d.Landwirtsch. (Unfallschutz) 04-0066.

Stand d.Unfallverhütung in landwirtschaftl.Bauten 05-0623.

R ü h l e , R. s.Stannek, G.

R ü h l e m a n n , G., Betriebl. u.gebietl.Spezialisierung u. deren Bedeutung für d.weitere Mechanisier.d.Kartoffelanbaues 01-0134.

s.Schick, R.

R ü h l m a n n , G., Standortverteilung d.Kartoffelproduktion in d.DDR /05-0180/.

R ü h m a n n , H., Erschwerung motorisierter Arbeiten am Hang. Beitrag zur Beurteilung landwirtsch. Hangflächen 07-0007.

R ü p r i c h , W., Fütterung im Rindviehstall 03-0288.

Technik d.Stallentmistung u.Stallmistausfuhr 04-0379.

Rindviehställe, neu geplant 05-0669.

R u i , D. s.Goidánich, G.

R u i t e r , A., Haltbarmachung durch Anwendung v.Konservierungsmitteln 03-0339.

R u l l m a n n , A., Bauen, mit oder ohne Fundament 09-0522.

R u m j a n c e v , E.K., Betriebssicherheit v.selbstfahrenden Mähdreschern 06-0283.

s.Kobarov, V.A.

R u m j a n c e v , V.A. s.Jušin, K.I.

R u m s e y , G., Boxenliegestall 01-0585.

R u n č e v , M.S., Wirtschaftlichkeit v.Mehrzweck-Vollerntemaschinen 02-0171.

R u n c i e , K.V., Selbstfütterung v.Silage 03-0285.

R u n o v , B.A., Elektromechanisierung d.Tierzuchtfarmen in d.USA /05-0367/.

R u p r i c h , J., Wirtschaftlichkeit d.Holztransportes 04-0549.

R u s a k o v , D., Industriemäßige Verarbeitung d.Holzabfälle in Karelien 08-0372.

R u s e v , G., Belüftungstrocknung d.Luzerneheues in Scheunen u.im Freien. 1.Mitt. 01-0297.

Luzerneheugewinnung durch Kaltbelüftung 05-0316.

R u s e v , N., Stütztentyp beim Bau v.Seilbahnen nach d.Typ "Visen" 04-0552.

R u s k o , P., Verladen v.Holz auf Waggons v.Forstbahnen u.Waggons d.ČSD /03-0457/.

R u s s a n o w , I., Sowjetunion vertraut auf Technik u.Wissenschaft 02-0628.

R u s s e l , J.R. u. E l r o d , J.C., Cost and utilization of tractor power and equipment in the coastal plain of Georgia /05-0150/.

R u s t a m o v , G.G., Wirksamkeit horizontal dränbewässerter Flächen in d.Aserbaidshan.SSSR 05-0194.

s.Averjanov, S.F.

R u s t e n , A., Arten d.Verpackung v.Pflanzen 08-0368.

R ů ž i č k a , A., Luftfeuchtigkeit innerhalb d.landwirtschaftl.Bauten 08-0449.

R y b a k o v , K.V., s.Mosichin, E.P.

R y b i c k i , Z., Elektr.Einrichtungen in d.Landwirtsch./09-0079/.

R y d b e r g , J., Max. Kühlleistungen u.Luftmengen b.verschied. Einblaseinrichtungen 01-0565.

R y l y c h , J. s.Vančček, D.

R y ž i k o v a , A.G., "Merton"-Industrie-Traktoren 02-0183.

R y ž k o v , A.M., Eisstraßen, eine wichtige Reserve 01-0516.

R y ž o v , A.M. u. Z a j c e v , V.K., Forst-Lockerungs- u.Drillgerät 03-0406.

R z y m k o w s k i , A., Architektur v.Bauten für d.Tierzucht 07-0539.

Neuzeitl.Viehställe. 1.Mitt. 09-0568.

Neuzeitl.Viehstall. 2.Mitt. 09-0569.

S a a r e , E. s.Gustafsson, Y.

S a b a t i n i , V., Landwirtschaftl.Berufsausbildung in Italien 02-0021.

S a b i e l , G., Arbeitsverfahren in Buchenschwachholz 05-0540.

Motorsägen verschied.Motorenstärke u.deren Einsatzbereich 05-0549.

S a b l i k o v , M.V., Kritische Größe d.Klemmwinkels 03-0025.

S a b o , E., Trockenlegung v. Sumpfwäldern in d.UdSSR 04-0507.

Š a c , E.L., s.Semčinov, K.M.

S a c c o , L., Berieselung u.Zerstäubung mit Luft /07-0486/.

S a c h a r o v , A., Nutzung d. drei- bis viergeschossigen Häuser in d.Sowchossiedlungen d. RSFSR u.Belorußlands 07-0533.

S a c h a r o v , L., Manipulator für halbautomat.Linien 05-0558.

Š a c h o v , E.N., Mechanisierung d.Zapfenpflückens 02-0646.

Sadochin, N.E., Halbautomat. Fließarbeitslinien im Forstbetrieb Andrejewo 04-0522.

Sadowska, Z. s.Dembinski, W.

Šafranov, V.P., Wirkliches Drehmoment d.Asynchronmotors beim Einschalten 07-0072.

Sainsbury, D., Entwicklungstendenzen im Schweinestallbau 04-0657.

Sakun, V.A., Drescheinrichtung mit logarithm.Zahnform, Aufbau, Betrieb, Vorteile 06-0262.

Dreschtrommel mit logarithmisch geformten Zähnen 08-0178.

Salamon, A.,"Płytolet"(Verbindung vorgefertigter Bauteile), neuzeitl.Verfahren im ländl.Bauwesen 09-0532.

Šálek, J.u. Oujezdský, J., Zugabe v.Mineraldüngern in d. Beregnungswasser 09-0193.

Sal'nikov, M.L., Bewässerung aus unterird.verlegten Rohrleitungen mittels biegsamer Rohrleitungen u.bewegl.Beregnungsaggregate 06-0208.

Salwén, N., Maschinelle Entastung stehender Bäume 09-0474.

Šamaev, G.P., Maschinen für d. Pflanzenschutz 01-0531.

Samisov, I. u. Brodeckij, R., Anwendung v.Arbolit im ländl. Bauwesen 09-0528.

Samochodskaja, I.I. s. Vostrikov, N.A.

Samojlov, M.A. u. Kakimenko, G.I., Universelle Maschine "TKU-0,9" 05-0355.

Šamordin, V.I. s.Kapusta, I.Ja.

Sander, H., Warmwasserbereitung in Wohnbauten 04-0418.

Sandvik, M., Kompostierung v. Baumrinde 07-0456.

Sanktjohanser, L., Einbau v.ARMCO-Durchlässen 03-0470.

Sansavini, S. s.Goidánich, G.

Šapa, V.A. u. Razumichina, T.V., Hubschrauber zur Mehltaubekämpfung 03-0378.

Sapran, Ju.M. s.Gnojanik, V.A.

Sarajdarov, B., Schleuder-Mineraldüngerstreuer "NZT-B 10" 01-0176.

Sarajkin, Ju.D., Ringelung d. Lärchen 04-0527.

Sarapuka, V. s.Domračev, A.

Sardemann, F., Amerikan. Zukunftsgedanken über Haushaltelektrifizierung 06-0373.

Spezif.Haushaltsstromverbrauch in d.Bundesstaaten d.USA 09-0380.

Sarkisjanc, E.A. u. Bekrickij, L.Ja., Baureihe luftgekühlter Traktormotoren 06-0126.

Sarközy, P., Ferngelenkte Traktoren u.Landmaschinen 06-0148.

Šarov, B.G. s.Zimin, S.N.

Šarudenko, Ju. s.Žmudskij, D.

Satek, J., Landtechnik aus d.ČSSR: Aufnahmevorrichtung d.kombinierten Schlegelernters "SPKZ.160" u.Legemaschine "4-SaB-62,5" für vorgekeimte Kartoffeln 08-0433.

Šatov, I.V. s.Gavrilov, I.I.

Sattarov, T., Industrialisierung d.ländl.Bauwesens im Neulandgebiet 09-0524.

Sauer, H. s.Maltry, W.

Sautter, L., Wärmewirtschaft u.Wärmehaushalt 05-0433.

Savčenko, G. s.Cikin, E.

Savčenko, T., Futterhaus für Rindviehfarmen 08-0481.

Savič, P.V., s.Vasilenko, A.A.

Šavlochov, A.E., Untersuchung luftbereifter, angetriebener Räder auf lockeren Böden 05-0134.

Šavva, K.I., Nutzeffekt d. Bewässerung 05-0196.

Sawicki, W., Hydraul.Widerstände in Druckrohrleitungen aus Asbestzement 02-0729.

Hydraul.Widerstände in Druckleitungen aus Asbestrohren /05-0650/+.

Sažin, F.N. s.Vorob'ev, M.K.

Scapaccino, O., Pellizzi, G. u. Colzani, G., Untersuchungen mit 2 elektromagnet.Reinigungsanlagen 01-0309.

Ščavlev, Ju.G. s.Zabaluev, I.T.

Ščekotin, E.A., Einsatz d.Grabenaushebepfluges "PKNL-500" 01-0474.

Ščerbakov, P.M. s.Blagonravov, P.O.

Š č e r b i n , N., Mineraldüngerlager mit Gleisanschluß 09-0604.

Š č e r b i n i n a , V., Planung u.Bau v.Sowchosen in Neulandgebieten 03-0529.

S c h a a f s t a l , H.A., Arbeitsverfahren bei d.Strohbergung mit Ladegabeln am Traktor 03-0223.

S c h a a k , E.-A., Zu warme Hühnerställe, ein Lüftungsproblem 01-0342.

S c h a d e r e i t , G. s.Lange, E.

S c h a e f e r , H., Wohnkomfort durch neuzeitl.Einzel-Feuerstätten für feste Brennstoffe 08-0267.

S c h ä f e r , W., Hofeigene Belüftungstrocknungsanlage 05-0338.

S c h ä t z k e , M., Maschinelle Hilfsmittel bei d.Beerenobsternte 08-0319.

S c h a l k w y k , C.J.van, Anlage v.Konturfurchen 04-0174.

S c h a l l e r , Bessere Jungpflanzen durch neues Spezialhaus 02-0601.

S c h a l o w , P., Stahlbetonfertigteile beim industriellen Bauen auf d.Lande 04-0610.

s.Burger, H.

S c h a n z e , Haltung v.Hennen in Batterien 05-0380.

S c h e i n s.Kömmling

S c h e n k l i n g , W., Technologie hilft Arbeitsproduktivität steigern 01-0023.

S c h e r u g a , F., Tätigkeitsbericht d.Bundesversuchs- u. Prüfungsanstalt für landw.Maschinen u.Geräte in Wieselburg a.d.Erlauf für d.Jahr 1963 07-0026.

S c h e u e r m a n n , A., Heubelüftungstrocknung u.künstl. Grünfuttertrocknung 03-0244.

S c h e u r l e n , H., Kunststofftechnik 08-0019.

S c h e w c z , S c h i f f n e r , R. u. W a x e n e g g e r , Waschvollautomat "Constructa K 4 fs/61", Prüfbericht Wieselburg, N.Ö. 02-0570.

Vollautomat.Waschmaschine "AEG Lavamat de luxe", Prüfbericht Wieselburg, N.Ö. 02-0571.

S c h e w c z i k , Waschvollautomat "WA 451", Prüfber.Wieselburg, N.Ö. 08-0284.

S c h e w c z i k , R., Zentrale Raumheizung im ländl.Haushalt 09-0384.

S c h i b , K., Entwicklungen in d. mechanisierten Zuckerrübenernte 04-0278.

Eignung u.Verwendung d.Silo- u. Heuschwanzes 06-0274.

Mechanisches Laden v.Grün- u. Dürrfutter 07-0275.

S c h i c k , R., R ü h l e m a n n , G. u. P ö t k e , E., Probleme d.Überganges zu industriemäßigen Verfahren in d.Kartoffelproduktion 06-0173.

S c h i e c h t l , M., Saat auf Strohdeckschicht, Methode zur raschen Befestigung v.Böschungen 08-0413.

S c h i e c k e , I. s.Rid, H.

S c h i f f e r , W., Bauernhöfe in Niedersachsen 09-0562.

S c h i f f n e r , G. s.Schewcz

S c h i l l e r , K., Mehrzweckstall in Barackenbauweise für Junghennenaufzucht 05-0692.

S c h i l l e r , W. s.Thum, E.

S c h i l l i n g , K. u. O e r t l i , W., Ursache u.Verhütung v.Korrosionen u.Rußbildung bei d.Verwendung v.mittelschweren u.schweren Heizölen 05-0437.

S c h i l l i n g , W.F., 150 DIN-PS = 180 SAE-PS? 09-0118.

S c h i m m e l p f e n g , H. s. Liebster, G.

S c h i m m i n g , J., Mähbinder "WT 2-2,1" Poznanska Fabryka Maszyn Zniwnych, Poznan (Polen) - Prüfber.Potsdam-Bornim 03-0209.

S c h i n d l e r , W., Abkalbestall u.Brucellosebekämpfung 08-0493.

S c h i n k e , H., Grabenräummaschinen 06-0199.

S c h i n k e l , W., Parzellenköpfer für Zuckerrüben-Feldversuche 06-0307.

Ernteverfahren bei Zuckerrübensamenträgern. Beitr.zur Einführung industriemäßiger Produktionsmethoden in d.Landwirtsch. /09-0298/;

s.Bachmann, L.

S c h i r m e r , R., Holzbringung in Regie durch Unternehmer 03-0446.

S c h i t t l e r , H., Fußbodenleiste als Element d.elektr. Installationstechnik 09-0382.

S c h l a g h a m e r s k ý , A. Serienrückenseilbahn in ebenem Gelände 06-0513.

- u. R o š k o , P., Wald-Seilbahnen /08-0405/.

S c h l e g e l , W. u. W o l f , R., Ferkelaufzucht durch Trokkenfutterautomaten 02-0520.

S c h l e i c h e r , H., Wirtschaftswegebau im Walde 03-0467.

- u. L e h n e r t , W., Erfahrungen mit d.Vibromax-Plattenrüttler 03-0461.

S c h l e s i n g e r , F., Maschinensystem für d.Speise- u.Saatkartoffelernte auf schweren Böden 01-0259.

Untersuchungen mit Dammaufnahmewerkzeugen v.Kartoffelrodern 01-0265.

Kartoffelsortieren im sozialistisch.Großbetrieb 05-0349.

S c h l e u s e n e r , P.E. s. Kruse, E.G.

S c h l i c h t i n g , M., Drehmomentmessungen an zwei Rotorkrümlern 01-0169.

Unions-Forschungsinstitut für Landmaschinenbau d.Sowjetunion 05-0503.

Errichten v.Plastfolienzelten f.d.Frühgemüseerzeugung in Verbindung mit d.Traktor "RS 09" 06-0422.

Mechan.Errichten v.Plastfolienzelten für Frühgemüseerzeugung in Verbindung mit d.Traktor "RS 09" /06-0433/.

Mechan.Errichten v.Plastfolienzelten im Freilandgemüsebau 09-0425.

S c h l o l a u f , W., Melkmaschineneuter durch "Handmelkprüfungen"? 01-0378.

S c h l o t t , H. s.Heimbürge, H.

S c h l ü t e r , G., Katathermometrie auf neuer Grundlage 07-0515.

S c h l u n s e n , D., Verwendung v.Kunststoffen in d.Landwirtsch. 04-0027.

S c h m a d l a k , J., Klammerveredlung, Beitrag zur Rationalisierung d.Reisveredlung 07-0415.

S c h m i d , H., Kombinator "K25/1", Typ "B 812", VEB Landmaschinenbau Torgau, Prüfber.Potsdam-Bornim 01-0161.

Sachgemäßer Einsatz d.Vorschälers 06-0223.

Hilfe d.Technik bei d.Steigerung d.Bodenfruchtbarkeit 08-0121.

Überlastsicherung (Grindel 30 S), Prüfber.Potsdam-Bornim 08-0128.

s.Adams

- u. G r o t h e , G., Prüfung d.Seilzugegge "B 492" u.Hinweise für d.Einsatz in d.Praxis 06-0230.

S c h m i d b a u e r , Maschinen für d.Körnermaisernte 01-0250.

S c h m i d b a u r , A. s.Krämer, K.

S c h m i d t , F., Fischgrätenmelkstand im Blickfeld d.Oekonomie 06-0582.

Ländl.Wirtschaftswegebau 09-0547.

s.Kunze, P.

- u. S e i f e r t , M., Motorhydraul.Kippeinrichtungen u. automat.Bordwandöffnungen für d.Schnellentladung v.Schüttgütern 02-0155.

S c h m i d t , G., Teilmechanisierte Verfahren d.Buchenschwachholzaufarbeitung 03-0420.

Ladekräne in d.Forstwirtschaft 05-0578.

Chem.Unkrautbekämpfung vor d. Bestandesgründung auf grundwasserbeeinflußten Standorten im StFB Hagenow 08-0370.

s.Strehlke, E.G.

- u. N e u b e r t , E., "Greifswalder Grabenunkraut-Bekämpfungsgerät" zu einem neuen Verfahren d.chem.Entkrautung v.Ent- u.Bewässerungsgräben /05-0227/.

S c h m i d t , H., Landmaschinenmarkt 1962 02-0007;

s.Clemens, K.

S c h m i d t , K.H., Neuzeitl. Warmluftheizung in Etagenwohnungen u.Einfamilienhaus 09-0385.

S c h m i d t , K.-J., Arbeitsorganisation in LPG nach Übernahme d.Technik, dargestellt am Beispiel d.LPG "Einigkeit" in Bendelin, Kreis Perleberg 06-0044.

S c h m i d t , L., Batteriehaltung in Deutschland 02-0507.

Lüftung oder Klimatisierung? 03-0542.

Gut gelegt ist ganz gewonnen 03-0545.

Auf d.letzten 20 Eier kommt es an 03-0550.

Klimatisierung - praktisch. Lüftung-Heizung-Kühlung 04-0366.

Batteriehaltung, Rationalisierungsfaktor oder "Große Mode"? 05-0381.

Kotgrube, so oder so? 05-0384.

Entwicklung zur Alleinfütterung? 05-0394.

Klimatisierung, praktisch 05-0625.

Rationalisier.d.Fütterungstechnik 06-0353.

Fütterungstechnik, aus deutscher Sicht 06-0357.

Käfighaltung, wirtschaftlich 06-0598.

Geflügelfutter - lose 06-0599.

Liegt d.Zukunft in d.Legekäfigen? 07-0587.

Batterien, einmal aus Holz 09-0341.

Ohne Kotgrube geht es nicht 09-0591.

S c h m i d t , T. s.Adams

S c h m i d t , W., Neue Aspekte in d. Gewächshaustechnik 05-0479.

S c h m i d t, Werner, Neues Getreide-Trocknungssystem 03-0263.

S c h m i e l , M., Landwirtsch.Schulwesen in Norwegen 02-0022.

S c h m i t t , H., Schlegelfeldhäcksler als Schlüsselmaschine 09-0261.

S c h m i t t , N., Schädlingsbekämpfung aus d.Luft 03-0477.

S c h m i t t e r , P., Raumordnung 05-0636.

Neuordnung d.ländl.Raumes 05-0640.

S c h m i t z , J., Arbeitsorganisation u.Kosten in Sortieranlagen 04-0334.

S c h m o c k , F., Wie kann d.Landwirt d.Maschinen-Prüfungsergebnisse nutzen? 04-0049.

S c h m o l l , G., Methodik d.Recherchierens u.Recherchemittel /08-0015/.

S c h n e c k e n b u r g e r , F., Arbeitsaufwand u. -bedarf in Gemischtbetrieben am westl.Kaiserstuhl in Abhängigkeit v.d. Ausstattung mit Arbeitshilfsmitteln unter bes.Berücksichtigung d.Weinbaues 05-0456.

S c h n e i d e r , Reisebericht über d.Studium v.landwirtschaftl. Trocknungsanlagen in d.Volksrepublik Polen in d.Zeit vom 15. 10.bis 22.10.1963 /08-0517/.

S c h n e i d e r , B., Techn.Trocknung v.Grünfutter in d.DDR 01-0302.

- u. E h r e n h a r d t , M., Gegenüberstellung d.Investitionsaufwandes, d.Leistungen u.d. Kosten je Kapazitätseinheit d. Trommeltrockners u.d.Schnellumlauftrockners 06-0330.

- N i e r i c h , H. u. B a u n a c k , H., Landwirtschaftl. Trocknungskampagne 1962 in Zuckerfabriken u.sonst.Trocknern 02-0436.

S c h n e i d e r , F., Produktionsgebundene Ausbildung, Voraussetzung für höhere Qualität d. zukünftigen mittleren techn.Kader d.sozialist.Landwirtsch. 01-0005.

S c h n e i d e r , W., Ökonom. Nutzen beim richtigen Einsatz d.Famulus-Trakteren 06-0118.

S c h n e i d e r h ö h n , R., Wärme mit Kohle, Öl, Elektrizität u.Gas 09-0386.

S c h n e k e n b u r g e r , F. s.Bischoff, T.

S c h n e l l , W., Trocknungstechnik (Übersicht über d.Gesamtgebiet) 05-0333.

S c h o e d d e r , F. u. B u s s e , W., Einsatzversuche mit einer Aufsammel-Brikettierpresse 09-0269.

S c h ö l z e l , C. s.Fischer, R.

S c h ö n e r s t e d t , H. s. Adams

S c h ö n f e l d , H., Methoden u.Möglichkeiten d.Regelungstechnik 09-0027.

S c h o l l , P., Einheitl. Kennzeichnung d.Verdampferfächer in Kühlschränken 09-0396.

S c h o l l a i n , L., Entwicklung d.landwirtsch.Bauwesens 04-0593.

S c h o l t y s s e k , S., Technik in d.Hühnerhaltung 04-0365.

Batteriehaltung v.Legehennen 05-0382.

S c h o l z , B. s.Hechelmann, H.G.

S c h o l z , K., Fragen d.Stallbaues 07-0540.

S c h o o f , A., Lagerung u.Transport v.Häckselstroh in d.Innenwirtsch. 03-0243.

S c h r e i n e r , U., Messung d. Mechanisierungsgrades in d.Landwirtsch. 06-0045.

S c h r ö d e r , E., Vorratsförderer zum Abladen v.Leichthäcksel 05-0277.

S c h r ö d e r , H., Axialventilatoren zur Luftumwälzung 04-0466.

S c h r ö d e r , K. s.Rakow, A.

S c h r ö d e r , W., Spritz- u. Sprühgerät "Fricke-Kormoran Z 35" 07-0440.

s.Bernstorff, H.;

Blank, H.;

Loewel, E.L.

S c h r ö f l , J., Mechanisierung d.Kartoffelernte 01-0256.

S c h r o e r , H., Hochfrequenz-Trocknung auch in d.Landwirtschaft? 01-0303.

S c h r ö t e r , E.B., Schnelllaufende Fahrzeugdiesel z.Vielstoffmotor I 08-0040.

Entwicklung d.schnellaufenden Fahrzeugdiesels zum Vielstoffmotor 09-0077.

S c h ü n k e , U., Einmannarbeit mit d.Schlepper 09-0089.

Schlepperbauarten, arbeitswirtschaftl.gesehen 09-0090.

Fahrgeschwindigkeit u.Beanspruchung d.Menschen bei Ein- u. Zweimannarbeit mit Schlepperanbaugeräten 09-0145.

s.Meyer, H.

S c h ü t z , W., Sichere u.wirtschaftl.Konstruktionen durch Betriebsfestigkeits-Versuche 08-0032.

S c h u h , W., Oszillographische Spannungsanalyse an Kurbelwellen 02-0088.

S c h u k k i n g , S. u. H e n g e v e l d , A.G., Silierverluste bei Gras u.Rotklee beim Quetschen d.Grüngutes 03-0255.

S c h u l t e , K.-H. u. F r e i t a g , H., Landtechnik auf d. V.Internat.Messe in Brno 08-0429.

S c h u l t e - K a r r i n g , H., Melioration staunasser Böden 09-0183.

S c h u l t z , R., Messen d.Dauerhaftigkeit an Futtermittel-Preßlingen 08-0169.

S c h u l t z e , K. s.Stietenroth, K.

S c h u l z , H. u. W a l t e r , S., Probleme d.Allradantriebes bei Traktoren 06-0140.

S c h u l z , H. s.Wenner, H.L.

S c h u l z , H.C., Funktionelle Erprobungen u.Messungen am Schlepper u.Gerät 09-0060.

S c h u l z , M.E. s.Casalis, J.

S c h u l z , N., Ein neuartiger Schlepperantrieb? 06-0077.

S c h u l z e , E., Verkaufsgespräche auf d.Kölner Messe 05-0447.

S c h u l z e , F. s.Dannemann, H.

S c h u l z e , J. s.Specht, G.

S c h u l z e , K.-H., Techn.Erfahrungen mit Stalldungstreuern 02-0247.

S c h u r i c h t , R., Arbeitswirtschaftl.Grundlagen d.Produktion v.Baumobst unter d.Bedingungen d.soz.Großflächenproduktion /01-0415/.

Verhütung v.Frostschäden während d.Vegetationszeit durch Heizen, Beregnen u.Lufttrübung 09-0514.

S c h u r i g , M. s.Seifert, H.

S c h u r r , K. s.Pfizenmayer, W.

S c h w a b , H. s.Adams

S c h w a b e , K., pH-Meßtechnik /05-0058/.

S c h w a r z , G., Fruchtbeladene Äste stützen oder hochhängen? 04-0456.

S c h w a r z , H., Schweißverfahren für Plaste 01-0019.

S c h w a r z, Helmuth s. Isselstein, R.

S c h w a r z , J., Elektr.Heißwasserbereiter 08-0265.

S c h w a r z , K. u. S p o r s , A., Rationelle Einrichtung v. Beregnungsanlagen 07-0187.

S c h w a r z , S., Stand d.Hygiene d.Tierhaltung, in d.LPG "Freundschaft" Oberwiera, u. d.Möglichkeiten zu ihrer weiteren Entwicklung, unter bes. Berücksichtigung d.Neu- u.Umbauten für d.Rinder- u.Schweinehaltung /05-0415/.

S c h w a r z , W., Techn.Politik b.Bau landwirtsch.Produktionsanlagen 01-0558.

S c h w a r z e n b a c h , H., Kosten d.Maschinenarbeit im Rebbau 03-0353.

S c h w e i g e r , W. u. P ö t - k e , E., Pflanzenbau u.Pflanzenzüchtung zur Auslastung v. Trocknungsanlagen 04-0299.

S c h w e i g l e r , W., Unfallverhütung bei Spreng- u.Steinbrucharbeiten 08-0351.

S c h w e i t z e r , P.H., Darstellung v.Versuchsergebnissen mit Hilfe d.Brennstoffarbeitsdruckes 06-0085.

S c h w e i t z e r , R.v., Pädagogik. Landwirtschaft u.ihre Bildung /09-0022/.

S c h w e i z e r , H., Methodik d.Arbeitszeiterhebung u.Arbeitskalkulation in d.Landwirtsch. /08-0031/.

Arbeitsstudien u.Arbeitsvoranschlag in d.Schweiz 09-0050.

S c h w e n d i n g e r , W., Tiefkühlung u.verbesserte Pflege u. Kontrolle d.Rohmilch 04-0411.

S c h w e n k e r , G. s.Maltry, W.

S c h w e r d t f e g e r , G., Ingenieurschulen d.Landwirtschaft 08-0011.

Š č i g l o v s k i j , B.M. u. L i v a n o v , A.P., Holztransport in westeuropäischen Ländern 06-0508.

S c o t t , G.W., Neuerungen in d. Einrichtung v.Melkhäusern u.in d.Melktechnik 03-0308.

S c o t t , G.W.R. u. N e e d - h a m , K., Rückflußspülung d. Melkbecher 08-0256.

S e a l e , A.D., Milchtanks u. Milchkannen an Hand einer Studie verglichen /02-0561/.

Š e b e l a, F., D u s e k, B. u. P a - v e l, J., Milchwirtsch. /09-0373/.

S e č k i n , V.S., Erbsenernte durch Abreißen 07-0305.

S e d l a k , J., Erfahrungen in d. ČSSR mit d.Schwadroden v.Kartoffeln in Verbindung mit d.Ernte mit stationärer Trennung 04-0259.

Komplexmechanisierung bei Kartoffelbau u. -ernte sowie bei Verarbeitung d.Kartoffeln nach d.Ernte 09-0289.

S e d l e r , E., Bedienungsanweisung für d.Klimaanlage in Schweineställen mit d.Tanneeinsatz 150 ohne halbautomat.Luftregelung 08-0497.

S e d l m e i e r , M. s.Eichhorn, H.

S e e l , H. s.Klink, G.

S e e l i g e r , K., Leistungsverhalten v.Getriebe-Kombinationen 06-0138.

S e e m a n n , J., Temperaturüberwachung b.Frostschutz 06-0442.

Š e f t e r , J.I. u. C h e l l e - n o v , O., Wirtschaftlichkeit v.Windkraftanlagen auf d.Weiden in Turkmenien 03-0056.

Windmotoren für d.Weidenbewässerung u.ihre techn.Wartung 04-0065.

S e g l e r , G., Landtechnik 03-0004.

Landtechnik 09-0005.

S e i d e l , E., Einsatz v.Zementsilofahrzeugen bei d.Kalkdüngung 06-0232.

s.Erlecke, K.H.

- u. O e r t e l , E., Grundsätze für eine rationelle Ausnutzung d.Industrienutz- u. Abwärme für d.Beheizung v.Glasflächen in d.DDR 03-0363.

S e i d e l , S. s.O'Daniel, W.

S e i f e r t , H., G r i m m , K. u. S c h u r i g , M., Der Feldhäcksler u.was dazu gehört /05-0310/.

S e i f e r t , Hans s.Zinner, K.

S e i f e r t , M. s.Schmidt, F.

- u. P e s c h e l , E., Probleme d.Transports in d.Zuckerrübenernte 01-0287.

Zuckerrübentransport u.Anlage v.Feldrandmieten in d.LPG Jahna-Kagen 01-0288.

S e i f f e r t , M., Acker- u. pflanzenbaul. Gesichtspunkte zur Organisation d.Futterbaues für Grünfuttertrocknungsanlagen 09-0164.

Š e i n , L.V., Bodenlockerer "Zmejka" 04-0506.

S e i z , J. s.Mügge, H.

Š e j k o , E.P. s.Kirtbaja, J.K.

S e k r e t , I., Wirtschaftl. Nutzen v.Mähwerken mit großer Arbeitsbreite 05-0258.

Sekrier, A.K., Einsatz d. Pfluges "PP-50" z.Tieflockerung d.Bodens auf Terrassen 06-0401.

Selby, W.E. s.Kruse, E.G.

Seliwanow, A., Probleme bei d.Instandsetzung v.Maschinen u.Traktoren 09-0040.

Šelkovnikov, S. s.Kim, V.

Sell, W., Entwicklung unserer Haustechn.Geräte 01-0390.

Seltea, C. s.Ursu, I.

Semachin, D.M. s.Vasilenko, A.A.

Semčinov, K.M. u. Šac, E.L., Einfache Erder f.landwirtschaftl.Elektroanlagen 02-0082.

Semenov, A.A., Intensivierung d.Zuckerrübenanbaues 06-0175.

Sendrjakov, I.F. s.Kaplunov, M.M.

Senkowski, A., Zugkraftprobleme bei landwirtschaftl. Schleppern 06-0135.

Sennewald, J. u. Holzberger, R., Einführung d. kombinierten Studiums auf d.Gebiet d.Betriebsökonomik 03-0013.

Šepovalov, V.D., Mähdrescher als Gegenstand d.automat. Steuerung 01-0234.

Serdečnyj, A., Verbesserung d.Schlegelernter 02-0320.

Serdjukov, A. s.Ivanenko, V.

Serdjukov, O., Wasserversorgung in Rinderställen ohne Rohrleitung 05-0668.

Sereda, O., Geeignete Typen v. Plattentragkonstruktionen bei Waldwegbrücken 07-0483.

Serežina, N.V., Dreschwerk mit Schneckentrommel 07-0247.

Sergeev, M.P. u. Ovsjannikov, B.P., Durchlaßfähigkeit d.Feldhäcksler-Schneidvorrichtung 04-0218.

Sergeev, V.V. s.Pugačev, A.N.

Sergienko, J. s.Istomin, G.

Sergijčuk, O. s.Boreckyj, O.

Sergijenko, K., Cot, M. u. Majboroda, I., Örtl. Materialien für d.industrielle Bauen 08-0440.

Šeriev, I., Mechanisier.d.Arbeitsgänge in Kuhställen 04-0350.

Techn.-ökonom.Bewertung d.verschied.Methoden d.Haltung v. Kühen in Anbindeställen 06-0572.

Serov, V.I., Einzelkorn-Zuckerrübendrillmaschine Typ "SST-4" 07-0227.

Šeršeń s.Egoršin

Seryj, G.F., Automat.Beschikkung d.Mähdrescher-Dreschwerks 06-0291.

Šestopalov, I., Vodjanik, A. u. Grigorovič, J., Futtermuser 01-0346.

Šestov, P.P., Schädlingsbekämpfung 06-0526.

Ševcov, P.P. u. Kuznecov, N.G., Einfluß d.Geschwindigkeitserhöhung auf d.Wirkungsgrad d.Radschlepper 08-0067.

Sharp, J.R., "B.M.Minor"-Schrotmühle, N.I.A.E.-Test 08-0231.

Sharp, R.B. u. Bufton, L.P., Methode zur direkten Tropfenmessung bei Ölsprühmitteln 07-0484.

Shaw, E. s.Johnston, W.R.

Shaw, R.G., Maschineneinsatz b.Holztransport 06-0509.

Sheard, R.W. s.King, K.M.

Shepperson, G. u. Grundey, J.K., Herstellung v.Heuwaffeln /02-0431/.

Sherwood, R.D., Präzision v.Instrumentenkupplungen im Bewegungsübergang v.d.Eingangsseite zur Ausgangsseite 01-0088.

Shipway, G.P. s.Richardson, P.

Shrimali, D.S. s.Singhvi, M.L.

Šibaev, M., Großschlepper "Kirovec K-700" 06-0119.

Sidel'nikov, M.S., Arbeitsvorgang d.Traktor-Dieselmotors 05-0115.

Siebert, L., Errechnete Brennstoffersparnis? Wie genau läßt sich d.jährliche Brennstoffbedarf vorausberechnen? 03-0362.

Füllstoffe für Kühlmatten 08-0310.

Sieg s.Beran

Sieg u. Waxenegger, Zweipunktanbau-Faltegge, Prüfbericht Wieselburg, N.Ö. 04-0189.

Motormäher-Zusatzgerät "Heumagd", Prüfbericht Wieselburg, N.Ö. 04-0225.

Plastic-Siloverschluß "Seeger", Prüfbericht Wieselburg, N.Ö. 04-0306.

S i e g , H. s.Loewel, E.L.

S i e g , R., Frontschwader u.Motorgabler z.Motorheuer 01-0211.

Hangarbeitsgrenze beim Mähen mit d.Traktor 04-0215.

Der Triebradreifen beeinflußt d. Zugkraft d.Traktors 06-0151.

Traktor-Sturzsicherung. 1.Mitt. 08-0076.

Traktor-Sturzsicherung. 2.Mitt. 08-0077.

Traktorenverdeck " M 201", Prüfbericht Wieselburg, N.Ö. 09-0141.

S i e g e l , J., Nadelholzsaaten zwischen PVC-Folie 08-0365.

S i e g m u n d , K., Dokumentation u.Information in d.Landwirtsch. d.DDR 02-0030.

S i e l a f f , P. u. T r a b e r t , K., "Ein-Mann-Speicher" für 750 t Saatgut 04-0675.

Silospeicher für Futtersaaten? 04-0676.

S i e p m a n , A.H.J., Pflege v.Kartoffeln auf Kleiboden 02-0280.

Vorführung v.Kartoffelerntemaschinen 1962 02-0389.

Gerät zur Desinfektion v.Kartoffeln 02-0700.

Krautziehen 1962 03-0233.

S i k o r a , H. s.Platzer, H.B.

S i l a n o v , V.I. s.Azarevič, G.M.

S i l ' č e n k o , N. s.Mokšin, P.

S i l k i n , E.A. s.Sinjagovskij, I.S.

S i l l c o c k , K.M., Bessere Melkarbeit 02-0546.

Drei Seiten d.Bewirtschaftung einer Milchviehfarm 09-0334.

Š i l ' n i k o v , N.G. s.Krysov, A.M.

Š i l o v , I., Rotationslockerungsgerät "RP-2,1" 03-0152.

S i m , J.T.R. u. P a z z i , J.J.O., Silage, silage crops and silos /01-0296/.

Š i m a , F. u. M i c h á l e k , K., Technologie d.Geflügelwirtschaft /03-0307/.

Š i m á k , J. s.Vojtíšek, R.

S i m c h e n , H., Übersicht zur Chemisierung d.Landwirtschaft /03-0012/.

Š i m e k , I. s.Douda, M.

S i m m o n d s , C.W. s.Dannatt, N.

S i m o n , H., Entblättern u.Roden v.Rosen in einem Arbeitsgang 04-0473.

S i m o n , J., Lichtdurchlässigkeit v.glasfaserverstärkten Polyesterplatten 06-0419.

S i m o n e n k o , A.S. s.Nazarov, G.I.

S i m s , W.L., W e l c h , J.E. u. L i t t l e , T.M., Sellerie-Produktion in Californien 03-0356.

S i m s k i j , A.M., Techn.Mittel für d.aviochem. Bekämpfung v. Waldbränden 02-0681.

S i m s o n , I.I., Automat.Vorschub für Universal-Kreissägen 05-0554.

S i n g h , A. s.Deb, A.K.

S i n g h v i , M.L. u. S h r i m a l i , D.S., References sources in agriculture: an annotated bibliography /03-0019/.

S i n j a g o v s k i j , I.S. s.Kolotušin, A.S.

- S i l k i n , E.A. u. C h a s a n o v , R.M., Festigkeitsuntersuchungen v.Schweißverbindungen im landwirtsch.Maschinenbau 02-0043.

S i ń k o v , G.I., s.Goberman, V.A.

S i n k w i t z , P.L., Scherengriffe /06-0413/.

Scherengriffe 09-0410.

S i r o l i , T. s.Goidánich, G.

Š i š e g o v , L.S. s.Zevachin, A.N.

Š i š k i n , G., s.Melamed, M.

S i t k e i , G., Über d.dieselmotor.Zündverzug 02-0092.

S i t k e i , G.L., Ähnlichkeitsgleichungen für d.Berechnung gerippter Flächen v.Motoren mit Luftkühlung 01-0052.

S i v a k , B.G., Techn.Fortschritt im Traktorenbau 01-0070.

S j u n d j u k o v , C.C., Plattenleger bei d.Arbeit 09-0502.

S k a l w e i t , H., Kraftheber zwischen Wunsch u.Wirklichkeit 05-0137.

Feldmessungen an Schleppern mit Dreipunktanbau u.regelnden Krafthebern 09-0132.

s.Meyer, H.

Š k a r b a n o v , P.F. u. S o k o l o v , N.M., Vorrichtung zum Verteilen einphasiger Belastungen auf alle 3 Phasen ländl.Elektrizitätsversorgungsnetze 06-0069.

- u. Š t e r n , G.M., Erleichtertes Anlassen v.Kurzschlußläufermotoren in landwirtschaftl.Anlagen 01-0047.

Š k a r b a t j u k , K. s.Bel'skij, V.

S k a v e n - H a u g , S., Baumrinde als Mittel zur Frostdämmung im Boden 07-0466.

S k i e r k o w s k i , J., Gegenwärtiger Stand u.d.Entwicklungsaussichten für d.Gewächshausbau in Polen sowie einige Bemerkungen über d.Bau v.Gewächshäusern in England u.in d.USA 07-0418.

s.Viscardi, K.

Š k i r j a , T.M., Seilkran mit bewegl.Tragseil 05-0579.

S k l á d a l , V., Getreideanbau u. -ernte /04-0135/.

Entwicklung d.mechanisierten Hopfenschnittes in d.Welt 09-0296.

S k o č i k , M., Selbstkosten bei d.Pflanzung u.Pflege von 1 ha Weinbergsfläche auf Terrassen 04-0458.

S k o c k i , H., Typenpläne für d. Bau v.Bauernhöfen 04-0640.

S k ó r s k i , A., Techn.Atteste für d.Deckenverschalungen aus Stahlbeton "DeCe" 09-0535.

S k o r s k i , B., Kosten u. Verluste bei d.verschied.Verfahren d.Lagerhaltung v.Kartoffeln (Einmieten, Einsäuern, Herstellung v. Flocken) 05-0347.

S k o t n i k o v , V.A., Besonderheiten d.Laufeigenschaften d. Kettenfahrwerkes auf schwachen Böden 07-0125.

S k o u p ý , J., Mechanisierung d. Herstellung v.Ballenpflanzen für schwer aufforstbare Flächen 05-0532.

S k o y e n , I.O. s.McFarlane, J.S.

Š k r e d o v a , L.F. s.Puškareva, P.V.

S k ř i v á n e k , V., Einige Verfahren d.mechanisierten Strohbergung 03-0220.

S k r o m m e , L.H., Bedeutung v. Steuerungen in d.Mechanisierung d.Innenwirtschaft /09-0335/.

S k r z y ń s k i , T., Trocknen d.Futtermittel /09-0333/.

S k u n d i n , G.I. u. A k o p j a n , G.A., Wirkungsgrad u. Einlaufzeit von Getrieben schnellfahrender Traktoren 03-0090.

-, D o b r o c h l e b o v, A.P. u. M o r o z o v, K.G., Kräfte im Getriebe d. Traktors "DT-75" unter Feldbedingungen 01-0091.

S l a b o s p i c k i j , I.A. s. Kameneckij, V.A.

S l a d e , D.A., Gemüseproduktion, Bodendesinfektion mit chem.Mitteln 03-0487.

S l a d e , F.H., Automatisier. in d.Futtermittelveredlung, der Trocknungsprozess 02-0439.

S l a d k ý , V., Transport in landwirtschaftl.Betrieben u. dessen Organisation 09-0153.

S l a d o v n í k , K., Großproduktionstechnologie d.düngenden Bewässerung mit wirtschaftseigenen Düngern 06-0206.

S l a v i n , R.M., K r u g l o v , N.S. u. A t a k i š i e v , T.S., Fließband für d.Eiereinsammeln 06-0364.

S l a v u c k i j , A.K., Landwirtschaftl.Straßen /06-0258/.

S ł a w i ń s k i , A., Vernebeln u.Spritzen öliger u.wässriger Pflanzenschutzmittel-Emulsionen mit d.Gerät "Pulsopyl" 07-0485.

S l e t t e m a r k , R., Wahl d. Wegeklasse für Waldautostraßen 04-0569.

S l u c k e r , J. s.Kuznecov, B.

Š m a r c , M.B. s.Guberman, B.F.

S m e t , L.A.de, Bodenbearbeitungs- u.Mechanisierungsmöglichkeiten auf schweren Tonböden 03-0145.

Š m i d t , R.G., B u t k o , M.A. u. E m e l ' j a n o v a , O.V., Vollmechanisierung d.Heuernte 05-0238.

Š m i g e l ' , V. s.Basov, A.

Š m i g e l ' , V.N., Getreidesichtung auf d.Sieb im elektr.Felde 09-0313.

s.Basov, A.M.

S m i r n o v , A.L., s.Kozlikov, M.F.

S m i r n o v , B.V. u. P e t r o v , V.M., Nullsystemkanal für d.Nachrichtenübermittlung d.Dispatcherdienstes ländl.Elektroenergieversorgungsbezirke 06-0070.

S m i r n o v , I.I. u. D ' j a - č e n k o , G.N., Form u.Arbeitsweise aktiver Kultivatorschare bei erhöhten Geschwindigkeiten 09-0210.

S m i r n o v a , I.S., T j u t - j u n n i k o v a , V.A., K o - ž e v n i k o v a , N.F., B y - k o v e c , A.G. u. D e b e - l y j , G.A., Saatgutbehandlung mit hoher Wechselspannung 02-0448.

S m i t h , D.W., Bonser Sicherheits-Allwetterkabine ("Mk II") angerüstet an d.Traktor "David Brown 990", N.I.A.E.-Test 07-0140.

Sicherheits-Wetterkabine "CAB (Mk II)" für d.Massey-Ferguson-Traktor "FE-35X", N.I.A.E.-Test 08-0079.

- u. O s b o r n e , L.E., Nuffield Dieseltraktor "460", /Eignungsprüfung/, N.I.A.E.-Test 05-0097.

S m i t h , N., Lagerung in Stapelbehältern 01-0332.

S m i t h , R.J.,Schnellpackmethode b.Packen v.Früchten 05-0489.

The rapid pack method of packing fruit /06-0437/.

S n e g o v s k i j , I.F., Typenreihe v.Maschinen z.Bekämpfung v.Pflanzenschädlingen u. -krankheiten sowie z.Unkrautvernichtung 01-0524.

S n e l l i n g , J. s.Stewart, J.

Ś n i a d o w s k i , Z. s.Ostrowski, J.

S o b e c k , E. u. B i n d e r , W., Einfluß v.Temperatur u.Zeit auf d.Keimgehalt bei Anlieferung v.nicht tiefgekühlter Rohmilch 04-0412.

S o b e l , A.T. u. B u e l o w , F.H., Verzinkte Stahldachkonstruktion für Sonnenheizung 02-0727.

S o b e s k a , K., Viehställe mit Spaltenfußböden 05-0664.

S o d e n , R.W., Mittel u.Wege zur Beseitigung d.Abwässer eines Bauernhofes 08-0119.

S ö d e r l u n d , J.A., Raupenkarren MSA 01-0497.

S ö d e r s t r ö m , G., Planung muß auf d.Maschinen von morgen basieren 04-0520.

S ö h n e , W., Anpassung d.Pflugkörperform an höhere Fahrgeschwindigkeiten 02-0218.

Wechselbeziehungen zwischen Fahrzeuglaufwerk u.Boden beim Fahren auf unbefestigter Fahrbahn 03-0099.

Mechanik d.Systems Fahrzeug-Boden unter bes.Berücksichtigung d.Ackerschlepper 07-0128.

S ö h n e r , G., Zündanlagen mit Halbleiterbauelementen. Teil 1 04-0071.

Zündanlagen mit Halbleiterbauelementen. Teil 2 06-0093.

S o f i j a n , A.P. u. M a k s i - m e n k o , E.I., Spezifischer Druck d.Kettenfahrwerkes 01-0103.

S o k o l o v , I.A., Ohne Handarbeit /02-0014/.

S o k o l o v , L.V. s.Koloskov, V.P.

S o k o l o v , N.M. s.Škarbanov, P.F.

S o k o l o v , V., Bau billiger ländl.Straßen 05-0645.

S o k o ł o w s k i , J. s.Jasłowski, M.

S o l l i , S., Stammrücken, eine rationelle Methode 06-0501.

Kampf gegen Insektenschäden d. Holzes 09-0488.

S o l o g u b , D.M., Einfluß v. Aufsattelmaschinen auf d.Quer-Kippfestigkeit v.luftbereiften Schleppern 06-0147.

S o l o n i n , V.V. u. C e - p e n k o v , V.S., Baumwollerntemaschinen bei haarfaserigen Sorten 04-0287.

S o l o v e v , P. s.Gigolašvili, G.

S o l o v e v , V.A. s.Paškov, V.E.

S o ł t a n , M. s.Bogusławski, F.

S o l t a y , S., Trocknung u.Lagerung v.Futtermais im Betrieb /08-0215/.

S o m e r e n , C.Lvan s.Boumans, J.H.

S o m e r h a l d e r , B.R. s.Kruse, E.G.

S o m k u t i , E., Reformentwurf d. Forstl.Fakultät d.Univ.für Forst- u.Holzwirtsch. 06-0452.

S o m m e r k a m p , G., Schlegelfeldhäcksler, ein Vielzweckgerät 02-0319.

Welksilage im Fahrsilo 02-0442.

Vollmechanisierte Grünlandbetriebe 04-0127.

Arbeitsersparnis u.Stallhygiene bei Rindern u.Schweinen 06-0565.

S o n d e l , J., Wirtschaftl.Zweckmäßigkeit d.Baus v.Laufställen 09-0573.

S o n n e n , F.-J., Bremsen an Schleppern, Ackerwagen u.Selbstfahrer-Landmaschinen 05-0128.

S o n n t a g , S. s.Cersovsky, H.

S o ó s , G., Lage u.Aufgaben d. wissenschaftl.Forschung auf d. Gebiete d.Landwirtsch. 04-0017.

S o r o k i n , A.A., Schwingparameter eines Schares bei Kartoffelvollerntemaschinen 04-0270.

S o r o m o t i n , I. s.Šustov, V.

S o s n o w s k i , A., Maschinen für d.Reinigen u.Sortieren 07-0328.

S o s o , C., Verpackung v.Erdbeeren 02-0619.

S o t n i k o v a , R.D. s.Vagner, E.N.

S o u č e k , K., Eine auf Milchproduktion spezialisierte Farm mit einer Kapazität v.667 Kühen 08-0490.

s.Michal, J.

S o u c e k , R., Freilauf an Landmaschinen 05-0024.

S o u č e k , Z., Energieverhältnisse d.Messerrades einer Häckselmaschine 02-0446.

S o u c z e k , E., Kombinierte Strömungsmaschine u.ihre Anwendung in d.Landtechnik 01-0299.

Zweckmäßige Verbindung v.Heubelüftungsgebläsen mit d.Ziehkanal in rostlosen Anlagen 02-0438.

S o u h r a d a , J., s.Kolář, K.; Špelina, M.

S o u p a k , A.D. s.Poljak, A.J.

S p ä t h , W., Sicherheit u.Lebensdauer v.Bauteilen 06-0019.

S p a m e r , P., Normung auf d.Gebiet d.Verbrennungsmotoren 04-0068.

S p a r r o w , G.N. s.Stansell, J.R.

S p a s o v , S., G j u r o v , S. u. P e t k o v a , T., Ersatzstoffe statt Holzrahmen bei Frühbeeten, ihr Einfluß auf Temperaturgestaltung u.Ertrag bei Kastengurken 04-0461.

S p e a r , A.J. s.Ducker, H.C.

S p e c h t , A., Mechan.Kartoffelernte, beschädigte Knollen? 02-0377.

Arbeitsergebnisse mit Kartoffelsammelrodern 02-0388.

Kartoffellegemaschinen 07-0233.

S p e c h t , G. u. S c h u l z e , J., Anlage u.Durchführung v. Großflächenstreuversuchen 06-0235.

S p e c k h a r d t , H., Normen f.Rauhigkeitsmessungen 02-0072.

S p e k , J.C., Kunststoffe im Gewächshausbau 04-0463.

Gewächshäuser aus Kunststoff. Speziell entwickelte Platten befriedigen hohe Ansprüche 06-0417.

Einfache u.prakt.Maßregeln zur Verhütung v.Glasbruch durch Kälte 07-0419.

Innenverkleidung d.Gewächshäuser 08-0311.

Š p e l i n a , M., Ökonom.Ansprüche an d.Maschinensystem für d. komplexe Mechanisierung d.Landwirtschaft d.ČSSR 05-0045.

Arbeitsorganisation bei d.Komplexmechanisier.d.Landarbeit /09-0056/.

- u. S o u h r a d a , J., Entwicklungsgrundsätze der landwirtschaftl.Technik 05-0001.

S p e n d e r , B. s.Büttner, R.

S p i c e , H.R., Polyäthylen-Folie in d.Landwirtsch. 02-0042.

S p i n d l e r u. L a s s e r , Tierpflegegerät Vorwerk-Kobold, Type 17 HL, Modell 115, Prüfbericht Wieselburg, N.Ö. 02-0522.

S p i n d l e r , Z e h e t n e r u. H a m m e r s c h m i d , Kreisel-Graszetter Type GZ-2, Prüfbericht Wieselburg, N.Ö. 04-0224.

S p l i n t e r , W.E. u. B o w e n , H.D., Elektrostatische Aufladung bietet besseren Chemikalienbelag 02-0699.

S p o e l s t r a , P.A. u. B r o e k h u i z e n , W.K.W., Heizen mit Erdgas 08-0312.

S p o r s , A. s.Schwarz, K.

Š p y r k a , M., Ökonom.Nutzeffekt d.Käfig- u.Tiefstreuhaltung v. Legehennen 09-0340.

S q u i r e , M.J.E., Maschinen für d.Silierung 02-0309.

S r a p e n j a n c , R.A., Theorie eines auf Gamma-Strahlen ansprechenden Relais für d.Kartoffelsichtung 08-0212.

S r e b r j a n s k i j , A.V. s. Kuvšinov, Ja.I.

S r e d k o v , D., s.Dinov, D.;

s.Jordanov, D.

S t a a f , A., Schlepper für Holztransport 02-0668.

S t a c h e r a , T., Spezialmeßgeräte für Landmaschinen 06-0058.

S t a c k e l b e r g , S.v., Zeitbedarf u.Energieverbrauch bei d. Winkelpflanzung 05-0534.

Leistungsuntersuchungen beim Grüneinband v.Fichte nach d.Segeberger Verfahren 08-0406.

s.Platzer, H.B.

S t a d e l m a n n , W., Dickenbemessung v.Flachdichtungen 04-0074.

S t ä d t l e r , M., Bemessung v. Unterstellräumen für landwirtschaftl.Maschinen. Teil 1 02-0774.

Unterstellflächenbedarf für Fahrzeuge, Maschinen u.Geräte in landwirtschaftl.Betrieben 04-0688.

Bemessung v.Unterstellräumen für landwirtschaftl.Maschinen. 2.Teil 04-0689.

Unterstellräume für landwirtschaftl. Fahrzeuge, Maschinen u.Geräte 08-0521.

Gebäude für d.Unterstellung u. Instandhaltung landwirtschaftl. Maschinen u.Geräte 09-0607.

Abstellung d.Fahrzeug- u.Maschinenparks in d.LPG 09-0608.

S t a n d e n , P., Leitfaden d.modernen Zuckerrübenerntemaschinen 02-0405.

S t a n e v , I. s.Mičev, M.

S t a n e v , S., Arbeitsprozeß d.vibrierenden senkrechten, kegelförmigen Siebe bei geneigten Achsen 02-0454.

S t a n e v , S., Getreidereinigungsmaschine 06-0324.

S t a n g , H., Anregung zur Detailerschließung d.Bestände mit Hilfe v.Rückegassen 03-0443.

Vergleichsweise Zeitbedarfsermittlung bei d.Aufarbeitung v. 2 m u. 3 m langem Fi.-Faserholz 06-0473.

Š t a n i š e v , N. s.Iliev, B.

S t a n k i e w i c z , Z. s. Lipinski, H.

Š t a n k o , M.G. s.Akopjan, S.A.

S t a n n e k , G., Höhere Arbeitsproduktivität, höhere Erträge 01-0428.

- u. H o l z m a n n , W., Produktionsverfahren im Zwiebelanbau in d.LPG Ilberstedt, Kreis Bernburg 06-0177.

- u. R ü h l e , R., Handarbeitsparende Verfahren bei d.Pflege d.Pflanz- u.Saatgemüse auf d.Feld 09-0418.

S t a n n e k , Georg, Studium d. Ernteverfahrens bei Zwiebeln u.Tomaten im Freiland, Bericht über d.Dienstreise nach Bulgarien /07-0443/.

S t a n s e l l , J.R. u. S p a r r o w , G.N., Schutzdach f. Forschungsparzellen kontrolliert d.Regen 02-0201.

S t a r c z ę w s k i , S., "Neuer ungarischer Schlepper" 02-0632.

S t a r e k , E. s.Hubač, M.

S t a r i k o v , V.M. s.Dmitričenko, S.S.

S t a r k o v , G., s.Perfilov, M.

S t a r l i n g e r , U., Entwicklungen auf d.Waschmaschinenmarkt 03-0342.

S t a r o d i n s k i j , D.Z. s. Gil'štejn, P.M.

S t a r o s t i n , S.G., Perspektiven d.Hubschraubereinsatzes im Pflanzenschutz 01-0539.

S t a r y c h , V.N. s.Litvinenko, I.T.

S t a s e n k o , R.F., G o r b a č e n k o , V.A. u. P i v o v a r o v , V.V., Moderne Einrichtungen für d.Schweinemast 05-0374.

S t a t n y c h , N., Selbstfahrender Futterschroter 04-0211.

Š t a u d , V., Technologische Typisierung u.Vorbereitung d. Arbeitsplatzes beim konzentrierten Holzeinschlag /03-0456/.

S t a u d a c h e r , E., Elektroherd 02-0564.

Heißes Wasser, eine gute Ware 06-0371.

Moderne Waschmaschinen ersetzen Hand- u.Kopfarbeit 07-0395.

S t a u f f e r , O., Normung d. Häuflerstiel-Querschnittes 03-0166.

Landmaschinen-Normung 09-0031.

S t e b l j a n k o , V.S. s.Kirpičev, G.S.

S t e c e n k o , G., Rübenvollerntemaschinen für d.Bewässerungsackerbau 01-0285.

S t e f a n o v , S., Senkrechte Drehungen bei d.Seilbahnen v.Typ "Visen" 05-0582.

S t e f f e n , G., Arbeits- u.betriebswirtschaftl.Zusammenhänge zwischen Technik u.Veredlungswirtsch. /02-0485/.

Sinnvolle Planung - erfolgreiche Mechanisierung 04-0040.

- u. H a m a n n , H.-O., Arbeitswirtschaft u.Betriebsorganisation im Zuckerrübenbaubetrieb 08-0104.

S t e f f l , Mechanisierungsmittel in d.Landwirtschaft /08-0010/.

S t e g e n g a , T. s.Osinga, A.

S t e g m a n n , H., G ö t s c h , H. u. D u m m e r , H., Verbesserte Planung d.Investitionen für landwirtschaftl.Produktionsbauten im Bezirk u.Kreis /02-0716/.

S t e i d l , R.E., Continuity of household work /05-0455/.

S t e i n , C., Perlonschläuche in d. Abwasserverwertung 04-0163.

S t e i n , F., Inhaltsmessung v.Farmmilchtanks 01-0388.

S t e i n , W., Steigerung d.Arbeitsproduktivität durch d.Zwiebelputz- u.Sortiermaschine "B 902" 02-0617.

- u.K l i n g e r , G., Anlage z. Putzen u.Sortieren v.Speisezwiebeln 01-0443.

S t e i n b u s c h , E., Neuentwicklungen für d.Grünerbsenernte 03-0240.

S t e i n e r , F., Siloanlage 02-0441.

S t e i n e r , H., Milchkühlung am Bauernhof 02-0555.

S t e i n l i n , H., Beeinflussung d.Waldbaues durch d.Mechanisierung 05-0521.

Feinerschließung v.Beständen mit Rückegassen 05-0564.

Erschließungsnetz u.seine Auswirkungen auf d.Führung eines Forstbetriebes 05-0589.

Zeitbedarf im Holzeinschlag 07-0448.

Neue Wege bei Aufarbeitung, Transport u.Verkauf v.Industrieholz 08-0373.

s.Grammel, R.

S t e i n m e t z , H., Feldlader, Feldpressen u.Feldhäcksler 01-0212.

Körnertransport im Hof 02-0475.

Kartoffeldämpfanlagen für Groß- u.Kleinbetriebe 04-0372.

Kartoffelsortiermaschinen 05-0351.

Moderne Krümelgeräte 07-0212.

Moderne Schlepperdrillmaschinen 07-0229.

Futterwagen für Naßfutter im Schweinestall 07-0357.

Freßgitter u.Anbindungen 09-0349.

Š t e m b e r k , J., Verwendung d.Mähwerkes "ŽUL-152" u. einiger Maschinen bei d.Hülsenfruchternte 09-0297.

S t e n d e r , J.A., Arbeitsprinzipe v.Obstsortiermaschinen 09-0439.

S t e n d e r , R.J.A., Die 65. Fiera di Verona 01-0456.

S t e n g l e r , K.H., Betriebsorganisation u.Mechanisierung in Hangbetrieben, dargestellt am Beispiel d.LPG Crock 05-0048.

S t e n n i n g , B.C., Wahl eines Lüfters für d.Feldfruchttrocknung 02-0466.

S t e p a n o v , G.R., Mechanisierung arbeitsintensiver Prozesse in d.Züchtung u.Saatguterzeugung mehr Aufmerksamkeit schenken /07-0163/.

S t e p a n o v , V.N. s.Budzko, I.A.

S t e p h a n , L., Anhängevorrichtungen für d.Aufsattelung v.kopflastigen Anhängern u. Maschinen 09-0135.

S t e p h e n s o n , K.Q. u. B u c h e r , D.H., Pflanzmaschinen-Mulcher erspart Arbeit 01-0427.

Stepkowski, R., Entladungsvorrichtungen bei landwirtschaftl. Schlepperanhängern 07-0156.

Štern, G.M. s. Škarbanov, P.F.

Stern, L. u. Szécsényi, A., Schweinemast durch selbsttätige Futtervorrichtungen /05-0414/.

Stevens, G., Getreidetrocknung, Heizquellen 02-0465.

Stevens, G.N., "Ideal" Rothery senior Getreidereiniger, N.I.A.E.-Test 06-0325.

Stevens, G.N., "Rekord PM.12" Getreidevorreiniger, N.I.A.E.-Test 07-0331.

Stewart, J. u. Snelling, J., Brit. Elektrogeräte für d. Haushalt 02-0575.

Stickler, P., Heizungskurs f. Gärtner /01-0437/+.

Ventilatoren als Luftumwälzer 02-0603.

Besuch d. Lehrschau "Moderner Gartenbau unter Glas" 02-0625.

Gewächshaus d. Zukunft. Forderung an d. Gewächshausindustrie 06-0425.

Brennstoffersparnisse 06-0429.

Tragluftgewächshaus 08-0305.

Stieglitz, E., Allradtraktor "D 4 K", Traktorenwerk "Roter Stern" Budapest, Prüfbericht Potsdam-Bornim 06-0120.

Allradtraktor "D 4 K" 09-0109;

s. Wehsely, K.

Stiemerling, K., Stand d. Anwendung v. Granulaten 01-0549.

Stieren, E., Geschirrspülmaschine, noch ein Luxusartikel? 07-0386.

Kühl- u. Gefriergeräte 08-0280.

Stietenroth, K. u. Schultze, K., Klimatisierung v. Schweinezucht- u. Schweinemastställen 04-0662.

Stirling, R.T., Untersuchungen in d. Schottischen Station über d. Kartoffelernteprobleme 02-0279.

Traktorgetriebe, viele Entwicklungen zu erwarten 09-0119.

Stöckel, J., Techn. u. wirtschaftl. Möglichkeiten u. Grenzen d. Einsatzes v. motorisch betriebenen Handgeräten zur Kultur- u. Jungwuchspflege 09-0469.

Stöcker, H., Umbau d. Pflanzaggregate. Ein Beitrag z. maschinellen Pflanzen v. Gemüse mit Topfballen 02-0589.

Stöckmann, K., Rationalisierung in d. Hof- u. Stallwirtschaft 01-0339.

Stöhr, W., Arbeitswirtschaftl. Auswirkungen d. chem. Unkrautbekämpfung in Zuckerrüben 07-0241.

Stoev, P., Lüftungsintensität in Kälberställen 06-0579.

Stoffert, G., Arbeitstechnik b. Querverspannen v. Fäden für d. Nelkenkultur 02-0592.

Blumentöpfe aus Kunststoff 06-0404.

Arbeitsgestaltung beim Stecken v. Tulpenzwiebeln in Kisten am Arbeitstisch 09-0420.

Stojuškin, I.A., Versuch zur mechan. Traubenernte 07-0432.

Abschneiden v. Weintrauben 09-0437.

Stokes, A.R., Die Mechanisierung u. d. Bauer 07-0006.

Stokes, G.M., Weekman, G.T. u. Bovey, R.W., Thuricide-DDT-Kombinationen. Anwendung v. Flugzeug aus bei d. Bekämpfung d. Maiszünzlers, Ostrinia nubilales Hübn. 03-0488.

Stolařík, R., Bedeutung d. Beförderung d. Werktätigen in d. Forstwirtsch. auf ihre Arbeitsplätze 01-0465.

Arbeit d. land- u. forstwirtschaftl. Gesellschaften in d. ČSSR. Erfahrungsaustausch zwischen Forstleuten d. ČSSR u. d. DDR 05-0507.

Stol'cer, Ė., Kolchossiedlungen im Gebiet Pskow 08-0469.

Stoll, K., Maschinelles Verlesen u. Kalibrieren v. Obst 02-0616.

Stolzenburg, W.-L., s. Adams;

Eichelbaum, H.

- u. Eichelbaum, H., Neuer leistungsfähiger Feldhäcksler 03-0181.

Storch, K., Entwicklung, Grundlagen u. Bedeutung d. forsttechn. Prüfwesens 04-0492.

- u. Deppenmeier, E., Versuchsergebnisse u. Erfahrungen bei d. Unkrautbekämpfung mit chem. Mitteln 03-0417.

Stout, B.A. u. Ries, S.K., Tomatenerntemaschine für d. Prüfung v. Sorten u. Kulturmethoden 03-0368.

S t r a a t e n , N.J. van, Bau v. Konturdämmen mit landwirtschaftl. Maschinen u. Geräten 07-0173.

S t r a c k e , W., Bodenbearbeitung zu Wintergetreide nach Getreide 01-0159.

S t r a d y m o v , F.J., D j a d - j u š k o , V.P. u. D v o j - n i k o v , A., Verschleißfestigkeit v. Motorteilen d. Traktoren "T-75" u. "MTZ-5MS" für hohe Geschwindigkeiten 01-0085.

S t r a u c h , P., Bericht d. Fachunterausschusses d. KdT "Gewächshäuser u. Frühbeete" über d. Reise in d. VR Bulgarien 01-0457.

S t r e c k e r , G. s. Arlitt, A.

S t r e e f , G.M., G e r r i t - s e n , A.G. u. B o l , M.M., G.R. Arbeitsphysiologische Untersuchungen beim Holzeinschlag in d. Niederlanden 03-0395.

S t r e h l k e , B., Maschineneinsatz u. Unfallverhütung unter bes. Berücksichtigung d. Motorsägenarbeit 05-0518.

Maschineneinsatz im Forstbetrieb 08-0354.

S t r e h l k e , E.G., Forstl. Arbeitswissenschaft, Entstehung u. Entwicklung, Lebenswerk v. Hubert Hugo Hilf 05-0506.

Im Umbruch zur Mechanisierung d. deutschen Waldarbeit 08-0335.

Im Umbruch zur Mechanisierung d. deutschen Waldarbeit 09-0453.

- u. S c h m i d t , G., Einrichtung zentr. Aufarbeitungsplätze 06-0488.

S t r e l k a , F. s. Hubač, M.

S t r i c k e r , H. u. G e h r e , H., Einsatz v. Kartoffelrodern im Feldversuch 08-0187.

S t r o o k e r , E., Einzelkornsaat mit besserem Saatgut 02-0257.

Englands 13. Nat. Vorführung v. Rübenpflegegeräten 02-0285.

Mechanisier. d. Rübenpflege u. ihre Auswirkung auf d. maschinelle Ernte 02-0286.

Ein- oder zweireihige Rübenroder? 02-0403.

Maschinelles Roden v. mechan. ausgedünnten Rüben 04-0279.

Präzisionsdrillmaschinen für B-, C- u. D-Saat 08-0151.

s. Hoogendoorn, N.

S t r o k o v , S.A. s. Aksent'jan, K.B.

-, G a l a d ž e v , R.S., Z a r - g a r j a n , S.R. u. R u b l e v , V.S., Erfahrungen bei d. Entwickl. v. Rahmen für d. Schobersetzeinrichtung "SPM-200" 06-0279.

S t r o k o v , V.L., Arbeit d. Fahrwerks eines Radtraktors 09-0125.

S t r o p p e l , A., Konstruktive Probleme b. d. Mechanisier. d. Schrotfütterung 06-0351.

S t r o p p e l , T., Güte, Verschleiß u. d. Schneideform fabrikneuer Pflugschare 02-0224.

Einfluß d. Härte auf d. Verschleiß d. Bodenbearbeitungswerkzeuge am Beispiel d. Eggenzinken 07-0213.

S t r o u h a l , E., Konzeption d. landwirtschaftl. Transportes, bezogen auf d. Komplexmechanisierung 04-0115.

Mechanisierung d. Transporte in d. Landwirtsch. /09-0157/.

s. Mikulik, J.

S t r o ž e v s k i j , V. s. Sysoev, A.

S t r o ž e v s k i j , V.I. s. Komissarov, P.M.

S t r u b e , G., Einrichtung eines Spezialbetriebes zur Grünfuttererzeugung für d. techn. Trocknung in d. Zuckerfabrik Anklam 08-0198.

S t r u t y ń s k a , K., Mechanisierung im Hallenspeicher v. 1500 t 04-0681.

Mehrgeschossiger Getreidespeicher für 1500 t 04-0682.

s. Żysak, J.

S t r u t z , E., LPG Wilhelmsburg nutzt Vorteile d. Kaltlufttrocknung im Freien 03-0249.

S t u b e n v o l l , W., Ölofen im Landhaushalt 06-0376.

Kommt für Sie eine ölbefeuerte Zentralheizung in Frage? 08-0269.

S t u d e r , H.E. s. Lamouria, L.H.

S t ü b l e r , E., Technik u. baul. Gestaltung d. Wohnhauses im landwirtschaftl. Betrieb in ihrer Bedeutung für d. Arbeitszeitbedarf 03-0524.

S t u m p f , A., Spaltenbodenlaufstall mit Ruheboxen für Rinder 05-0671.

Spaltenbodenlaufstall mit Ruheboxen für Rinder 06-0578.

S t u r i s , A.I., Dynam.Kennlinien d.Baugruppen d.Mähdreschers u. Stabilitätsuntersuchungen am System d.automat.Belastungsregelung 04-0242.

S t u r m , G., Anbaugeräte zum "RS 09" 01-0432.

S t u s , S. s.Konczakowski, T.

S t u t t e r h e i m , W., Mechanisierung d.Schweinefütterung 03-0292.

S t u t z e r , D., Elektr.Beleuchtung u.Beheizung in Gewächshauskulturen 05-0481.

Schweineställe in Vollmontagebauweise 09-0582.

S u c h a r e v , B.N. s.Vorob'ev, K.N.

S u c h o v , E.I., Vereinheitl.Reihe v.Turboladern d.Typs "TKR-11" für d.Aufladung v.Traktoren-Dieselmotoren 09-0116.

S u c h ý , J., Grasmäher "ŽTBN-183.2" 09-0250.

S u g a e v , V.V., Querschnittsformen v.Eisenbetonzuleitern für Bewässerungssysteme 08-0118.

S u g g s , C.W. s.Jordan, K.A.

Š u l c , L. s.Rais, I.

S u l e k , V. s.Hutla, D.

Š u l e n i n , M., Automatisierte Broilermastanlage 08-0504.

S u m m e r l e e , J. u. D o n n e l l y , M.J., Kartoffelkrautfäule-Bekämpfung mit Hubschraubern in Schottland 07-0488.

S u n d b e r g , C.G., Forstwirtschaft im Maschinenzeitalter 05-0570.

S u n d b e r g , U., Verwendung v. Ballons bei d.Seilzugbringung 03-0449.

S u r m a č , V.M., Maschinen u.Geräte für d.Aufforstung 02-0634.

- u. Č e r n y š e v , V.V., Mechanisierung d.Aufforstungsarbeiten 01-0472.

Maschinen u.Geräte für d.Aufforstung 02-0633.

Š u s t o v , V. u. S o r o m o t i n , I., Umgehung d.Großausformungsplätze 06-0498.

Š v e j c a r o v , L.L. s.Koba, V.G.

Š v e n d o v á , J., Jäten u.Bodenlockern mit Geräteträger "TN-4K2-10" 04-0514.

S v e n t i c k i j , I.I. s.Ajzenberg, J.B.

S v e r d l o v , M.S., Bedienung d. Mähhäckslers durch d.Schlepperführer 08-0162.

- u. M o i s e e v , P.I., Kopplung v. 3 Drillmaschinen zu einem Aggregat 04-0200.

S v e t , I.Š., Warmbehandlung einer größeren Stückzahl v.Nockenwellen 01-0017.

S v e t l i č n y j , V.A. u. L e b e d i k , A.I., Anbau v.Erbsen u.Zuckerrüben in mechanisierten Arbeitsgruppen /04-0132/.

S v o b o d a , K., Fragen d.industriemäßigen Produktionsmethoden in d.Landwirtschaft d.ČSSR 04-0003.

S v o b o d a , M. s.Mazác, J.

S w a r n e r , L.R. u. H a g o o d, M.A., Entwicklungsrichtung d. Bewässerung im pazifischen Nordwesten 03-0135.

S w a r t , L.G. s.Erasmus, J.E.

Ś w i ę t o c h o w s k i , B. u. J a b ł o n s k i , B., Bodenbearbeitung /09-0241/.

S y č e v , L.A., L o k t a r e v , A.M. u. I l ' i n , V.V., Umbau v.Getreidedrillmaschinen für d. Zuckerrübenaussaat 02-0252.

S y d o r y č , V.L. s.Černyčko, D.G.

S y k e s , J.D. u. H a r d a k e r , J.B., The potato crop: Policy and practices /07-0314/.

S y n n a t s c h k e , G., Methoden z.Prüfung v.Pflanzenschutz- u.Vorratsmitteln. LX. Methode zur Bestimmung d.Regenbeständigkeit v.Pflanzenschutzmitteln 01-0448.

S y r o v a t k a , V.I., Körnerzerkleinerung durch Schläge 02-0512.

s.Krasnov, V.S.

S y r o v a t k i n , A. s.Kurkov, S.

S y s o e v , A. u. S t r o ž e v s k i j , V., Obsterntemaschine 02-0613.

S y s o e v , N.I., Siebungsgüte u.ihre Bewertung 08-0207.

S z a b ó , A., Kunststoffe in d. Landwirtsch. /07-0042/.

S z a b ó , I., Ungar.forstl. Büchereiwesen 06-0450.

S z a b ó , J., Arbeitsorganisation u.Kostengestaltung bei d.Kaltbelüftung v.Heu 09-0302.

S z a b ó , L. s.Bujdosó, J.; Majkuth, J.

S z a l a y , M., Wasserstrahl-Ballistik d.Beregnungs-Düsen 09-0194.

S z á s z , J. s.Goffa, A.

S z á s z , T. s.Dérföldi, A.

S z c z e r b a k o w , K., Harzwirtschaft in d.DDR 01-0510.

S z e l e s s , S., Stand d.maschinellen Entrindung 08-0386.

S z e m i o t , H., A n d r z e j e w s k i , J. u. M y s z k o w i e c , S., Handbuch für Traktoristen /05-0152/.

S z e p e s i , L., Erfahrungen bei d.internationalen Vergleichsprüfung d.Heisterausheberpflüge 02-0638.

S z é c s é n y i , A. s.Stern, L.

S z e s n y , B., Transportmittelplanung in landwirtschaftl.Großbetrieben 05-0161.

S z i j á r t ó , O. s.Budjosó, J.

S z o l d a t i t s , F., Stallhyg. Untersuchungen in Rinderställen d.Kreises Laufen/Obb. /05-0416/.

S z y n k a r c z u k , A. s.Michna, W.

T a b u n o v , A.I., Kreissäge, Fließarbeitslinie 05-0556.

T a c h t a m y š e v , Č.N., Berechnungen für d.Furchenbewässerung 01-0150.

T a l p a , A. s.Fic, V.

T a n i s , K., Maschinelle Bodenverbesserung 02-0204.

T a n n e r , D.W. u. D e a n , J.R., Bodenkräfte, die auf d. Pflugkörper u.d.Scheibensech eines Pfluges einwirken 04-0180.

T a n q u a r y , E.W., Standardisierung: weltweit 09-0029.

T a r a n , F.I. s.Onufrienko, J.F.

T a r a s e n k o , A.P. s.Orechov, N.I.

T a r a s o v , V., Zitzenerkrankungen d.Kühe beim maschinellen Melken verhüten 07-0367.

T a r t a k o v s k i j , I.I. s. Okorokov, I.F.

T a š k o v , K., Bestimmung d. durchschnittl.Modell-Stammes in d.Beständen 05-0543.

T a t e , M.T. s.Denning Ullrich, H.

T a u b e r , A. s.Jelinková, V.

T a v e i r n e , W., Verfahren zur automat.Schattierung d.Gewächshäuser 03-0361.

T a v s a n o g l u , F., Generelle Planung d.Waldwegenetze u. Planung d.Waldwegebaues in d. Türkei 08-0411.

T a y l o r , P.A. u. B i r t w i s t l e , R., Scheibenpflug für Weizenboden 05-0203.

- u. W i l s o n , E. R., Drehmomentmesser mit zwei Meßbereichen für d. Traktorzapfwelle 07-0115.

T e i p e l , R., Mechanisierung d.Dränarbeiten 03-0130.

Mechanisierung d.Dränarbeiten 05-0186.

Stand d.mechanisierten Grabenreinigung in d.DDR 06-0195.

Stand d.mechanisierten Grabenreinigung in d.DDR 07-0184.

- u. L a c h m a n n , R., Komplexeinsatz d.sowjet.Eimerketten-Drängrabenbaggers "ETN-171" 06-0198.

T e j c , J. s.Riehs, J.

T e n g e r d i , J. s.Erdélyi, T.

T e o c h a r o v , V. u. K o z a l i e v , G., Produktiver Einsatz d.Baggermaschinen im Hydromeliorationsbau /05-0225/+.

T e r e c h o v , A. s.Vasilenko, A.

T e r e c h o v . A.P. s.Vasilenko, A.A.

T e r l i k o v a , T.F. u. M o n č e n k o , V.P., Methode d.Bearbeitung v.Bohrungen 01-0018.

T e r n o v y j , M., Kreisrunde mechanisierte Schweinehofanlage für 5000 Schweine in Gruppenhaltung 05-0688.

T e r p s t r a , J., Universal-Transportanhänger für d.Landwirtsch. 07-0155.

- u. H o o g e n d o o r n , N., Transport beim Einsatz v. 2reihigen Sammelrodern 04-0268.

- , L e e u w e r k e , H.B. u. B o s c h , D., Techn. Daten v. Radschleppern 05-0100.

T e r z i e v , C. s.Bojadžiev, P.

T e s c h , M., Stand u.Perspektive d.Strohhäckselverfahrens 03-0219.

- u. W i e r s d o r f , F., Prakt. Häckselaufbauten 01-0125.

T e s l e n k o , I.I. u. K i t a - š e v a , V.F., Daten von Fließ-band-Melkständen 04-0394.

T e s t i , C., Ist d.Traktor für einige Krankheiten verantwortlich? 09-0093.

T e t z n e r , H., Arbeitsschutz u. Standardisierung 06-0039.

s.Masche, W.

T e u b n e r , F.G., W i t t w e r , S.H., L i n d s t r ö m , R.S. u. A r c h e r , H., Konstruktion u. Anwendungsmöglichkeiten eines tragbaren Spektroradiometers für d. sichtbaren Bereich 08-0035.

T e u c h e r , S., Flachdichtungen in Motoren- u.Fahrzeugbau 01-0058.

Betriebssichere Flachdichtungen 04-0023.

T h a e r , R., Kühlung gedämpfter Kartoffeln 06-0349.

Weg zur wirtschaftl.Kühlung gedämpfter Kartoffeln 09-0322.

s.Claus, H.-G.

T h a r t , M.L. u. V r i e s , D.M., Grünland u.seine Bewirtschaftung in Holland 05-0170.

T h e r , M., Dreschtätigkeit d.Mähhäckslers u.Beschädigung d.Körner beim Getreidehäckseln 09-0283.

T h i e l , C.C., Mechanisierung d. Milchproduktion. 3.Mitt. Reinigung u.Desinfektion v.Pipelinemelkanlagen 09-0370.

s.Clough, P.A.

T h i e l , R., Praktischer Einsatz v.Temperaturregelungsanlagen in Kartoffellagerräumen 02-0768.

Regelungssysteme zur selbsttätigen Nachführung v.landwirtschaftl.Werkzeugen u.Maschinen 03-0239.

T h i e m e , B., Aufgaben im Landmaschinen- u.Traktorenbau d.DDR 02-0003.

T h ö n s , H., Intensive Weidewirtschaft in rindviehstarken Großbetrieben. XVII. Erste Erfahrungen mit einer neuartigen Selbstfangvorrichtung für Kühe 07-0562.

T h o f t e , V. s.Andréason, O.

T h o m , H.C.S. s.Hahn, G.L.

T h o m a s , A.G., Probleme bei d. Nadelholz-Durchforstung 02-0656.

T h o m p s o n , J.L. s.Bigsby, F.W.

T h o m s o n , D.C.G., Öffentl. Prüfung v.Reinigungsladern im November 04-0281.

T h o m s o n , J.M. u. H a l l , J.K.S., Trocknen v.Heu in Scheunen in Auchincruive 07-0316.

T h o r f i n n s o n , T.S. u. E p p , A.W., Kosten d.Maschineneinsatzes bei d.Bodenbearbeitung u.Ernte in Nebraska 04-0044.

Kosten d.Maschineneinsatzes für d.Bodenbearbeitung u.Ernte in Nebraska 06-0048.

T h ü n g e n , D.v., Wissenschaft u.Praxis 07-0009.

T h u m , E., Geräte u.Verfahren zur prakt.Überprüfung d.Traktorenzustandes 05-0092.

Zum Stand d.Einführung d.Traktorenprüfdienstes in unsere Landwirtschaft 09-0042.

s.Adams

- u. S c h i l l e r , W., Automation beim Waschen v.Traktoren u.Landmaschinen 03-0033.

T h ü r m e r , H.J., Maschinenwagen "Gigant W" 05-0419.

T h u r m , R., Bedeutung d.Häckselwirtschaft für d.weitere Mechanisierung d.Ernte v.Halmfrüchten 05-0243.

Maschinensysteme u.d.Bedeutung d.Maschineneinsatzes für d.industriemäßige Produktion in d. sozialist.Landwirtsch. 09-0003.

T h y e , L.S. s.Churchill, F.

T i b o l d , V., Betriebslehre d. Landmaschinen. Teil 1 /09-0018/+.

T i c , Z.L., Sichtschärfe bei d. Sichtung v.Schüttgut 02-0074.

T i c h o n o v i č , V.I. u. P a - c h o m o v , B.P., Verschleißfestigkeit d.Kolbenringe aus hochstabilem Gußeisen 06-0088.

T i e m a n n , R., Ähnlichkeitsbeziehungen im Federungsverhalten v.Luftreifen 01-0099.

T i e r s o n n i e r , B. s.Audema, M.

T i h e l k o v á , D. s.Vokatý, P.

T i l i n g , H.v., Umbau eines fränk.Althofes 08-0474.

Wohnen auf d.Lande 09-0551.

T i l l i a n , W., Einmann-Getreideernte am Hang 03-0201.

T i m m e r s , H., Transport u.Auslieferung v.losem Mischfutter 01-0343.

T i m m , W. s.Adams

T i p p m a n n , K., Futterrübenreste vollmechanisiert 01-0279.

T i r o v s k a , S. u. G r o z e v , G., Zwischenreihen-Maishacken bei erhöhter Fahrgeschwindigkeit 02-0276.

T i š č e n k o , A.B. s.Žadan, I.A.

T i s c h l e r , H., Einphasige vollmech. Zuckerrübenernte mit zwei Maschinen 01-0278.

Einphasige Zuckerrübenernte 05-0295.

Ernte u.Verarbeitung d.Zuckerrüben nach Einsatz d.Schlegelernters 05-0296.

T i s c h l e r , M., Techn.Daten d. zeitgemäßen Mähdrescher u.d.gebräuchl.spezif.Vergleichskennwerte 09-0275.

T i t t e l , E., Entwicklungsstand u. Perspektive d.Gewächshausbaues in d.DDR 06-0415.

T i t z e , E. s.Olbertz, M.H.

T j u p k o , V.A., Vollmechanisier. im Baumwollbau /04-0296/.

T j u t j u n n i k o v a , V.A. s. Smirnova, I.S.

T k a č e n k o , B. s.Boreckyj, O.

T o k a r e v , T.M. s.Ključnikov, A.I.

T o l e m a n , E.E. s.Paterson, C.R.

T o l l i n g e r , V. u. L a s á k , J., Einfluß d.Arbeitsorganisation auf d.Nutzeffekt d.Holzabfuhr mittels Lastkraftwagen 08-0397.

- u. P o l á č e k , R., Möglichkeiten d. Einführung einer sekundären Holzabfuhr mit Lastkraftwagen 03-0551.

T o l p e k i n , S.Z., Komplexe Mechanisier. d.Landwirtsch. Ökonom. Nutzeffekt /02-0013/.

T o m a s z e w s k i , K., Pflanzenschutzmaschine "Huragan" 05-0602.

T o m c z y k , S., Kuhställe mit kleinen Nebenräumen für Betriebe mit hoher Marktleistung 03-0530.

T o m e s c u , D. s.Moldovan, P.

T o m o r y , L., Gebäude für d. Viehhaltung u.deren Bauelemente 04-0645.

Landwirtschaftl.Architektur /08-0437/.

T o m o v a , A. u. M a n o v , L., Mechanisierter Winterbau in Rebanlagen 08-0300.

- u. P e t r a k i e v , A., Technologie u. Maschinen für d. Bearbeitung v. Weingärten an Hängen zum Schutz gegen Erosion 07-0405.

T o m o v č i k , J., Methoden d. Getreideernte /04-0293/.

T o n j u k , N.I. s.Onufrienko, Ju.F.

T o p a l o v , I. s.Murtasov, T.

T o p a l o v , V.u. A t a n a s o v , Z., Mechanisierte Bearbeitung v.Rosenplantagen 09-0421.

T o p o l s k i , Z., Einsatz d. Stalldungladers "NH-100" bei d. Kartoffelernte als Lademaschine 09-0292.

T o r a m a n j a n , A. u. A c h a p k i n , A., Planung u.Bau v. Milchviehanlagen in d.DDR 07-0559.

T o r b e e v , Z.S. u. P o s t n i k o v , N.M., Kartoffellegemaschinen, Theorie, Konstruktion u.Berechnung /05-0226/+.

T o r p , A., Wärmedämmende Wände, Dächer u.Fußböden in Viehställen 05-0630.

Lagerraum für Kartoffeln 09-0597.

T ó t h , J., D e t r e , I. u. V á m o s i , J., Anbau, Trocknung u.Verwendung v.Halmfutter /02-0177/.

T o u l m i n - R o t h e , I. s.Crowther, R.E.

T r a b e r t , K. s.Sielaff, P.

T r a p p s.Maltry, W.

T r a u z e t t e l , H., Entwurfsserie für ländl.Wohn- u.Gesellschaftsbauten aus grobkeram. Elementen, Raster 15 M. 04-0633.

T r a v e ň , F., Verbesserung d. Kultivators "KLT-4,5B" 05-0538.

T r á z n í k , K., Düngerstreuer m.Flugzeugen /02-0292/.

T r e l a , S., Ernte, Lagerhaltung u.Verfütterung d.Maises 08-0100.

Trepenenkov, I.I., Zuverlässigkeit d.Schlepper u.Landmaschinen 08-0024.

Betriebskennzahlen landwirtschaftl. Traktoren /08-0080/.

s.Isostow, A.J.

Tret'jakov, V.P., Abhängigkeit d.Trierleistung v.seinem Durchmesser 08-0204.

Trickett, E.S., Thermoelement aus aufgedampfter Metallschicht 06-0063.

Trihadi, A., Probleme d.Holztransports in Indonesien 03-0453.

Tripoli, I.da s.Goidànich, G.

Tritt, H.-G., u. Löhne, H., Schälen v.Faserholz bei Frost möglich? 06-0491.

Tröger, F. s.Mielke, H.

Troëng, I., Verarbeitung zu Hackspänen im Walde, Methode d.Zukunft 08-0389.

Troitzsch, R. s.Maltry, W.

Troščinskij, I.A., Dynamik eines 0,6-Mp-Traktors bei d. Arbeit am Hang 01-0080.

Trufanov, V.V., Hauptdaten symmetr.Zinken u.d.Bodenverformung 07-0215.

s.Pliškin, A.A.

Trzeciak, J., Wirtschaftl.Bedeutung d.Bauplanung im Dorf 06-0554.

Tschierschke, M., Untersuchung v.Milchkühlern 01-0382.

Untersuchung v.Pumpen für fließfähige Futtermischungen 03-0296.

s.Krüger, H.

Tuler, A. s.Lun, L.

Tulinov, A.A. u. Batmanov, A.M., Mähwerke für Ernte v.Lagergetreide 05-0256.

Tullio, V. s.Goidànich, G.

Tumanovskij, R.F., Geschichte d.Zuckerrübenanbaues 06-0174.

Tufjan, D. s.Grinberg, V.

Turner, N.V., Sprühbereich d. Düsen mit d.Streifensprüher erspart Geld u.Arbeit 08-0424.

Turov, E.A. s.Mugancev, K.E.

Turovskij, A., Daniluškin, B. u. Zubrikkij, R., Erbsenernte bei Regenwetter 06-0313.

Tuzov, L.V. s.Pirogov, A.M.

Tvrdoň, O., Silonetze sparen Arbeit u.Kosten 06-0310.

Twiss, P.T.G. s.Wilson, A.R.

Tworkowski, S., Probleme d.ländl.Architektur 04-0595.

Tyminski, P., Elektr.Heizgeräte in d.Landwirtsch. 09-0381.

Uber, H., Baumweidepfähle für Kulturzäune im Auwald 05-0591.

Ufermann, S. s.Hesselbach, J.

Uhlemann, H., Maschinenring, neuer Weg zur rentablen Vollmechanisierung 08-0005.

Uhlig, E., Standardentwurf TGL 80-253:03 06-0454.

Uhlig, S., Planung u.Abrechnung d.Arbeitsproduktivität nach d.Bruttoproduktionsmethode mit Hilfe v.Meßwerten u.Zeitsummen in d.Forstwirtsch. unter Berücksichtigung d.Rohholzerzeugung 08-0340.

Uhlmann, S., Technik in d. Zuckerrübenernte 05-0299.

- u. Mauer, G., Mechanisierte Runkelrübenernte 06-0309.

Ukolov, V., Trocknung v.Mais u.Samen v.Bohnenkulturen in Schüttungen 06-0333.

Ukolov, V.S., Optimale Arbeitsbedingungen für Maistrockner 04-0323.

Uldall-Ekman, E.v., Richtlinien für industrielle Rindviehhaltung 09-0567.

Ul'janov, F.G. s.Bachmutov, V.A.

Ul'janov, J.A. s.Kononov, B.V.

Ullrich, G., Instandsetzung u.Montage: Unfallschwerpunkt in d.Landwirtsch. 05-0041.

s.Masche, W.

Ul'man, I.E. s.Bicadze, D.A.

- u. Gerštejn, I.M., Elektrovibrationsschweißen mit Wechselstrom 02-0047.

Ulmer, K. s.Matting, A.

Ulrich, G., Eignung d.Kartoffelsorten d.DDR f.einen vollmech. Anbau u.Schlußfolgerungen für d.Kartoffelzüchtung 01-0255.

Ul'rich, N.N., Mechanisierung arbeitsaufwendiger Prozesse bei d.Selektion u.Saatzucht 08-0095.

Getreidetrocknungsanlagen im Ausland /05-0363/.

- u. K o n j u š k o v , E.N., Mechanisierung arbeitsaufwendiger Prozesse bei d.Selektion u. Saatzucht 08-0096.

- K r a u s p , V.R. u. A n i s k i n , V.I., Automat.Saatgutbereitung nach d.Fließverfahren 05-0325.

Automatisiertes Fließband d.Saatgutaufbereitung /07-0347/.

U l ' r i c h , N.N. u. M a t v e e v , A.S., Gerät für Prüfung d.Schwebegeschwindigkeit 06-0061.

U n g a r e l l i , A. s.Goidánich, G.

U n r u h , R., Korn-Trocknungsanlage "Goldsaad KT-1500" 05-0332.

U p t m o o r , J., Maschinelle Herstellung v.Vorverpackungen (Fruchtschalen) 04-0477.

U p t m o o r , J.-H., Techn.Hilfsmittel z.Anfertigung v.Vorverpackungen 01-0444.

Fruchtschalen-Vorverpackung 01-0445.

Techn.Hilfsmittel zur Anfertigung v.Vorverpackungen 03-0371.

Fruchtschalen-Vorverpackung 03-0372.

U r b a n , H., Beschreibung einer Vorrichtung z.Reinigung v.Samen mit einfachen Laboratoriumsmitteln 02-0452.

s. Meier, B.

U r b a n , K., Universalkonstruktion für landwirtsch.Bauten u.Erfahrungen aus d.Bau d.Prototypen 01-0561.

U r b á n e k , L., Beitrag zur Organisation d.komplexmechanisierten Brigaden 04-0045.

U r b a n i a k , Z., Trocken- u.Lagerhaltung v.Zwiebelsamen in dichter Verpackung 05-0490.

U r o š e v i č , B., Wahrnehmungen über d.Beizung v.Fichten- u.Kiefernsamen 01-0484.

U r s u , I. u. I a c k l o v s z k y , E., Reparatur v.Traktoren in Instandsetzungswerken 02-0048.

- u. S e l t e a , C., Austausch v. Metallen gegen Plastwerkstoffe 06-0020.

U s o v , V.V., Prüfstand für Verschleißprüfungen an Kettentrieben 01-00 .

U s t i n o v , A.N., Rotierendes Lockerungsgerät "RP-2,1" 05-0210.

U s u n o v , B., Nutzung d.Beregnungssystems "Belilom" 07-0188.

U t e v s k a j a , L. s.Gračev, V.

U z , E., Auf d.Fahrer einwirkende Vertikalschwingungen bei Schleppern u.Landmaschinen /08-0085/.

V a c h t e l ' , V.Ju., Spannungen in d.Pleuelstange 01-0056.

- A r g u n o v , L.S. u. B r e j n m a n , F.A., Durch Anziehen d. Zylinderkopfschrauben hervorgerufene Spannungen in d.Zylinderköpfen 08-0039.

- u. B a l j u k , B.K., Schließgeschwindigkeit d. Ventils 06-0089.

V a g i n , P.I., Ausnutzung d.Reflexe landwirtschaftl.Nutztiere in automat.Steuerungs- u.Regelungsanlagen 07-0355.

V a g n e r , E.N., P o d o l j a k , Z.Ja. u. S o t n i k o v a , R.D., Kurzes deutsch-russisches forsttechn.Wörterbuch /04-0490/.

V a g n e r , I.V. s.Gol'verk, A.A.

V á h l , L., Technologie d.Konservierung v.Lebensmitteln durch Gefrieren 03-0337.

V a j n a , S., Zuckerrüben-Lagerung /04-0347/.

V a j s m a n , M. s.Anikin, M.

V a k a r e l s k i , J., Quadratnestdrillmaschine "SKG-6B" z. Erdnüsseaussaat 02-0267.

Verfahren z.mech.Hacken d.Schutzstreifen b.Hackfrüchten 02-0277.

V a l e e v , A.V., Rotierende Entmistungsvorrichtung 04-0384.

V a l l a t , J., Berücksichtigung d.Produktionsrichtung bei d. landwirtsch.Bauten 07-0502.

V á m o s i , J., Strohtrocknung durch Belüftung /02-0482/.

Versuchsergebnisse bei d.Belüftungstrocknung v.Heu 04-0298.

Anweisung zur Heubelüftung /08-0214/.

s.Tóth, J.

V á ň a , J., Einsatz v.Meliorationsmaschinen in d.ČSSR 03-0131.

V a n ě č e k , D. u. R y l y c h , J., Wirtschaftl.Transport hilft sparen 09-0155.

V a n ě k , J., Konstruktion v. Ackerschleppern u.Landmaschinen vom Gesichtspunkt d.Arbeitsschutzes u.d. -hygiene 09-0092.

Gefahrlose Einmischung v.Mineralsäuren bei d.Gärfutterbereitung 09-0310.

V a n t i l b o r g h , L., M a t o n , A. u. C o o r e m a n , H., Verbesserung d.landwirtschaftl.Bauweise u.d.Rationalisierung d.Innenarbeiten 09-0523.

V a s e r n i s , A.I. s.Libcis, S.E.

V a s i l ' č e n k o , I.M. u. C h o d o r e v s k i j , V.A., Vorrichtung für d.Einsatz v.Traktoren zum Be- u.Entladen 04-0543.

V a s i l e n k o , A. u. T e r e c h o v , A., Organisation d. Zuckerrübenernte 01-0284.

V a s i l e n k o , A.A., B a b i j , P.T., S a v i č , P.V., S e m a c h i n , D.M., T e r e c h o v , A.P. u. Č e k a l o v , A.I., Vollmechanisier. d.Zuckerrübenanbaus /06-0180/*.

- u. G e r a s i m č i k , V.G., Köpfvorrichtungen in Rübenvollerntemaschinen mit Schneiden d. Blätter an d. in d. Erde steckenden Rüben 04-0276.

- u. G o n č a r o v , E. S., Fliehkraft-Vibrationsverfahren für d. Körnersichtung 02-0451.

V a s i l e n k o , I. s.Nastenko, N.

V a s i l e n k o , P.M., Theoret. Voraussetzungen zur Automatisierung d.Arbeitsprozesse d.landwirtschaftl.Produktion 05-0042.

V a s i l e n k o , V.I. s.Kaplun, V.A.

V a s i l e v , C., Konzentration u. Spezialisierung in d.Schweinezucht, Überblick /05-0406/.

V a s i l e v , K., Analyse einiger Faktoren, d.d.Arbeit d.Mähdrescher-Sichtorgane beeinflussen 02-0371.

Reinigungsvorrichtungen v.Mähdreschern 04-0244.

V a s i l e v , V., Vorrichtungen für d.Ernten von Zapfen u.Samen an stehenden Bäumen 04-0517.

Vorrichtung für d.automat.Beladen d.Kraftwagens "ZIL-150" zur Beförderung v.Holzmaterial 05-0577.

Untersuchungen d.mechan.Anlage u.Bearbeitung v.Terrassen u.Bewaldungsstreifen 08-0357.

s.Mateev, A.;
Michajlov, S.

V a s i l e v , V.N. u. D i m i t r o v , S., Mechanisierung in d.Forstwirtschaft /04-0491/.

V a s i l ' e v , V., Ernte v.Körnerlupinen 01-0237.

Unsere Kolchosbauschaffenden hielten Wort 07-0514.

V á s o m i , J., Heutrocknung in Mieten durch Kaltbelüftung 01-0298.

V a s y l ' č e n k o , U.S., Mechanisierte Futterverteilung an Schweine 01-0358.

V a ž e n i n , A.N., Fahrgeschwindigkeit selbstfahrender Mähdrescher b.d.Schwadaufnahme 02-0367.

V e d e n j a p i n , G.V., Typenreihe d.inländischen Traktoren 01-0071.

V e d d e r , P.J.C., Maschinelle Bearbeitung v.Beeten in d.Champignonkultur 08-0298.

V e e r m a n , J.A., Mechanisierung im Gemüse- u.Blumenzwiebelanbau 09-0407.

V e l d k a m p , H., Mikrobiologische Konservierung v.pflanzl. Material 03-0338.

V e l e b i l , M., Einführung d. Mechanisier. in d.tier.Produktion 01-0338.

Technolog.Großproduktionsverfahren in d.Rindviehhaltung 06-0567;

s.Mikulik, J.

- K o l á ř , K., D o m a n s k ý , M. u.a., Haupteinrichtungen für d.Entwickl.d.Komplexmechanisier. in d.Rindvieh- u. Schweinehaltung 06-0342.

V e l e c k i j , I.N., Mechanisier. d.Ausbringens v.Herbiziden 06-0525.

Mechanisierung d.Einbringens v. Herbiziden in d.Boden 07-0242.

Wirtschaftl.Anwendung v.Herbiziden 07-0487.

V e l i č k i n , I.N., Tatsächl. u.garantierte Betriebsdauer v. Traktormotoren 07-0107.

Erhöhung d.Zuverlässigkeit u.d. Betriebsdauer v.Schleppermotoren 08-0055.

- I s a e v , E.V. u. N i s e v i č , A.I., Einfluß verschied. Methoden zur Forcierung v.Kfz- u.Traktor-Dieselmotoren auf d. Verschleiß d.Kolbenringe 03-0084.

V e l l e , H.A., Rinde als Heizmaterial in d.Industrie 07-0469.

V e n k r b e c , L., Perspektiven d.techn.Entwicklung v.Geflügelhaltung 05-0378.

V e n k r b o c , L., Mechanisier.d. Schweinefütterung /02-0534/.

V e n t , L., Hopfenbau, Organisation u.Technologie d.Großproduktion /07-0170/.

V e r b i c k i j , I.L. u. P a v l o v , K.A., Verunreinigung d. Öls in d.Ölwannen v.Motoren, die mit Ölreinigungsvorrichtungen ausgerüstet sind 07-0079.

V e r c h o v s k i j , M.I. s. Pisanko, S.P.

V e r d u i n , M. s.Bahasoean, A.A.

V e r e š č a g i n , N. s.Pšečenkov, K.

V e r e š č a g i n , N.I., P u g a č e v , A.N., P š e č e n k o v , K. u. Č e r n i k o v , B.P., In d.Zentr.Maschinenerprobungsstat. geprüfte Maschinen 02-0158.

V e r e s k u n , M.I. s.Petručenja, S.I.

V e r m e n k o , A.I., Separierendes Rotationswerkzeug einer Kartoffelvollerntemaschine /02-0434/.

V e s e l o v s k a j a , E.M., Theorie d.Bewegung eines Keils in schüttbarem Stoff 08-0034.

V e s e l ý , M. u. K l a n č i k , J., Neue Tendenzen im Waldwegebau /03-0473/.

V e s p i g n a n i , A. s.Goidánich, G.

V e t t e r , E., Ländl.Vorratswirtschaft in neuzeitl.Sicht /07-0394/.

V e v e r s , E.V. u. K a r d a š e v s k i j , S.V., Statist.Modellieren d.Prozesses d.Zuckerrübendrillens 05-0219.

V i a l l a r d s.Vital

V i c e n a , I., Holztransport /09-0499/.

V i g l i e r c h i o , D.R. u. G o s s , J.R., Elektrostat. Separation v.Zysten d.Zuckerrüben-Nematode 03-0493.

V i n o g o r o v , G. u. P o t a p o v , F., Versuch im Forstindustriebetrieb Krestcy. 1.Mitt. 09-0475.

Versuch im Forstindustriebetrieb Krestcy. 2.Mitt. 09-0476.

V i n o k u r o v , V.N. s. Rabinovič, A.S.

V i n z e l b e r g , E., Zweckmäßige Nutzung vorhandener Altgebäude am Beispiel eines Großkuhstalles für 200 Kühe in d. LPG Wittgendorf 05-0370.

V i s c a r d i , K., S k i e r k o w s k i , J. u. K r o k o w s k i , A., Neues System v.selbsttätiger Oberflächenbewässerung in Gewächshäusern 02-0609.

V i š i n s k ý , J., Zusammenstellung v.Schlepperaggregaten. 1. u. 2.Mitt. 01-0138.

V í š k a , J., Information über d.selbstfahrenden Mähdrescher "SK-3" u. "SK-4" 08-0174.

V i s s e r , J. s.Corstiaensen, W.P.M.

V i t a l u.V i a l l a r d , Anwendung d.elektrischen Energie für d.Trocknung u.Lagerung v. Mais 03-0267.

V i t a l , N., Der aargauische Siedlungstyp 03-0528.

V i t t u m , M.T. u. H u l b u r t , W.C., Dünger, Plazierung u.Höhe d.Gaben zu Tomaten 02-0587.

V j a š č e n k o , A., Ortsveränderliche Melkstände 06-0360.

V l a c h o v , D. s.Dobrev, D.

V l a s o v , P.S. s.Gorin, D.I.

V l č e k , J., Versuchsweise Anwendung v.Septonex zur Desinfektion d.Melkautomaten "DA 100" 08-0257.

V l č e k , K., Inst.für wiss.-techn.Information in d.Land-, Forst- u.Wasserwirtsch. Prag 02-0031.

V l i e t , W.F.van, Konservierung v.Kartoffeln u.Kartoffelprodukten 05-0353.

V o č k a , M., Rübenauflader "NřCN-120" u.Rübenblattsammler "SvCh-100" als Ergänzung in d. Mechanisierung d.Zuckerrübenernte 09-0295.

V o d j a n i c k a j a , Ž. u. K o ž e v n i k o v a , E., Ausstellung "Industrialisierung u.Mechanisierung d.ländl.Bauwesens" 05-0612.

Plastrohre im ländl.Bauwesen 07-0508.

V o d j a n i k , A. s.Šestopalov, I.

V ö l k e l , H. s.Jesch, H.-H.

- u. J e s c h , H.-H., Mechanisierung in d.Baumschulen 05-0462.

V o e l k e l , L., Wie kann d.Arbeitsproduktivität d.Waldarbeiters erhöht werden? 02-0652.

V ö l z , F. s.Adams

V o f s i , I., Schule d.mechanisierten u.automatisierten Holzaufbereitung 07-0462.

V o g e l , G., Stand u.Entwicklung v.Geräten zur Kopfdüngung im Feldgemüsebau 01-0426.

s.Baumann, E.;

Hildebrandt, H.H.

- u. B a n h o l z e r , G., Gemüselagerung in d.techn.Miete 05-0491.

V o g e l , R., Hydrostat.Motor für Schlepperantrieb 06-0127.

V o g i n o v , S., Mechanisierte Futterküche für Schweinemastställe 07-0582.

V o g l u. W a x e n e g g e r , Fingerloses Doppelmesser, Mähwerk "Busatis", Prüfbericht Wieselburg, N.Ö. 02-0315.

V o g l e r , M. s.Mattke, K.-H.

V o i g t , D., Neue Drehstrahlregner "S 57/2" und "MS 61" 09-0191.

Jugoslaw.Beregnungsanlagen, ihr Einsatz u.Betrieb 09-0192.

V o i g t , H., Rationelle Ausnutzung d.Flugzeugkapazität 07-0150.

V o i s e y , P.W., Bemerkung zu einem abgeänderten, elektronischen Temperaturregler, der im Gewächshaus den täglichen Temperaturzyklus automatisch einstellt 02-0608.

V o j d a , A.N., Problem d.Erhöhung d.Arbeitsgeschwindigkeiten d.Landmaschinen in d.Arbeiten v.Gorjatschkin 03-0006.

V o j k i n o v , A. s.Karaivanov, I.

V o j t e k , Z. u. P ř í h o d a , M., Betriebl.Einrichtungen für wiss.-techn.Informationen für Landwirtschaftsbetriebe, techn.Bibliotheken /02-0034/.

V o j t i k o v , V.V., Schaffung einer Baureihe v.Rad- u.Kettentraktoren auf d.Grundlage d.Traktors "MTZ-50" 03-0069.

V o j t í š e k , R. u. Š i m á k , J., Einführung d.Produktionsarbeit auf d.agronom. u.betriebsökonom.Fakultät d.landwirtschaftl.Hochschule in Brünn 09-0017.

V o j t o v , P.I. s.Ladonin, V.F.

V o k a t ý , P., P l e s n i v ý , V. u. T i h e l k o v á , D., Arbeitsschutz u. -hygiene in LEG /08-0030/.

V o l i k , R.N., Einfluß d.Elastizität d.Körner auf d.Lockerung d.Kornschicht b.Vibration 02-0304.

V o l k e r t , E., Extensivierung im Waldwegebau? 1.Teil 02-0684.

V o l k o v , B.G. u. K o š k i n , L.K., Normung zykl. Schlepperarbeiten 02-0059.

V o l k o v , P., Maschinen für d.Anbau u.d.Ernte v.Zuckerrüben 02-0166.

V o l l g o l d , K. s.Adams

V o l o š i n o v , V.S., Mechanisiertes Füllen d.Saatkästen 04-0205.

V o l o v i k , B., Organisation d.Bau- u.Montagearbeiten mit fliegenden Brigaden 08-0448.

V ø l s t a d , S., Neuer Sammelroder 07-0295.

V o l ' t e r , V., Maschinen für d. Entmistung 03-0302.

V o ň k a , Z., Einfluß verschied. Erntemethoden auf Braugerstenqualität unter d. im Haná-Gebiet ČSSR herrschenden Bedingungen 09-0274.

V o p á l e n s k ý , V. s.Jeřábek, E.

V o r l í č e k , J. s.Blažek, J.

V o r l i c e k , M., Statist. Qualitätskontrolle bei d.Erzeugung v.Baustoffen 04-0601.

V o r n k a h l , W., Leistungsbedarf v.Feldhäckslern mit vereinfachten Mäh- u.Häckselwerkzeugen 04-0220.

V o r o b e j č i k , M.B. s. Itkin, A.L.

V o r o b ' e v , I.V., Stationäre Entastungsmaschinen 03-0433.

V o r o b ' e v , K.N., M a z u r e n k o , A.P. u. S u c h a r e v , B.N., Ausform- u.Verladetaktstraße im Süd-Ural 02-0664.

V o r o b ' e v , M.K. u. S a ž i n , F.N., Pneumatisches System zur Schädlingsbekämpfung im Gewächshaus 02-0622.

V o r o b ' e v , V.M., Prüfung neuer Schwadmäher m.großer Arbeitsbreite 02-0347.

s.Pankina, L.S.

V o r o n i c y n , K.I., Fortschrittl.Technologie d.Holzeinschlages u.Holztransportes 04-0495.

V o r o n i n , A.I., s.Borisov, M.I.

V o r o n o v , J.I. s.Kočenenko, D.V.

V o r r e i t e r , L., Span- u.geräuschloses Holztrennen mit Lichtstrahlen 05-0555.

V o r s t e r , J.A., Richtige Einstellung d.Anbau-Scheibenpfluges 07-0201.

Betrieb eines Getreidetrocknners auf der Farm 07-0336.

V o r t e l , J. u. M e j k a l , Č., Universal-Selbstfütterer für Geflügel 06-0355.

V o s , B.H., Wärmeleitzahl, Wärmedurchlaßwiderstand u. Feuchtigkeit in Konstruktionen 08-0457.

V o s á t k o , M., Fäkalien-Anhänger "CPF-3" 06-0359.

V o s s , H., Mechanisierung d.Hackfruchtwirtschaft 04-0254.

V o s t o k o v , A. s.Prozorovskij, G.

V o s t r i k o v , N.A. u. S a m o c h o d s k a j a , I.I., Höhere Arbeitsleistung beim Pflügen durch Gerätekopplung 04-0177.

V o z n e s e n s k i j , N.P., Umstellung d.Motors v.Traktor "Belaruš" auf Flüssiggas-Basis 01-0086.

V r i e , A.van de, Schmalgebauter Wagen, unentbehrlich im Obstbaubetrieb 04-0480.

Transport in d.Betriebsgebäuden u. nach der Veiling 04-0481.

Zukunftsmöglichkeiten beim Gebrauch v.Paletten im niederländ.Obstbau 09-0442.

V r i e s , B.de s.Bouma, J.L.

V r i e s , D.M. s.Thart, M.L.

V r i e s , H.A.de, Bringt d.Rohrmelkanlage eine Arbeitseinsparung? 04-0399.

- u. G e r r i t s e n , J.G.C., Einsatz eines Durchlaufmelkwagens 03-0314.

V u l j a c h , G.Ja., Stufenloses Reibungsgetriebe in Abhängigkeit v. Betriebszustand d.Motors 08-0058.

V ŭ r b a n o v , C., Untersuchung oekonom.Probleme d.Aprikosenanbaus in d.LPGs d.Aprikosengebietes an d. Donau 05-0472.

V ŭ r l e v , I. s.Bratanov, V.

V u t o v , V., Möglichkeiten d. Rückens d.Maschinen für d.Pflanzenschutz an Hängen mit Hilfe v.Aufzügen 04-0583.

Aerosolgenerator mit lenkbarem Strahl 04-0585.

V v e d e n s k i j , A.A., Untersuchung d.Axialventilators eines Schlepper-Dieselmotors mit Luftkühlung 04-0096.

Einspritzprozeß beim luftgekühlten Dieselmotor mit Brennkammer im Kolben 06-0098.

V y d r i n , A. s.Ratuš, N.

V y d r i n , K.S., Arbeit d.Konstruktionsorganisatoren im Landmaschinen- u.Traktorenbau 03-0022.

V y d r j a k o v , V. s.Loš, M.

V y p l e l , K., Arbeitsorganisation im Forstbetrieb 01-0464.

W a a g e , K. s.Lauenstein, A.

W a a k , G., Mech.Kartoffelernte im VEG Staven 01-0260.

W a c h a c k i , B., Konstruktion u.Wirkungsweise d.Membranvergasers "Tillotson" 05-0547.

W a c h o w i a k , E., Getreidetrocknung in d.ČSSR 04-0312.

Futtermittelwerke u.Getreidespeicher in d.DDR 04-0680.

W a c h s m u t h , H., Arbeitsaufwand in Hühnerintensivhaltungen 05-0379.

W a c h t m e i s t e r , B., Mechanisierung d.Transports in d.Forst- u.Landwirtschaft 09-0490.

W a c k e r , E., Stallentmistungsanlage Schauer 04-0382.

W a e l t i , H., L i l j e d a h l , J.B. u. M o n k e , E.J., Feldmeßgerät zur Bestimmung d.Bodenverdichtung 06-0066.

W ä t j e n , H., Betriebswirtschaftl.Überlegungen zur Zuckerrübenernte 04-0271.

W a g e n b a c h , H., Suche nach d.richtigen Schleppersitz 01-0116.

Wegehobel, ein Vielzweckgerät 01-0570.

Elektrozaun im Schweinestall 02-0498.

W a g n e r , H., Baukonjunktur u. Landwirtschaft 04-0598.

W a g n e r , R. s.Masche, W.

W a g n e r , S., Gewinnung v. Elektroenergie. Teil 1 01-0045.

W a g n e r , V., Probleme d.Holzabfuhr 04-0547.

W a k e f o r d , P.O., Futteraufbereitung für landwirtschaftl.Betriebe 06-0348.

W a l a s , S., Betolit im Bauwesen d.landwirtschaftl.Zirkel 09-0529.

W a l k e r , J.A. s.Clendenin, W.H.

W a l k e r , J.N. u.W a l t o n , H.V., Rundholzverbindungen 04-0605.

W a l l , H.de, Erfahrungen mit Sprühnebeleinrichtungen in d.Gehölzvermehrung 04-0469.

W a l l i s , J.A.N. u. L e e , C.W., Traktor-Spritzgeräte für arab. Kaffeeanlagen 03-0481.

W a l l s , I.G., Temperaturregelung im Gewächshaus 08-0313.

"Coffin"-Dämpfung v.Gewächshausbeeten 08-0327.

W a l s e r , K., Nachmelken mit d. Hand beim Maschinenmelken 04-0406.

W a l t e r , S. s.Schulz, H.,

W a l t e r , W., Stallklimauntersuchung in einem Aluminiumstall u. einem Stall mit herkömmlicher Bauweise /06-0551/.

W a l t e r s , F.C., Probleme d. internat.Standardisierung, mit denen sich der Konstrukteur auseinandersetzen muß 08-0018.

W a l t o n , H.V. s.Walker, J.N.

W a n d e r , J.F. s.Köstlin, A.

W a n g , Mao-hua, Elektroantrieb eines leichten Seilpfluges 07-0205.

W a n g e r i n , A., Arbeitsparende Silowirtschaft 01-0305.

Selbsthilfe beim Ausbau v.Vorflutern 03-0134.

Futterwerbung im Einmannbetrieb 03-0176.

Wann u.wie muß d.Herbstfurche gegeben werden? 06-0215.

W a l t e r , H., Optimale Greiferfüllmenge beim Futtertransport. Methodischer Beitrag zum Füttern mit Greiferanlagen im Rinderanbindestall /09-0360/.

W a n i c , D., Obstbau. Handbuch f. Gartenbautechniker /02-0596/.

W a n k a , H., Bau v.Kälbersammelbuchten 01-0589.

Abferkelstall im Lehr- u.Versuchsgut Korbitz d.Hochschule f.LPG 08-0498.

W a r n e r , M.G.R., Probenehmer für Getreide 01-0313.

- u. B r o w n e , D.A., Ermittlung d.Schädigung durch d.techn. Trocknung u.einige erste Ergebnisse mit Gerste u.Weizen 06-0057.

W a r r e n , L.E., Bekämpfung d. Zuckerrüben-Nematoden mit 1,3-dichlorpropen bei d.Bewässerung 03-0478.

W a r s z a , H., Getreidetrockner für Gas u.flüssige Brennstoffe 04-0316.

W a s h k o , J.B. s.Kjelgaard, W.L.

W a s n e r , C., Kühlen u.Gefrieren im Landhaushalt 09-0395.

W a s s e r b u r g e r , H.-J., Maßnahmen zum öffentl.Gesundheitsschutz bei d.Entwicklung, Prüfung, Anerkennung u.Anwendung v.Pflanzenschutzmitteln in d.Bundesrepublik 05-0596.

W a x e n e g g e r s.Beran;
Kaven;
Lasser;
Reither, A.;
Schewcz;
Sieg;
Vogl;
Zehetner

W a y m a n , J.A. u. M a u g h a n , G.L., Mit Erde behaftete Zuckerrüben beim Verladen in Straßenfahrzeuge 07-0302.

W e b e l , L. s.Beyer, H.

W e b e r , A., Werkstoff- u.fertigungsgerechtes Konstruieren mit thermoplast.Kunststoffen 07-0035.

W e b e r , H., Zweckmäßige Gestaltung v.Häckselaufbauten 01-0124.

W e e k m a n , G.T. s.Stokes, G.M.

W e e r d , B.van der, De ontijzering van grondwater ten behoeve van kunstmatige beregening /07-0244/.

W e g n e r , H., Hauptbetriebszweig Intensivhühnerhaltung 03-0548.

W e g n e r , R.-M., Einfluß versch. Haltungs- u.Fütterungsformen während d.Junghennen-Aufzucht auf d.Entwicklung u.nachfolgende Leistung v.Hennen im Legetypus 04-0386.

W e h r l i , A., Nachwirkung d. Traktoreneinsatzes auf Bodenstruktur u.Pflanzenertrag in einem Winterweizenbestand 05-0131.

W e h s e l y , K., W ü n s c h n e r , D o m s c h , C. u. S t i e g l i t z , E., Tandemisierung v.Traktoren 09-0111.

W e i c h o l d , R., Korrosionsschutz v.Gewächshauskonstruktionen 02-0577.

Problem d.Verschmutzung u.Reinigung v.Glasflächen 06-0418.

W e i l a n d , G. u. B e r g , F., Weidezentralen mit Rohr- u.Kannenmelkanlagen 02-0552.

W e i l e r , F., Was kann der "Pullax"? 06-0123.

W e i n h o l d , J., Philips-Heißluftmotor 06-0103.

W e i s s , A., Organisation d.techn. Instandhaltung in landwirtschaftl. Betrieben /07-0048/.

W e l c h , J.E. s.Sims, W.L.

W e l l e r , J., Zweckmäßige Gestaltung v.Schweinemastställen. 1.Mitt. 04-0355.

Arbeitsorganisation im Schweinemastbetrieb. 2.Mitt. 04-0356.

Einsparung an Futterkosten durch rationelle Grundrißlösungen. 3.Mitt. 04-0357.

W e l l e r , J.B., Rinderstall mit Spaltenboden 02-0492.

W e l l e s l e y , R., Freistehende Trennwände 04-0683.

W e l l s , D.A. s.Renard, W.

W e l s c h o f , G., Lärmbekämpfung bei Landmaschinen 04-0019.

W e n c l , J., Lärmuntersuchungen an d.Luftflügelbremse einer Seilwinde 04-0555.

Probleme d.Arbeitshyg.in d.Forstwirtsch. 06-0456.

Sprechfunkgeräte in d.Forstwirtschaft 08-0336.

W e n d i s c h , H., Rationellerer u.betriebssicherer Derrickkran 05-0575.

W e n n e r , H.L., Frontlader in d. Innenwirtschaft 05-0368.

- u. S c h u l z , H., Der Frontlader u.sein Einsatz /05-0154/.

W e p f e r , K., Arbeit mit Ladewagen 01-0223.

W e r e s , S., Techn.Lösungen für d.Getreideernte 03-0203.

W e r m i n g h a u s e n , B., Verwendung v.Kunststoffen im Gewächshausbau 01-0433.

Kunststoffrohre 04-0164.

Läßt sich d.Feldberegnung mit Hilfe v.Kunststoffrohren u. -schläuchen vereinfachen? 07-0191.

Für welche Zwecke u.wie lassen sich Kunststoffrohre im Gartenbau verwenden? 07-0427.

Gewächshaus aus Kunststoff 09-0422.

W e r n e r , H., Senkung d.innerbetriebl.Transportkosten durch fließende Fertigung in Klein- u.Mittelbetrieben 08-0394.

W e r n e r , S., Mech.Flüssigkeitsabtrennung 01-0035.

Mech.Flüssigkeitsabtrennung 05-0061.

W e r t z , G. s.Olbertz, M.H.

- u. H e n n i n g , H., Prüf- u.Reinigungsgerät für Dränanlagen 06-0203.

W e s e t h , G., Transportmethoden für Kartoffeln 01-0272.

W e s s e l , J., Theorie d.Siebvorganges 02-0075.

Untersuchungen an Schwerkraftwindsichtern 06-0326.

W e s t , D., Techn.Hilfsmittel für d.private Forstwirtschaft 03-0423.

Forstl.Mechanisierung in Norwegen 05-0592.

W e s t , W.J., Mechanisierung d. Landwirtsch. in Großbritannien 06-0005.

W e s t e i n d e , R.L.van't s. Koning, K.de

W e s t e n d o r p , T., Vorratsfütterung v.Heu in Laufställen 06-0580.

W e s t o n , H.R., Vermessung d. Traktorengeräuschs u.d.Auswirkungen auf d.Gehör 02-0114.

W e t e k a m , K., Das landwirtschaftl.Lohnunternehmen u.seine Standortorientierung /05-0014/.

W h i t e , J.C. s.Moragne, L.

W h i t e h e a d, C., Spritzen u. Stäuben in Japan 01-0530.

W h i t t l e s t o n e , W.G., F e l l , L., C a l d e r , B.O.E. u. C a l v i n , R.H., Apparat zur schnelleren Prüfung v.Materialien u.Reinigungsmitteln für Melkanlagen 07-0371.

W h i t t l e s t o n e , W.G., O l - n e y , G.R. u. H a r p e r , N., Maschinenmelken u.Mastitis. 2.Mitt. Praxisversuch über Gebrauchssicherheit handelsübl.Melkanlagen 02-0545.

W i b s t a d , K., Über welche Mengen Rinde verfügen wir und wo? 07-0465.

W i c h a , R., Bedeutung u.Möglichkeiten d.Fernsehens für d.Agrarsektor 08-0013.

W i d d a s , D.R. s.Court, D.L.

W i d d e r i c h , W. s.Bohn, R.

W i e b a l c k , W. u. G e e s e , K., Waldstraßenbau m.Fertigbeton 08-0409.

W i e b e l , H., Erfahrungen beim Bau v.Weidezäunen 08-0222.

W i e d e r m a n n , G. s.Jarník, J.

W i e j a , K., Großraumhaus für d. Gemüsebau 07-0423.

W i e n e k e , F. u. C l a u s , H.-G., Einfluß d.Heuwerbemaschinen auf Trocknung u.Verluste 09-0266.

W i e n e k e , F., Stand d.Erntetechnik in d.Körnermaisernte 08-0181.

W i e p r e c h t , G., Stat.-konstruktive Annahmen d.Mastenbauweise 04-0613.

W i e r s d o r f , F. s.Tesch, M.

W i e s e n d a n g e r , H., Melkmaschinen u.Milchleitungen auf d. Alpen 02-0551.

Ist beim Maschinenmelken ein Nachmelken v.Hand notwendig? 04-0407.

W i e s n e r , K. s.Bachmann, L.

W i e t h a u p , H., Rechtsgrundlagen d.Lärmbekämpfung in Finnland 04-0020.

W i j k , A.van, Ernten u.Silieren v. Silomais 03-0179.

Maschinen u.Geräte für d.Gärfutterbereitung 04-0302.

Vorführung v.Grabenräummaschinen in Griendtsveen 06-0196.

W i l c z y ń s k i , A., In Schottland angewendete Aufhängung d.Ladung 05-0585.

W i l d e , G., Motorisiertes Erdsieb "B 904" 05-0466.

W i l é n , L., Kombinierte Ausbringung v.Stickstoff u.Getreide 08-0133.

W i l f a h r t , A., Anbindestall für 374 Kühe in d.LPG Müncheberg 01-0581.

W i l h e l m , W., Reinigungslader f.Zuckerrüben 01-0286.

Technisierung d.Rübenvereinzelung? 02-0283.

Senkung d.Handarbeitsaufwandes b.d.Pflege d.Zuckerrüben auf d. Grundlage d.neuesten Erfahrungen 02-0284.

Vergleich v.sieben in- u.ausländ.Rübenausdünnmaschinen u. -geräten 05-0223.

W i l h e l m s o n , R. s.Möller, T.

W i l j e s , H.G.de s.Coolman, F.

W i l k e , H., Fragen d.Behaglichkeit 03-0323.

W i l k e , W., Verbrennungsmotor als Chemomotor 02-0084.

s.Eberhardt, M.

W i l k i n g , E., Rationelles Mehrzweckgebäude für Arbeiten d.Aufbereitung u.Lagerung v. Obst u.Gemüse 03-0385.

Methoden u.Hilfsmittel für Arbeiten d.Ernte, Lagerung u. Aufbereitung v.Obst 07-0433.

W i l l e i t n e r , H., M o m - b ä c h e r , R. u. D e n g , C.H., Skandinavien-Exkursionen Reinbeker Studenten. III. Holztransport in d.nord.Ländern 07-0478.

W i l l h i t e , F.M. s.Davis, S.

W i l l i a m s , L.J., Stallentwürfe für Saugkälber 05-0678.

W i l l i a m s , N.Y., s.Howson, D.F.

W i l l i s , A.H. s.Dransfield, P.

W i l l n e r , K., Dränrohre aus Kunststoff 06-0189.

W i l l o w s , D., Zwischenglied zwischen Ernte u.Einlagerung. Wegweiser d.Pract.Power Farming für Einrichtungen zur Getreidereinigung 07-0327.

W i l l s , B.M.D., Messen d.Bodenscherkraft u.d.Verformung u.ein Vergleich d.tatsächl. u.theoret.Darstellungen in d. Art v.festen Laufspuren 06-0152.

W i l s o n , A.R. u. T w i s s , P.T.G., Bulk storage of potatoes in buildings /02-0772/.

Buildings for bulk storage of potatoes /02-0773/.

W i l s o n , E.R. s.Taylor, P.A.

Wilton, B., Verwendung v. Zinken mit hoher Umlaufgeschwindigkeit zum Zerkrümeln v.Kluten 04-0207.

Wimmer, F., Betriebsverhalten einer automat.geregelten, kohlebefeuerten Gewächshaus-Warmwasser-Pumpenheizung 06-0430.

Winkelmann, S., Antriebskraft, wirtschaftl.eingesetzt 08-0047.

Winkhaus, H., Industrie u. Landwirtsch. 07-0010 .

Winner, C., Schädlings- u. Unkrautbekämpfung im Zuckerrübenbau 06-0524.

Winnig, E., Schlegelhäcksler z.Rübenblattbergung 01-0281.

Winspear, K.W. s.Renard, W.

Winter, E.J., Ventilloses Anzeigegerät d.Fehlmengen an Bodenfeuchtigkeit 07-0061.

Winter, F., Mechanisier. im Marktobstbau 06-0397.

Winter, R., Ermittlung optimaler Baumaße v.Zentralrohrsilos 01-0315.

Festigkeit u.Stabilität d.Wandungen v.Metallsilos für Körnerschüttungen 01-0324.

Winterfeld, H. u. Moe, D.L., Heizeffekt einer Wärmepumpe im Vergleich zu elektrischen Heizplatten 03-0325.

Winterfeld, K., Verdichten bei einschichtiger Betonbauweise 03-0465.

Winzer, K., Landwirtschaft d. Bundesrepublik Deutschland /03-0011/.

Winzler, M. s.Mainz, H.

Wirth, A., Betriebswirtschaftliche Gesichtspunkte bei d.Wahl einer neuen Spritzmaschine für d. Obstbau 03-0376.

Wirth, S., Verfahren z.Teilmechanisierung d.Futterrübenernte 05-0293.

Wischnewski, G., Spezialausrüstung d.Flugzeuges für d. Land- u.Forstwirtsch. 07-0149.

Wise, J., Umgang mit Magermilch 03-0287.

Wisiorek, H. u. Helle, J., Vervollkommnung d.Dränung 06-0190.

Witkiewicz, R., Wohnhaus auf d.Lande 04-0635.

Witte, K., Wegehobel u.Planiergerät, Anbaugerät zum "RS 09" 07-0526.

Wittwer, S.H., s.Teubner, F.G.

Wöhlbier, H. u. Reisner, W., Erkenntnisse bei d. Bunkerung v.Schüttgütern 02-0474.

Wohlmuth, N., Bodendesinfektion u.Dämpfgeräte 05-0499.

Wojciechowski, F., Systeme d.Kostenberechnung für d.Überholung v.Landmaschinen 04-0034.

Wojciechowski, H., Vereinheitlichung u.Modernisierung d.Häckselmaschinen 08-0200.

Wolf, D., s.Orlowski, S.

Wolf, J., Wie trocknen wir unser Vermehrungssaatgut 09-0300.

Wolf, R. s.Schlegel, W.

Wolff, G. s.Adams

Wollmann, G., s.Adams

Wolsey, W.H., Die witterungsabhängige Regelung 05-0435.

Wróblewski, J., Wir organisieren d.Mechanisierung auf neue Weise /03-0044/.

Mechanisierung erfolgt bei uns auf neue Weise 04-0004.

Wright, S.J., Behandlung d. Frühkartoffeln durch Kartoffelvollerntemaschinen 04-0265.

Zukunft d.Bodenbearbeitung 07-0198.

Wünschner s.Wehsely, K.

Wunderlich, H. s.Masche, W.

Wunderlich, R., Techn. Forderungen an ein Landwirtschaftsflugzeug 07-0148.

Wurster, G., Technik d. maschinellen Geschirrspülens im Haushalt 08-0274.

Wyltschev, W., s.Murtasov, T.

Yalan, E., Spaltenbodenaufstellung bei Mastrindern 09-0580.

Young, D.A., Schlegelmäher hat Zukunft 09-0254.

Young, H.G., s.Hinkle, C.N.,

Yu, Tiu-ying s.Anilovič, V.Ja

Yürekli, A., Möglichkeiten u.Voraussetzungen für eine Einzelkornsaat v. Maiskörnern /03-0170/.

Ž a b a , R., Holzrücken mit Pferden u.a.Verfahren /08-0403/.

Z a b a l u e v , I.T., N o v o k - š č e n o v , A.V. u. Š č a v - l e v , Ju.G., Mechanisier.d.Ernte v.Vermehrungsluzerne 06-0312.

Z a b e l i n , V.D., Tränkanlagen mit Einsalzung d.Trinkwassers durch die Sonne 04-0374.

Viehtränken aus Stahlbetonfertigteilen 05-0390.

Wassertränke mit Sonnen-Destillationsverdampfer zur Wasserentsalzung 09-0346.

Z a b e l t i t z , C.v., Siebart u. Siebbewegung auf d.Siebgütegrad u.d.Abrieb d.Siebgutes (Zuckerrübensamen) 06-0340.

Z a c h , M. u. M i k e š , K., Mechanisierungsprinzipien bei Bodenbearbeitung u.Düngung 06-0212.

Z a c h a r i a s , R., Elektrokochgeschirre aus emailliertem Stahl bei haushaltüblicher Belastung 05-0440.

Z a c h a r i e v , I. s.Gerasimov, M.;

Kaišev, K.

Z a c h e r , F., Vierzig Jahre Vorratsschutz in Deutschland /05-0444/.

- u. L a n g e , B., Vorratsschutz gegen Schädlinge /07-0393/[+].

Ž a d a n , I.A. u. T i š č e n k o , A.B., Mechanisier.d.Futterzubereitung u. -verteilung 02-0510.

Z a g a e v s k i j , I.S., Hygiene d. Milchgewinnung in Farmen, die mit Paratyphus verseucht sind /03-0319/.

Z a g r i š e v , A.A. u. G r i b i n , V.V., Heizvorrichtung für Schweineställe 09-0583.

Z a j c e v , V.K. s.Ryžov, A.M.

Z a j c e v , V.P. s.Leman, P.P.

Z a j k o v , A., Mechanisierung d. Stallmistdüngung 04-0195.

Z a d n e p r o v s k i j , R.P. s. Gudkov, A.N.

Ž á k , K. s.Hora, O.;

Kolář, Z.

Z a k , Z., Heutrocknung mit d.Trokkenanlage "Lister" 08-0196.

Z a k o n , Ja. s.Anikin, M.

Z a k s , M. s.Morit, Ju.

Z a k u d a e v , V., Grasmäher "KDP-4,0" bei erhöhten Geschwindigkeiten 01-0213.

Z a l e s s k i j , S.K., Vorgang d.Getreideaussaat 08-0148.

Z a l e w s k i , P., Index für d. Mechanisierung eines landwirtschaftl.Betriebes 05-0047.

Ž a l n i n a , N., Kombiniertes Bodenbearbeitungsaggregat Typ "PKA-2" 02-0214.

Z a m j a t i n , G.S., Rollhacke 02-0274.

Z a n d e r , J., Bericht d.Abteilung Mechanisierung d.Kulturtechnik 04-0137.

Z a n k e r , K., Transportkosten auf landwirtschaftl.Wirtschaftswegen 08-0464.

Z a r g a r j a n , S.R. s.Strokov, S.A.

- u. A n d r e n k o , G.P., Erhöhung d.Leistungsfähigkeit d.Trennorgane v.Dreschvorrichtungen 02-0303.

Z á r u b a , J. s.Malíř, J.

Z a u c h e , G., Symposium über Gebietsplanung in Weimar 05-0635.

Z a u n m ü l l e r , G., Standardisier.landwirtsch.Anhänger in d.DDR 02-0153.

3-t-Traktorenanhänger Typ "T 113" mit Zahnstangen-Kippeinrichtung, VEB (K) Metall-Industrie Brand-Erbisdorf, Prüfbericht Potsdam-Bornim 06-0163.

s.Adams

Z a v a l i š i n , F.S., Rhythmus d.Arbeitsgänge in d.landwirtschaftl.Produktion 03-0005.

Grundprinzipien d.rationellen Aufbaues v.Fließprozessen in d. Landwirtschaft 04-0038.

Ż b i k o w s k i , A., Fragen d. Fundamemts v.kleinen Wasserbauten auf mineral.Böden 09-0180.

Z b r a n e k , V., Schleppschaufel zur Kotausbringung 03-0301.

Ž d a n o v s k i j , N.S., Ausgangsdaten bei d.bremsenlosen Prüfung v.Schleppermotoren 07-0057.

Z d r o j e w s k i , T., Schutz d. Keller vor Feuchtigkeit 09-0537.

Z e d d i e s , L., Bau einer Anlage z.Lagerung u.Trocknung v. Getreide 05-0695.

Z e h e t n e r s.Spindler

- u. H a m m e r s c h m i d , Zentrifugal-Handelsdüngerstreuer "Amazone ZA", Prüfbericht Wieselburg, N.Ö. 02-0240.

Niederdruck-Aufsammelpresse "Paladin 850", Prüfbericht Wieselburg, N.Ö. 04-0228.

Plastikfolien, Prüfbericht Wieselburg, N.Ö. 04-0307.

Fördergebläse "Asco 4 o 2", Prüfbericht Wieselburg, N.Ö. 04-0308.

Rolltisch-Kreissäge, Prüfbericht Wieselburg, N.Ö. 06-0485.

Rolltisch-Kreissäge, Prüfbericht Wieselburg, N.Ö. 06-0486.

"Hochwald"-Sicherheitskreissägeblatt, Prüfbericht Wieselburg, N.Ö. 06-0487.

Hydraulikanbau-Schleuderradroder Type "ZKR", Prüfbericht Wieselburg, N.Ö. 07-0292.

Wippkreissäge für 650 mm Blattdurchmesser, Prüfbericht Wieselburg, N.Ö. 08-0381.

Kombinierte Wippkreissäge "MS 600", Prüfbericht Wieselburg, N.Ö. 08-0382.

Gitterräder "Marita" mit Schnellverschluß, für Bereifung 8-24 AS, Prüfbericht Wieselburg, N.Ö. 09-0144.

-, Hammerschmid u. Waxenegger, Buschholz- u. Reisighackmaschine "Holzknecht", Prüfbericht Wieselburg, N.Ö. 02-0665.

Schlegelernter "Holbaek FA", Prüfbericht Wieselburg, N.Ö. 04-0221.

Trommel-Feldhäcksler "Junior F", Prüfbericht Wieselburg, N.Ö. 04-0222.

Heckschiebesammler "Heupack HP 6", Prüfbericht Wieselburg, N.Ö. 04-0229.

Fördergebläse für Häckselgut "Kombigebläse Variant", Prüfbericht Wieselburg, N.Ö. 04-0332.

Zehle, E., s.Böhl, K.; Meier, B.

Zehner, E., Unfallsichere automat.Ölfeuerungen 08-0270.

Zeitler, M. s.Mann, G.

Zejlichman, C.N., Methodik zur Auswahl v.Blattproben zur Bestimmung d.Haftfähigkeit v.Pflanzenschutzmitteln 03-0375.

Zelenev, A.A., Parallelversetzung d.Knotendrahtes mit Lenkrollen 04-0202.

Zelenin, V., Automatisierung 05-0542.

Zelenskij, Ju.A., Stiftensäräder mit Kunststoff-Serienteilen 04-0204.

Zelent, M. s.Gajewski, J.

Želev, A., Bojadžiev, P. u. Čipilski, J., Zugwiderstand u.Qualität d.Tiefpflügens nach verschied.Stoppelbearbeitung 06-0218.

Želigovskij, V.A. u. Letošnev, M.N., Mechanisierung d.Ackerbaus /03-0126/.

Žeitov, E.M., Räumer für Schlagabraum 05-0528.

Želtov, N., Sämaschine für Breitreihenaussaat v.Kiefernsamen in Baumschulen 03-0414.

Zeman, J., Mikroklima in vierreihigen Kuhställen v.Typ "166-1" 06-0570.

Ženžera, A.P., Bau u.Nutzung d.Karussellmelkstandes 05-0418.

Zerich, F., Automat.Funktionsüberwachung in Brutapparaten 04-0369.

Zevachin, A.N. u. Šišegov, L.S., Traktor "Belaruš" beim Rücken d.bei Pflegehieben gewonnenen Holzes 05-0566.

Zevachin, L.G. s.Krysov, A.M.

Ziche, J., Kartoffelvollernte auf Schotterböden 06-0301.

Židkov, V.G. s.Pikušov, A.N.

Ziegenbalg, F., Automat. Steuerung u.Regelung an Meliorationsmaschinen 06-0192.

Ziegler, E., Schaumsilikat 05-0613.

Ziesler, H., s.Meißner, W.

Zihlmann, F., Arbeitstechnik u.Arbeitswirtsch.b.Körnermaisanbau 01-0133.

Trocknungsverfahren für Getreide unter bes.Berücksichtigung d.Maises 04-0322.

Ablade- u.Fördereinrichtungen 05-0324.

Schließen v.Arbeitsketten 07-0503.

Žilinskij, Ju.M., Die Berechnung v.ortsfesten Belichtungsaggregaten für Gewächshäuser 02-0605.

Zillbauer, J., Wagen d. Feldhäckslerbetriebes 01-0123.

Ziller, B., Keile für d.Haungsbetrieb 03-0426.

Z i m a , I.M. u. M a k a r u k', I.F., Anwendung neuer Maschinen bei Wald-Kulturarbeiten 03-0410.

Z i m i n , S.N., Š a r o v , B.G. u. A k u l o v , A.Z., Rekonstruktionsplan für d.Hauptlagerplatz Bisert 09-0483.

Z i m m e r m a n n , A. s.Bruhn, H.D.

Z i m m e r m a n n , M., Elektrostat.Stäuben 06-0528.

Was versteht man unter Traktor-PS. 1.Mitt.Wie werden diese Nebraska-Versuche richtig ausgewertet 07-0117 .

Was versteht man unter Traktor-PS. 2.Mitt. Leistungsversuche auf d.Felde 07-0118.

Minimum-Bearbeitung sollte besser Optimum-Bearbeitung heißen 07-0199.

Luftdichte Lagersilos 08-0512.

Vergleich zwischen d.leichteren unter d.schweren Traktoren 09-0088.

Warum Wechselstromgeneratoren? 09-0138.

Ballenschleudern 09-0271.

Feldfruchttrocknung mit Infrarotenergie 09-0315.

Z i n d e l , H.C. s.Odden, N.T.

Z i n i n , V. s.Kurkov, S.

Z i n k , C.L., Umsturz-Schutzrahmen für Traktoren 02-0138.

Z i n k e , H., Rundgang durch d. Sonderschau "Technik" auf d. IGA 1963 in Hamburg 03-0386.

Maschinen- u.Geräteschau 03-0392.

Z i n n e r , K. u. R e u l e i n , H., Thermodynam.Untersuchung über d.Anwendbarkeit d.Turbokühlung bei aufgeladenen Viertakt-Dieselmotoren 08-0041.

-u. S e i f e r t , H., Untersuchungsergebnisse an MAN-Motoren mit einer neuen Vorkammer-Ausführung 04-0079.

Z i s l a v s k y s.Beran

Z i s l a v s k y , W., Wir prüfen Pflanzenschutzgeräte 05-0593.

Ž i v o t k o , B. u. L o g v i n o v i č , I., Vibrationsgreifer 01-0348.

Z l o k o v i c , V., Committee on electric power. Working party for the study of rural electrification. III. Utilization. Item 20. The use of the electrically-operated heat pump in agriculture /06-0378/.

Z l o t n i k , M.I., Arbeit d. Motors "D-130" mit hydraul.Drehmomentwandler für Getriebe bei unterschiedl.Zapfwellenantrieb 07-0112.

Z m a n o v s k i j , V.A. s.Pavlov, B.V.

Ž m u d s k i j , D. u. Š a r u d e n k o , J., Planung u.Bebauung d.Zentrums d.Kollektivwirtschaft "W.I.Lenin" 07-0520.

Z ö l d i , I., Einführung v.Maschinensystemen in d.ungar.Landwirtsch. für d.Behandlung v. Grüngut 08-0159 .

Z o e r b , G.C., Belastungsmesser für direkte Anzeige d.Pferdestärke 06-0065.

Z o m b o r i , J., Adhäsionsuntersuchungen an Fahrgestellen verschied.Typen auf Sandboden 08-0069.

Z o t i m o v , I. u. B u r o v , N., Anbau- u.Anhängegeräte für Bauzwecke an Landmaschinen 03-0511.

Z o t o v , G.I., Maschine zur Ausbringung v.Herbiziden u.flüssigen Düngemitteln "GAN-8" 02-0693.

Z r e n n e r , H., Fällen v.Querhängern 08-0377.

Z s c h u p p e , H., Tellerdüngerstreuer Typ "D 010", Prüfbericht Potsdam-Bornim 01-0174.

Anhänge-Drillmaschine 5 m, Typ "A 591", VEB Landmaschinenbau Bernburg, Prüfbericht Potsdam-Bornim 01-0193.

Anbau-Schleuderraddüngerstreuer Typ "D 020/2" Fa.Heinrich Laube, Reichenbach/Vogtl., Prüfbericht Potsdam-Bornim 05-0213;

s.Adams

Z u b e c , V.M., Erhaltung u.Instandsetzung v.Entwässerungssystemen /07-0243/.

Z u b r i c k i j , R. s.Turovskij, A.

Ž u k o v , A.A., Mechanisierter Drusch v.Körnerleguminosen 04-0283.

Ž u k o v , A.V., Beförderung großer Maschinen 07-0480.

Ž u k o v , I. u. Ž u k o v a , V., Arbeit d.Drillmaschinen b.erhöhten Geschwindigkeiten 01-0186.

Ž u k o v a , V. s.Žukov, I.

Z u l ' , N.M. u. A g a l a r o v , A.M., Wahl optimaler Trennstellen in Elektrizitätsversorgungsnetzen v. 6-10 kV 06-0071.

Ž u l i d o v , N., Prämie für d. Bau einer Farm 08-0480.

Z u m b a c h , W., Eignung verschied. Sämaschinen u. Einzelkornsäapparate für d. Aussaat v. Monogerm-Zuckerrübensamen 02-0256.

Maschinelle Sortierung d. Kartoffeln 04-0335.

Kartoffelsortiermaschinen. 1. Teil 04-0336.

Kartoffelsortiermaschinen. 2. Teil 04-0337.

Probleme bei d. Kartoffelsortierung 05-0348.

Z u n k , S. s. Knabe, H.

Ž u r b a , Z.F. s. Avtomonov, I.Ja.

Ž u r k i n , V.K. s. Fedoseev, B.V.

Ż u r k o w s k i , L., Düngen mit Ammoniakwasser 03-0157.

Z w a a r d , P.v.d., Welche Möglichkeiten bietet Kulimat? 08-0307.

Z w e i f e l , J., Stallbauten d. 12. Schweiz. Land- u. Forstwirtschaftl. Ausstellung im Sektor "Feld u. Wald" d. Schweizer. Landesausstellung 1964 07-0544.

Z w i c k y , P. s. Peyer, E.

Herausgeber: Deutsche Demokratische Republik · Deutsche Akademie der Landwirtschaftswissenschaften zu Berlin, Institut für Landwirtschaftliche Information und Dokumentation, 108 Berlin, Krausenstraße 38/39; Fernsprecher: 22 51 61. Chefredakteur: Dr. Werner Kleeberg, 108 Berlin, Krausenstraße 38/39; Fernsprecher: 22 51 61. Redaktion der Abteilung I — Landtechnik: Dr. Joachim Güssefeldt. Verlag: Akademie-Verlag GmbH, 108 Berlin, Leipziger Straße 3—4; Fernsprecher: 22 04 41, Telex-Nr. 011 773, Postscheckkonto Berlin 350 21. Bestellnummer dieses Heftes: 1030 I — AR 64. Das Landwirtschaftliche Zentralblatt, Abt. Landtechnik, erscheint jährlich in 9 Heften. Einzelheft MDN 20,—; einseitig bedruckte Ausgabe MDN 24,—. Jahresbezugspreis MDN 180,—; einseitig bedruckte Ausgabe MDN 216,— einschließl. Autoren- und Sachregister, zuzüglich Porto- und Versandkosten. Gesamtherstellung: VEB Druckerei „Thomas Müntzer", 582 Bad Langensalza. Veröffentlicht unter der Lizenznummer 1289 des Presseamtes beim Vorsitzenden des Ministerrates der Deutschen Demokratischen Republik.

LITERATURSTUDIEN ZUR ERMITTLUNG DES WISSENSCHAFTLICH-TECHNISCHEN HÖCHSTSTANDES

Folgende Literaturstudien wurden bisher veröffentlicht und werden laufend überarbeitet:

1. Literaturstudie zur Ermittlung des wiss.-techn. Höchststandes im Kartoffelbau
2. Literaturstudie zur Ermittlung des wiss.-techn. Höchststandes im Zuckerrübenbau
3. Literaturstudie zur Ermittlung des wiss.-techn. Höchststandes in der Schweinefleischproduktion
4. Literaturstudie zur Ermittlung des wiss.-techn. Höchststandes in der Rinderproduktion

In Vorbereitung befindet sich die

5. Literaturstudie zur Ermittlung des wiss.-techn. Höchststandes in der Getreideproduktion

Die Literaturstudien werden nur direkt vom Institut für Landwirtschaftliche Information und Dokumentation der Deutschen Akademie der Landwirtschaftswissenschaften zu Berlin gegen einen Unkostenbeitrag von 5,— MDN je Heft versandt.

Bestellungen erbeten an das

Institut für
Landwirtschaftliche Information und Dokumentation
(ILID)
108 Berlin
Krausenstr. 38/39

Kolibri 360 GmbH
Ferdinand-Jühlke-Straße 7
99095 Erfurt, Deutschland
produktsicherheit@kolibri360.de